有線電視技術(第三版)

林崧銘　編譯

 全華圖書股份有限公司　印行

序　言

有線電視(CATV：Cable Television)，它不同於以往用戶自行架設天線，以無線傳送(電波發射、接收)方式，接收電視節目，而是用戶需要付費給自己所在地區的有線電視公司，該公司才會以同軸電纜或光纖將電視信號傳送至訂戶端，訂戶才可收看電視節目之一種有線電纜之視訊傳播方式。

有線電視收視節目不只是原有三台(或四台)節目，還有許多國外的，經由衛星傳送的節目，以及有線電視台自製的社區性節目，目前其接收節目，可高達約60台(或80台)以上。除了接收功能，未來有線電視可發展為雙向、寬頻、多樣化的通信服務。

本書主要配合我國產業昇級，以及高工、大專學校新課程標準，將原有"電視工程"主要以"電視接收機"為主的課程，擴大為有線電視整個系統範圍的教學，同時配合有線電視業界，對工程技術人員之教育訓練，提供較完整之教材(或參考書籍)。

本書"有線電視技術"，主要將有線電視分為：

1. 中心系(含接收設備、及頭端設備)。
2. 傳送系(含幹線網路及分配網路)。
3. 端末系(含訂戶終端機及電視接收機)。

等三大主要部分，其主要內容是對標準電視及衛星電視廣播方式，衛

iii

星接收，各種信號處理器、調變器及傳送線路設備，端末設備，作有系統的介紹，並對傳送線路監視與訂戶管理，有線電視系統設計與性能的測定都有詳述。其中大部分內容及系統、機器的測量方法主要參考"日本電子機械工業協會(EIAJ)"，CATV技術委員會所訂之規範。至於較詳細的測試方法及我國有線電視系統工程技術規範之介紹，請參考拙著"有線電視實習"一書。

　　本書"有線電視技術"，希望對我國有線電視工程技術的提昇，能有幫助，也至盼有線電視方面之先進、專家、學者及讀者諸君，不吝賜教。

　　最後感謝全華公司全體同仁之協助，也感謝董秋溝顧問之推介，使本書順利出版。

林崧銘　謹識

編輯部序

「系統編輯」是我們的編輯方針,我們所提供給您的,絕不只是一本書,而是關於這門學問的所有知識,它們由淺入深,循序漸進。

有線電視已成為科技發達國家家庭娛樂的一部份,因而在相關技術的發展上急需改善,本書以實用性為主,對各設備及裝置有詳細的圖解說明,並對CATV系統有完整介紹且附有實際設計範例可供參考,內文中並附有各國有線電視之相關法規及參考資料,是一般從事有線電視工程及維修技術人員的最佳參考書籍,也可做為CATV視聽專業技術課程的最新教材。

目　　錄

第十章　資料 **467**

第一章

有線電視概論

1.1 有線電視 (CATV) 的起源及其發展

　　通常，接收電視廣播是各家庭安裝接收天線，直接接收電視電波，但因電視廣播頻率爲 VHF 與 UHF 範圍，它的傳播特性與光波極爲相似，其傳播能量隨距離平方成反比而衰減，一般電視台傳播距離 (服務範圍) 在 VHF 頻率爲直徑約 75 哩 (120 公里)，而 UHF 頻率爲 20～35 哩 (40～56 公里)，而且電視電波遇高山、建築物會產生繞射 (diffraction)，反射、折射、散射 (scattering) 等現象，因此在偏僻之山地社區，大都市高樓大廈的背後，就會產生收視不良 (即畫面有雪花、鬼影、閃爍、干擾等現象)。爲了解決此收視困難或不良的情況，共同天線業者就設法選擇一接收良好場所，架設天線，接收電視電波，將它放大處理，然後利用同軸電纜傳送至社區或公寓樓房，並分配至各用戶，如圖 1.1 所示。

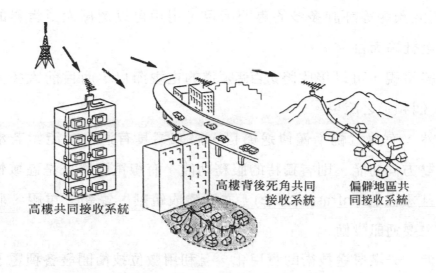

高樓共同接收系統　　高樓背後死角共同　　偏僻地區共
　　　　　　　　　　　接收系統　　　　同接收系統

圖 1.1　有線電視開始之形態

　　這種利用傳輸設備分配電視信號至某社區或地域，稱爲社區電視
天線系統，在英文爲 "Community Antenna Television System"，其
英文縮寫即爲 CATV，然而，今 CATV 大多意指電視傳輸之 "Cable
Television"，爲有線電視之意。

　　有線電視除了接收本地區的電視廣播之外，也接收其他地區的廣
播信號，進一步有線電視業者也自己製作節目，或購入節目來傳送。
在台灣除了三家電視台 (台視、中視、華視) 之外，有線電視業者就
形成恰似另外一個電視台一樣，俗稱第四台。

　　在第四台的廣播節目上，除接收電視廣播節目之外，有節目供應
公司透過衛星傳送的節目，或製成錄影卡帶、碟影片之套裝 (package)

節目與自主製作節目。在節目內容上，有新聞、運動、電影、卡拉OK，天氣預報等許許多多的專門節目，用戶可以選擇大至世界的節目到小至社區節目。

　　有線電視，可以接收將近百個頻道的電視節目，而目前大多只傳送約 61 個頻道之節目。

　　另外，有線電視不僅傳送節目，將來還具有通信功能，若沿用 CATV 雙方向功能，則有獨特的服務功能，有線電視將來是區域性通信上的基本設施 (infrastructure)，亦即變成電話、電報、電視、收音機等的主要通訊設備。

　　最近，光纖傳送技術的實用化，且利用數位技術開發各種電子產品，有線電視將結合光纖通信，電腦及控制，提供快速而多樣化的服務。

　　至於 CATV 的種種特徵如表 1.1 所示。

表 1.1　有線電視的特徵

電 視 (TV) 廣 播 接 收	有 線 電 視 (CATV)
廣播節目 · 廣播區域內，地上廣播 　(綜合電視頻道) · 廣播衛星廣播(BS) · 通信衛星廣播(CS) 　(專門電視頻道)	· 同時再傳送 　廣播區域內，區域外地面廣播，廣播衛星 · 自主廣播 　購入節目廣播 (CS分配信號，package) 　(專門電視頻道) 　自主製作節目廣播 　(社區頻道等)
構成概念	
BS：廣播衛星 (Broadcasting Satellite) CS：通信衛星 　　　(Communication Satellite) U ：UHF　　V：VHF	HE：頭端電纜 (Cable Head End) COAX：同軸電纜 (Coaxial Cable) FOC：光纖 (Fiber Optic Cable) HT：用戶終端機 (Home Terminal) AMP：放大器 (Amplifier)
接收點 各戶，個別地接收 根據接收場所，有影像強弱不等的情形 ①電波較弱地方(山陰、大廈背面) ②由於反射波影像惡化(鬼影)	選擇最好接收場所來接收 (沒有左列①②之現象)
傳送媒體 電波	COAX (同軸電纜) FOX　 (光纖)　 }+放大器
接收費用 BS、CS接收契約	有線電視接收契約
通信機能 —	雙方向通信

1.2 有線電視的基本構成

有線電視是，將影像及聲音，控制等信號，從圖 1.2 所示中心系設備送出，經由幹線電纜、放大器、分岐、分配器等的傳送系設備，送到許多訂戶之端末設備為止，另外也有往回送的信號，形成雙向系統。

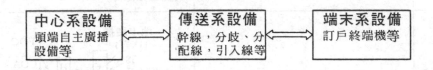

圖 1.2 有線電視的基本構成

1.2.1 中心系設備

中心系，是由接收天線和前置放大器、頻道變換器、混合裝置等的頭端，與設置攝影機和攝影棚等的自主廣播的製作設備所構成。

廣播的再傳送是，以 VHF(Very high frequency) 和 UHF(Ultra high frequency) 天線接收到地面電視和 FM(Frequency modulation) 廣播電波與用拋物線形天線接收廣播衛星和通信衛星的電波，將它們位準變成一致再排列替換成接收容易的頻道才送出。

攝影棚 (Studio) 製作和 VTR(Video Tape Recorder) 再生等的自主製作節目是，把麥克風和攝影機，VTR 等來的輸出信號以調整桌和編輯裝置作調整、編導，調變成和再傳送同樣的節目才送出。從設置在屋外的街頭攝影機來的中繼信號也在中心系混合。

此外，有線電視系統的動作狀況監視用的控制信號裝置和為了訂戶管理等的電腦和擾頻 (Scramble) 裝置也安置在這裡面。

1.2.2 傳送系設備

傳送系是，將中心系設備來的信號抑制品質惡化至最小限度，為了廣範分配，將同軸電纜和光纖、幹線、橋接、分配、延伸各放大器，分岐、分配器、電源供應器等作有效組合之設備。

1.2.3 端末系設備

端末系是，在訂戶住宅從保安器來的引入線和壁面端子等的訂戶接收設備之外，還有頻道轉換器 (Channel converter) 和擾頻解碼器 (Scramble decoder) 等有線電視接收所需具備的訂戶終端機，稱這些為端末設備。

1.3 有線電視的服務

有線電視具有大量的傳送能力是利用與地區有著密切關係的廣播媒體 (media) 來提供種種的服務。這些服務從節目的供給來源大致可以區分為轉播服務與自主廣播服務。另外正在急速普及進步的都市形有線電視，產生雙方向機能提供多彩多姿的服務正被考慮。在此，就有關有線電視的服務，將它的內容大略歸納，經由其服務來思考有線電視的任務。

1.3.1　轉播服務

　　有線電視業者是,將廣播電波接收後,經由電纜分配至訂戶的服務。簡易地說,將國內公營或民間廣播節目經由電纜傳送的服務。轉播服務,根據接收廣播電台是在有線電視存在的區域內,或在區域外的遠方的台,可以分為**區域內轉播服務**與**區域外轉播服務**。在民間廣播電台較少的地域之區域外轉播服務是有線電視的一大魅力,是大都市週邊的有線電視發展的主因。接收利用廣播衛星 (broadcasting satellite: BS) 傳送以及使用通信衛星 (Communication satellite: CS) 作委託廣播的信號,經由電纜傳送也是轉播服務的一種。

1.3.2　自主廣播系統

　　有線電視業者,不管是自己製作或接收別人供給,提供廣播電波節目以外的節目服務,就是自主廣播。

　　在其中有線電視業者,針對地區性製作廣播節目,也稱為社區頻道 (Community channel) ,有線電視的特長就是期待能產生與地區有密切關係的服務。

　　另一方面,在日本有所謂的太空有線網路 (Space cable network),在 1989 年由於衛星升空而被實用化,新聞、運動、電影、音樂、教育、教養、天氣預報等多彩而大量的專門節目經由有線電視送到訂戶家中。在美國、1975 年同樣方法的節目供給被實用化,以這種方式為契機是有線電視產業飛躍發展的主因,在台灣也正朝這種方式進行。

除外，利用卡式錄影帶來分配節目或有線電視業者將自己公司製作的節目提供給其他公司也是一種可行辦法。

1.3.3　雙方向機能所產生的服務

在都市形有線電視的形態上，具有雙方向機能之有線電視是，不僅利用下行網路將廣播節目單方面地向訂戶傳送，而且利用上行網路開始新的服務。這種新型式有線電視目前是剛開始的階段，實用化的例子較少。現在，就有關雙向服務被考慮的項目列舉如下。

1. 付款服務 (pay service)　以節目單位付費情形，亦即，付費頻道 (Pay per view) 讓欲收視者利用上行網路提出申請。

2. 需求服務 (request service)　用戶進行節目選擇，如卡拉 OK 的選曲等。

3. 觀眾參加節目　機智問答 (quiz) 節目的回答，進行問卷 (questionnaire) 調查等。

4. 自動抄錶　將訂戶住宅的電費、瓦斯費、自來水等的錶 (meter) 的指示送至管理中心，謀求抄錶的自動化，省力化。

5. 家庭保全 (home security)　訂戶住宅與保全公司共同地設計警備用中心，進行漏電、瓦斯洩漏、火災、從外部的侵入等的監視。

6. 家庭銀行 (home banking)　金融機關與訂戶的訂戶終端機連結，對存款的餘額查詢和戶頭對戶頭的存入，在家裡即可進行。

7. MCA (multi channel access) 在計程車 (taxi) 的無線電話正式實用化所提供的 MCA（複頻道通路）可適用在有線電視，提供客戶電話服務。在有線電視使用的 MCA 爲了與無線的 MCA 有區別而稱爲 MCA/C。

1.4 有線電視的法令

我國有線電視的發展，從早期的"共同天線"系統，隨後有"第四台"，"民主電視台"成立，至目前存在的"有線電視台"，其中系統業者眾多，政府考慮到若無秩序的設置，則對訂戶的權益有害的問題也就難免會發生，且由於地區性的獨占傾向，容易陷於不法情事，政府為了有線電視的健全發展，保障公眾視聽之權益，增進社會福址，特定有下列法規：

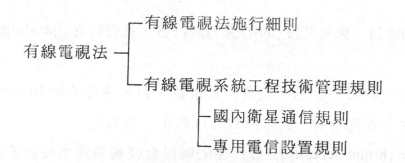

另外，還有其他相關規範和管理辦法。

1.4.1　有線電視法的概要

1.　有線電視法　有線電視法於民國 82 年 7 月 16 日經立法院三讀通過，同年 8 月 11 日公布實施。內容有 9 章 71 條。

　第一章：總則　內容為宗旨，用詞定義，及有關主管機關，幹線網路，分配網路，路權，天災及緊急事故之規定。（第 1 條至第 7 條）

　第二章：有線電視審議委員會（第 8～18 條）

　第三章：營運許可（第 19 條～34 條）

　第四章：節目管理（第 35～37 條）

　第五章：廣告管理（第 38～42 條）

　第六章：費用（第 43～45 條）

　第七章：權利保護（第 46～55 條）

　第八章：罰則（第 56～68 條）

　第九章：附則（第 69～71 條）

2.　有線電視法施行細則　根據有線電視法第 70 條規定訂定之，內容是詳細規定有關審議委員會，營運許可、節目管理、廣告管理、費用、權利保護等項目之施行辦法。

3.　有線電視系統工程技術管理規則

計有：一、總則

二、系統設立

三、工程人員

四、工程技術

五、系統查驗

六、系統維護

七、罰則

八、附則

其中關於四、系統工程技術之規範如附錄表 1 所示，而有關三、工程人員之分類、任用資格如下表 (表 1.3)

表 1.3 CATV 系統工程人員任用資格

類別 任用資格	學歷（相關科系或科組）	經歷（公、民營相關職務）	備註
工程主管	1. 高考或相當於高考之特考及格	3 年以上	1. 相關科系或科組為電子、電機、電信、資訊之科系或科組。
	2. 專科以上院校畢業	4 年以上	
	3. 普考或相當於普考之特考及格	5 年以上	
	4. 高工（工商）職校畢業	3 年以上	2. 公、民營相關職務：指任行政、軍事機關或公民營企業機構擔任電子、電機、電信、資訊或電視有關技術之職務。
	5. 無	10 至 15 年以上	
	6. 教育機關認可訓練機構 3 個月以上 CATV 訓練合格	CATV 工程師 5 年以上	
工程師	1. 高考或相當於高考之特考及格	2 年以上	
	2. 專科以上院校畢業	3 年以上	
	3. 普考或相當於普考之特考及格	4 年以上	
	4. 高工（工商）職校畢業	5 年以上	
	5. 無	7 年以上	
	6. 教育機關認可訓練機構 3 個月以上 CATV 訓練合格	5 年以上	
技術員	1. 高工（工商）職校畢業		
	2. 普考或相當於普考之特考及格	5 年以上	
	3. 無		
	4. 教育機關認可訓練機構 3 個月以上 CATV 訓練合格	4 年以上	

習 題

1. 電視廣播接收(無線電視)與有線電視有何區別?

2. 敘述有線電視的基本構成(以方塊圖說明)

3. 說明有線電視的服務項目

4. 為何要制定有線電視法,其中有線電視系統工程技術管理規則內容為何?

第二章

CATV相關
通信電子學

2.1　電波的傳播方法

　　聲波是由物體之振動所產生，而電磁波 (electromagnetic wave) 是由於電荷的振動所引起的。

　　聲波是以空氣介質，而電磁波是以空間的物質為介質，在大的方面來說是在宇宙空間傳播，在小的方面它是在分子間、原子間作能量的轉換而已。

　　電磁波依據它的振動頻率的大小，分為宇宙線、X 射線、可見光線等，在其中 $f = 3 \times 10^{12}$Hz 以下的電磁波在電信法中皆稱為電波，根據頻率與波長大小有如圖 2.1 所示的分類。頻率 f 與波長 λ 其間有如下之關係

$$\lambda = \frac{c}{f}$$

其中，c；電磁波的傳播速度 $(3 \times 10^8 \text{m/s})$

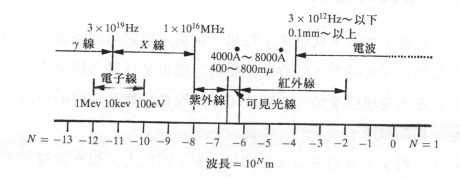

電波的分類

電波的名稱	頻率範圍[Hz]	波長範圍[m]
VLF	以下～3×10^4	以上～10^4
LF	$3 \times 10^4 \sim 3 \times 10^5$	$10^4 \sim 10^3$
MF	$3 \times 10^5 \sim 3 \times 10^6$	$10^3 \sim 10^2$
HF	$3 \times 10^6 \sim 3 \times 10^7$	$10^2 \sim 10^1$
VHF	$3 \times 10^7 \sim 3 \times 10^8$	$10^1 \sim 1$
UHF	$3 \times 10^8 \sim 3 \times 10^9$	$1 \sim 10^{-1}$
SHF	$3 \times 10^9 \sim 3 \times 10^{10}$	$10^{-1} \sim 10^{-2}$
EHF	$3 \times 10^{10} \sim 3 \times 10^{11}$	$10^{-2} \sim 10^{-3}$
SEHF	$3 \times 10^{11} \sim 3 \times 10^{12}$	$10^{-3} \sim 10^{-4}$

BC*：535～1605kHz 的收音機廣播頻段

SW**：3～30MHz 的短波波段

微波：一般是 3000MHz 以上，亦即波長 10cm 以下的電波。

* Broadcast Band 的簡寫

** Short Wave Band 的簡寫

圖 2.1　根據電磁波的波長分類

2.1.1　電波的產生

　　在有電荷的地方，就會產生電場，電場是以電力線來表示。另外，在有電流流通的地方，就會產生磁場，磁場是以磁力線來表示，這些現象在基本電學已學過。電場或磁場的現象好像是不同的東西，實際上是一體的東西。

　　現在，將正、負的電荷 $\pm Q$ 置於距離 l 位置上，想像電荷正、負交互地替換作振動時，若電力線的擴展速度達到速度 C 的高速度切換，則在空間電力線就會產生周期性的疏密變化。（參考圖 2.2)

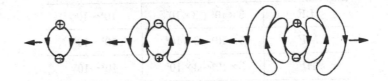

圖 2.2　電波的產生

　　還有，想像電流流過導體，其周圍依右螺旋定則，會產生圓形磁場。電流的方向作正、負交互地變換時，當磁力線的環線擴展速度達到速度 C 相同之速度時，則在空間會有同心狀周期性疏密變化之磁力線之波動產生。（參看圖 2.3)

　　以上，是個別的說明，然仔細考慮，電荷移動是有電流，因為電流流動必需要有電場，兩者是以一體同時產生，要特別留意是不可分開的東西。

　　電磁波是，如圖 2.4 所示，相對於傳播方向，在直角方向有電波

E 與磁波 H 的振動。進一步得知電波與磁波是具有相互垂直的關係。

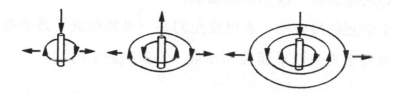

圖 2.3　磁波的產生

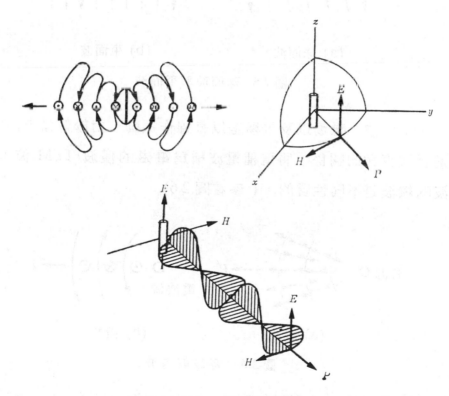

圖 2.4　兩者一體的電磁波

2.1.2　電波的形態

將流過振動電流，軸射電波的裝置稱為發射天線。若以天線的附近,或是電波輻射的全體來看,磁力線與電力線都成環狀,實際上是形成立體的球面狀,故稱爲**球面波**。

在遠距離的接收點,若以波面的某一點來觀測,幾乎是可以看成平面,實質上大多以**平面波**來處理。(參看圖 2.5)

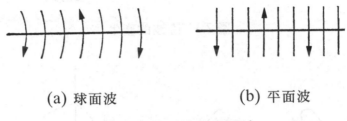

(a) 球面波   (b) 平面波

圖 **2.5** 球面波與平面波

在平面波上磁場以及電場是以直線作振動,對於傳播方向它的振動是互成直角的關係。將這種電波稱爲**電磁的橫波**(TEM 波),而與音波的縱波是不同性質的。(參看圖 2.6)

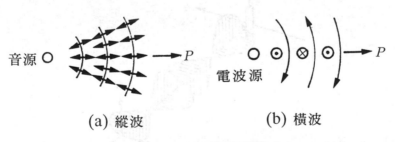

(a) 縱波   (b) 橫波

圖 **2.6** 音波與電波

將電場的振動方向稱爲極化波方向,振動方向僅是一方向者稱爲**直線極化波**。從單線垂直天線來的是**垂直極化波**(vertical polar-izated wave),從單線水平天線來的是**水平極化波**(horizontal polar-izated wave) 所輻射的。（參看圖 2.7、圖 2.8)

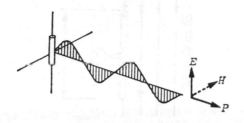

圖 **2.7**　垂直極化波

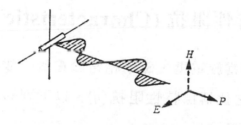

圖 **2.8**　水平極化波

2.1.3　電波的檢出

在接收點對極化波方向所量到每單位長之電位差，稱為該點之**電場強度**。例如，將有效長 1 米的天線由中央切斷加入電壓表，改變天線的方向，令其與極化波方向一致時顯示最大值。此值即為電場強度 E[v/m]，在實用上是以 $1\mu v/m$ 為 0 dB 之 db 來表示之。（參看圖 2.9)

若有波動電場存在當然會有波動磁場存在，然而以波動磁場作直接測定，來作表示的卻很少。

若使用下列所述的特性阻抗 (η)，在計算上就會很容易。

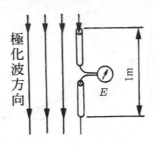

圖 2.9　電場強度

2.1.4　空間特性阻抗 (Characteristic Impedance)

　　一般以電場相當於電壓，磁場相當於電流，故進行波的電場強度 E 與磁場強度 H 之比稱為**特性阻抗**(η)，以下列的式子來表示。

　　對於真空中的電波是

$$\eta = \frac{E}{H} = \sqrt{\frac{\mu}{\varepsilon}}$$

$$= \sqrt{\frac{\mu_0}{\varepsilon_0}} \doteqdot 120\pi = 376.7\Omega$$

這是無損失傳送線路的特性阻抗，而以 Z_o 所表示的非常相似。（參看圖 2.10)

$$Z_0 = \frac{E}{I} = \sqrt{\frac{L}{C}}$$

　　已學過的電介質之導磁係數 (permeability)μ 是幾乎與真空的導磁係數 $(\mu_o = 4\pi \times 10^{-7}(H/m))$ 相同，另外，介電係數 (permittivity)ε 是並不比真空的介電係數 $(\varepsilon_o = 8.855 \times 10^{-12}(F/m))$ 還小，故真空中的特

性阻抗是具有最大的值。

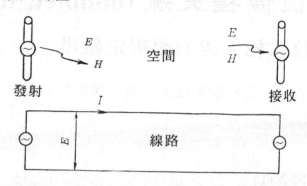

圖 **2.10** 空間的特性阻抗與線路的特性阻抗

2.1.5 固有傳播係數

進行波每前進單位長度所接受到的衰減量 α，相位量為 β，則一般傳播係數 k 是以

$k = \alpha + j\beta$ 來表示。

電波的場合是以

$$k = \sqrt{j\omega \cdot \mu (\sigma - j\omega\varepsilon)} = \alpha + j\beta$$

來決定。稱此為**固有傳播係數**。

在真空中，因理想絕緣的導電率 $\delta = 0$，故變成

$$k = \omega\sqrt{\varepsilon_0\mu_0} = \frac{\omega}{c} = \frac{2\pi}{\lambda} \qquad \left(c = \frac{1}{\sqrt{\varepsilon_0\mu_0}} = \frac{1}{\sqrt{LC}} = f\lambda\right)$$

，僅相位旋轉，而與毫無衰減的無損失電路完全相同。

2.2　單位偶極天線 (doublet, dipole)

2.2.1　單位偶極天線的輻射電磁場

對微小導體長 ℓ 流過振盪電流 I 時，在距離 r 所生的磁場 H 是以

求出。（參考圖 2.11)

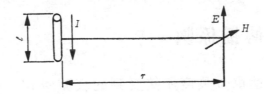

圖 2.11　單位偶極天線的形成磁場

在第 1 項的 $\dfrac{\ell I}{4\pi r^2}$ 所表示的磁場是與距離的 2 次方成反比例而減少，故以**感應磁場**來表示。

在第 2 項的 $\dfrac{\ell I}{2\pi r}$ 所表示的磁場是，與距離成反比例而減少的被動的磁場，稱為**輻射磁場** (參看圖 2.12)。還有，由圖示此輻射磁場是波長 λ 愈小，亦即振盪頻率愈大時，磁場會愈大。

其中，由 $\eta = \dfrac{E}{H}$ 的關係求出**單位偶極天線**的輻射電磁場為

$$
\begin{cases}
H = \dfrac{lI}{2\lambda r} \ [\text{AT/m}] \\[2mm]
E = \dfrac{60\pi lI}{\lambda r} \ [\text{V/m}]
\end{cases}
$$

，在上式是磁場，下式是電場。

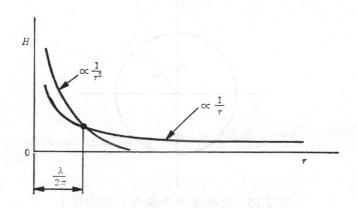

圖 2.12　輻射磁場與感應磁場

2.2.2　單位偶極天線的指向性

　　垂直豎立的單位偶極天線所造成的輻射磁場是，在水平面內爲圓型指向特性，ϕ 不管任何方向都是一定值，變成 $E_\phi = E$，$H_\phi = H$(參考圖 2.13)，而在垂直面內是雙指向性的 8 字型，以 $E_\theta = E \sin \theta$，$H_\theta = H \sin \theta$ 來表示（參考圖 2.14)。

　　將這些關係以立體的形狀來看，變成將 8 字旋轉之甜甜圈狀 (doughnut) 之指向特性。（參考圖 2.15)

　　因此，目前爲止所紋述輻射電磁場必需要考慮的是通過單位偶極天線的中央限定於水平面內的最大輻射磁場。

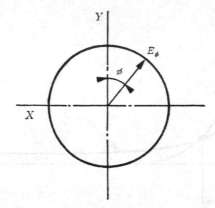

圖 **2.13** 水平面內指向性（等向性）

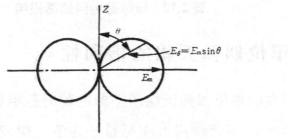

圖 **2.14** 垂直面內指向性（雙向性）

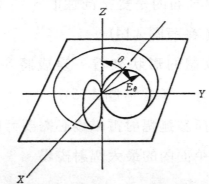

圖 **2.15** 立體指向性（甜甜圈型）

2.2.3　單位偶極天線的輻射功率

在某一微小點的電場與磁場的向量積 $E \times H$，稱為**點向量**(pointing vector)，將該場所流通能量 P 以下式來表示。

$$\dot{P} = \dot{E} \times \dot{H} \ \text{(W/m}^2\text{)}$$

相對於此 P，球表面的全功率 P_r 被求出為：

$$P_r = 80\pi^2 \left(\frac{Il}{\lambda}\right)^2 \text{(W)}$$

稱此為**單位偶極天線的全輻射功率**。

2.2.4　單位偶極天線的輻射電阻

單位偶極天線的輻射功率 P_r 是，引起單位偶極電流 I 的東西，故單位偶極天線的電流是，相等於功率 P_r 流經消耗電阻所引起的。稱此為**單位偶極天線的輻射電阻**。

單位偶極天線的輻射電阻是以

$$R_r = 80\pi^2 \left(\frac{l}{\lambda}\right)^2$$

來表示。

$$P_r = R_r I^2 \text{ (W)}$$

$$\therefore \quad R_r = \frac{P_r}{I^2} \text{ (}\Omega\text{)}$$

$$= \frac{80\pi^2 \left(\frac{Il}{\lambda}\right)^2}{I^2} = 80\pi^2 \left(\frac{l}{\lambda}\right)^2 \text{ (}\Omega\text{)}$$

現在若

$$l = \frac{\lambda}{\pi}$$

則可知：

$$R_r = 80\pi^2 \left(\frac{\frac{\lambda}{\pi}}{\lambda}\right)^2 = 80 \text{ (}\Omega\text{)}$$

2.3 半波長天線

2.3.1 半波長天線

將細的導體切成 $\frac{\lambda}{2}$，從中央供電，載入駐波，流通振盪電流之天線稱為**半波長天線**，這是實用天線最基本的一種。

此型天線變成單位偶極天線的點，其振盪電流的分佈並不一樣，幾乎是成正弦波的分佈。（參看圖 2.16)

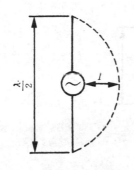
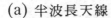
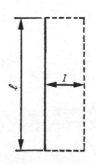

(a) 半波長天線　　　　　(b) 單位偶極天線

圖 **2.16**

　　假如，在面積不改變下把它的電流分佈，變為與半波長天線的中央電流 (I) 一樣的電流，求它的長度 ℓ_e，因正弦波的平值為 $\dfrac{2}{\pi}I$，故求出 ℓ_e 為：

$$\frac{2}{\pi}I \times \frac{\lambda}{2} = \ell_e I$$

$$\therefore \quad \ell_e = \frac{\lambda}{\pi}$$

　　以這種想法求得之長度稱為**等效長**。（參考圖 2.17）。豎立在大地上的場合，也叫做 **等效高**(h_e)。

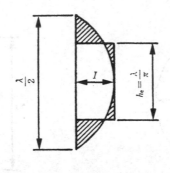

圖 **2.17** 等效長

　　將單位偶極天線的輻射電磁場之表示式,代入此半波長天線的有

效長時,則變成:

$$H = \frac{I}{2\pi r}$$

$$E = \frac{60I}{r}$$

這是在半波長天線的最大輻射方向,給予波動電磁場的最大值之表示

式。(參看圖 2.18)

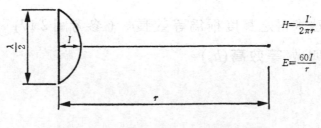

圖 **2.18** 最大輻射方向的電磁場

2.3.1　半波長天線的輻射電阻

半波長天線的輻射電阻 R_r 由實測看出為

$$R_r = 73.1 + j42.5 \ (\Omega)$$

，有效長 $\dfrac{\lambda}{\pi}$ 的單位偶極天線，其等效值即為 80Ω。

電阻為 73.1Ω 是，電流分佈為正弦波，指向特性為偏平 8 字型之故。

因此，在有效長可以使用單位偶極天線的公式，僅有最大輻射方向的電磁場。（參看圖 2.19)

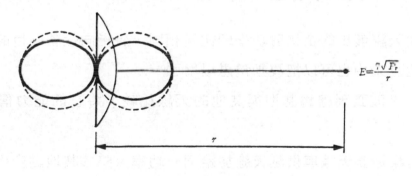

圖 2.19　輻射電阻

輻射電阻出現虛數 $j42.5\Omega$ 是，因為半波長天線的開放端的位置不是完全的反射點，在頂端有電流殘留，在超越尖端的空間有電流的節點出現的結果。

所以，將線長切斷而縮短時虛數部即可變為零，可以完全地對 $(\dfrac{\lambda}{2})$ 引起諧振（參看圖 2.20)。將這個對全長的百分率稱為**縮短率**。

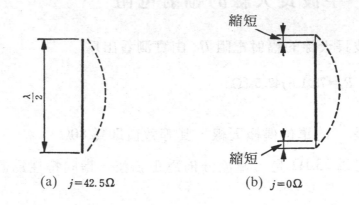

(a) $j=42.5\Omega$ (b) $j=0\Omega$

圖 2.20 諧振

2.3.3 天線的增益

從天線發出的全輻射功率即使是相同，將指向性朝向目的的方向，將能量集中也可以把波動電磁場增強。

以半波長天線爲基準與其他的天線比較，將它的能力稱爲**增益** (G)。

對半波長天線與供試天線加給同一功率，將於某地點產生的電場分別爲 E_o, E，則因該地點的輻射功率與電場的 2 次方成比例，故可由

$$G = \frac{E^2}{E_0^2}$$

求出。（參考圖 2.21）

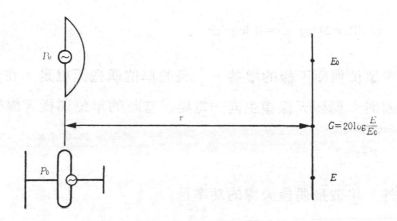

圖 2.21　供給同一功率電場的比較

另外，產生同一電場對天線必要的輸入功率分別為 P_o，P，則

$$G = \frac{P_0}{P}$$

可以求出增益。（參看圖 2.22)

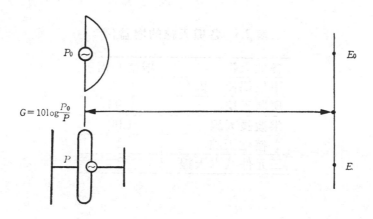

圖 2.22　產生同一電場必要功率的比較

以分貝 (db) 來表示增益，可以用下式求出

$$G(\text{dB}) = 20 \log \frac{E}{E_0} = 10 \log \frac{P_0}{P}$$

試求單位偶極天線的增益，$\frac{\lambda}{\pi}$ 長的單位偶極天線是，在最大輻射方向，因與 $\frac{\lambda}{2}$ 偶極天線產生同一電場，當時的單位偶極天線的功率是

$$P = 80\pi I$$

另外，半波長偶極天線的功率是

$$P_0 = 73.1\pi I$$

故可求出

$$G = \frac{73.1\pi I}{80\pi I} \fallingdotseq 0.92$$

各種天線的增益例子表 2.1 所示。

表 2.1　各種天線的增益例

各種天線	增益（倍）
單位偶極天線 ($\frac{\lambda}{\pi}$)	0.92
環狀天線	0.93
半波長天線	1.00
$\frac{\lambda}{4}$ 接地天線	2
三元件八木天線	2

2.3.4　接收天線的功率

若將半波長天線對準極化波方向置於接收電場 (E) 中，因爲等效長是 $\dfrac{\lambda}{\pi}$，故產生接收感應電壓爲 $E_i = \dfrac{\lambda}{\pi}E(V)$。將負載 R_ℓ 連接至此點，考慮取出有效功率 P_i。天線之感應電壓 E_i，因看作與具內部電阻 R_r 發電機等效，故最大功率條件是 $R_\ell = R_r$ 之時。

$$P_1 = \frac{E_1}{2} \times \frac{E_1}{R_1 + R_r} = \frac{E_1^2}{4R_r} = \frac{\left(\frac{\lambda}{\pi}E\right)^2}{4R_r}$$

所以，從半波長天線在負載側取出最大功率爲：

$$P_1 = \frac{\left(\frac{\lambda}{\pi}E\right)^2}{4R_r}$$

此時，對天線的輻射電阻 R_r，因爲消耗功率爲 P_i，故進入天線的功率爲 $2P_i$。

接收機有效使用功率，可以說是從天線捕獲功率的 50%(-6dB)。

在輻射電阻消耗殘留 50% 的功率是接收天線變成發射天線，以電波方式被再輻射。此功率稱爲**再輻射功率**(參考圖 2.23)。

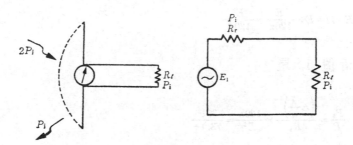

圖 2.23　再輻射功率與有效功率

2.3.5　天線的有效面積

在接收電場強度為 E 的場合，對單位面積流過能量為點向點 (pointing vector) P，即 $P = E \times H[\text{w}/m^2]$，則在面積 A 流過 $P \times A$ 之功率。接收功率 P_i 從功率之流通處輸入時，它的面積 A_v，僅需要

$$A_v = \frac{P_1}{P}$$

天線由空間將能量輸入，將間隔口徑的大小稱為有效面積 (A_v)。有效面積是由

$$A_v = \frac{\lambda}{2} \times \frac{\lambda}{4}$$

被求出。

試著求有效面積，則半波長天線的有效功率是

$$P_1 = \frac{\left(E\frac{\lambda}{\pi}\right)^2}{4R_r} = \frac{\left(E\frac{\lambda}{\pi}\right)^2}{4 \times 73.1}$$

電場 E 的點向量是

$$P = E \times H = E \times \frac{E}{120\pi} = \frac{E^2}{120\pi}$$

因此，有效面積 A_v 是，

$$A_v = \frac{P_1}{P} = \frac{\left(E\frac{\lambda}{\pi}\right)^2}{4R_r} \times \frac{120\pi}{E^2} = \frac{30\lambda^2}{73.1\pi}$$

$$\fallingdotseq \frac{\lambda^2}{8} = \frac{\lambda}{2} \times \frac{\lambda}{4}$$

半波長天線是將流過 $\frac{\lambda}{2}$ 的線長與 $\frac{\lambda}{4}$ 的寬度所作出矩形面之能量作

為有效功率，具有補足能力的現象可以瞭解（參考圖 2.24)。

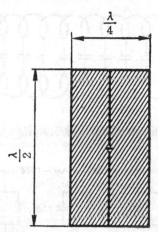

圖 **2.24**　半波長天線的有效面積

　　在接收微小功率，有必要將增益或有效面積加大，因此種種型態
的天線或長而大的天線被設計出來。

2.4　饋電

2.4.1　饋電線

　　將連接發射機與天線，供給功率的線路，或連接天線與接收機，
將微小功率取入的線路稱為**饋電線**。在有線電視它傳送電視信號與電
源亦稱**傳輸線**，它與電器用品的引線 (cord) 不同點是，饋電線工作於
高頻時，除導體本身電阻外，尚有電應 (L) 及電容 (C) 的特性（如圖
2.25)，因此饋電線就非考慮其分佈電路常數不可。

　　平行二線式與同軸電纜是饋電線代表性的種類。特性阻抗與線路
常數如圖 2.26(a)，(b)，實例如圖 2.27 所示。

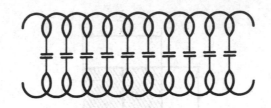

(a) 傳輸線一般表示法

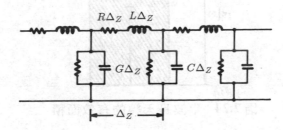

(b) 傳輸線的等效電路

圖 2.25

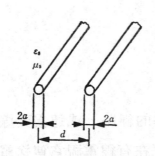

$$Z_o = \sqrt{\frac{L}{C}} = 277\sqrt{\frac{\mu_s}{\varepsilon_s}}\log_{10}\frac{d}{a}$$

Z_o ： 特性阻抗[Ω]

d ： 平行導線的中心距離[mm]

a ： 導線的半徑[mm]

μ_s ： 導磁係數 (空氣 1)

ε_s ： 介電常數 (空氣 1)

(a) 平行二線

圖 2.26　饋電線的特性阻抗與傳送常數

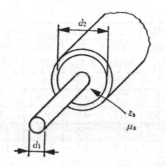

d_1 ： 心線的直徑[mm]

d_2 ： 外被的內徑[mm]

$$Z_o = \sqrt{\frac{L}{C}} = 138\sqrt{\frac{\mu_s}{\varepsilon_s}}\log_{10}\frac{d_2}{d_1}$$

(b) 同軸電纜及等效電路

圖 **2.26** （續）

聚乙烯

區分	阻抗 [Ω]	衰減量[dB/100m] 參考值				
		50 MHz	100 MHz	200 MHz	500 MHz	700 MHz
帶式饋電線	300	2.5	4.5	6.8	12.7	16.0
耐侯性饋電線	300	1.3	2.1	3.2	4.6	6.2

(a) 電視用平行二線式帶狀饋電線

圖 **2.27**

心線　聚乙烯　軟銅編織線　乙烯聚合物的被覆

名稱	內部導體素線徑及素線數 [mm]	完成外徑 [mm]	重量 [kg/ km]	特性阻抗 [Ω]	衰減量[dB/100m] 參考值					
					10 MHz	30 MHz	100 MHz	200 MHz	500 MHz	700 MHz
10C-2V	0.5φ7 條扭絞	13.2φ	230	75	1.8	3	6	9	14.3	17.5
7C-2V	0.4φ7 條扭絞	10.1φ	143	75	2.2	3.8	7.5	11	17.7	21.0
5C-2V	0.8φ(單線)	7.7φ	78	75	2.7	4.9	9.3	13	20.7	25.8
3C-2V	0.5φ(單線)	5.8φ	49	75	4.0	7.0	13	18	29.7	37.0
3D-2V	0.8φ	11.5φ	210	50	1.9	3.6		10		
5D-2V	0.5φ	7.5φ	90	50	3.1	5.7		16.5		

(b) 各種同軸電纜之特性

圖 2.27 （ 續 ）

1. 匹配供電

　　匹配供電是天線的具有輻電阻 R_r 與饋電線的特性阻抗 Z_o 以及發射機的輸出電阻 R_T 全部相等，在無反射的狀態下由於匹配而供電的現象。此種供電之供電損失或干擾電波的輻射都很少，可以得到良好的供電。（ 參考圖 2.28)

圖 2.28　匹配供電

2. 諧振供電

相對於匹配供電，所謂諧振供電是發射機與天線被使用於一波長程度的近距離某場合的簡易供電方式。

諧振供電是發射機輸出電阻 R_T 與饋電線特性現抗 E_0 以及天線輻射電阻 R_r 不匹配，傳輸能量無法被負載吸收，而有部份會反射回來，在饋電線產生駐波，若加減它的長度，可以作爲匹配之變換並兼作供電使用（參考圖 2.29)。

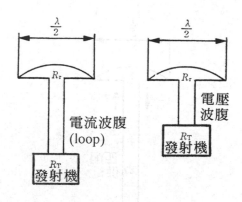

圖 2.29　諧振供電

　　若加長饋電線長度則由於駐波而產生之損失愈大，不要的干擾電波會向周圍發散。

2.4.2　饋電線的匹配

　　考慮無限長度的饋電線，當在傳送端加上電壓 E_s 時，流過電流 I_s，則特性阻抗 Z_0 為

$$Z_0 = \frac{E_s}{I_s} = \sqrt{\frac{L}{C}}\ (\Omega)$$

　　E_s，I_s 若保持此種比例，則可以進行無反射的進行波傳送（參考圖 2.30)。

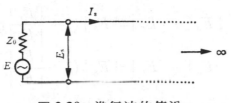

圖 2.30　進行波的傳送

若將饋電線以切成某長度代替無限長度，連接 $R_\ell = Z_o$ 的電阻，而與無線長度時相同效果，從發送端看到阻抗爲 Z_o 在無變化下，進行波在接收端也沒有反射。此狀態稱爲**匹配**（ 如圖 2.31）。

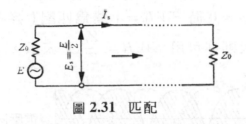

圖 2.31　匹配

若在接收端連接 $R_\ell \neq Z_o$，則失去原有匹配形態而產生反射波。

2.4.3　駐波比

在饋電線上，入射波 E_s 與反射波 E_r 是互爲逆向傳播，合成波的速度變爲零 (zero) 產生駐波 (Standing wave)。亦即，E_s 與 E_r 相互重疊的地方產生波腹 (loop) E_{max}，相互抵消的位置產生節點 (node) E_{min}，這個場所是不移動的停滯現象，故稱**駐波**。

$$E_{\max} \;-\; \mid E_s \mid + \mid E_r \mid = \mid E_s \mid (1 + \frac{\mid E_r \mid}{\mid E_s \mid}) = F_o(1 + \mid \rho \mid)$$

$$E_{\min} \;=\; \mid E_s \mid - \mid E_r \mid = \mid E_s \mid (1 - \frac{\mid E_r \mid}{\mid E_s \mid}) = E_s(1 - \mid \rho \mid)$$

$E_{\max}$ 與 $E_{\min}$ 之比稱爲**駐波比**(SWR)，使用反射係數 $\mid \rho \mid = \frac{\mid E_r \mid}{\mid E_s \mid}$ 則可用下式來表示。

$$SWR = \frac{E_{\max}}{E_{\min}} = \frac{1 + \mid \rho \mid}{1 - \mid \rho \mid}$$

亦即，$\rho = 1$ 時 $SWR = \infty$(參考圖 2.32)，$\rho = 0.5$ 時 $SWR = 3$(參考圖 2.33)，$\rho = 0$ 時 $SWR = 1$ 變爲匹配 (參考圖 2.34)。另外，將 $\rho = \frac{Z_\ell - Z_o}{Z_\ell + Z_o}$ 代入則亦可用 $SWR = \frac{Z_\ell}{Z_o}$ 來表示。

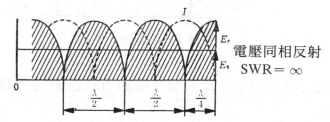

圖 **2.32**　駐波比 ($\rho = 1$ 的場合)

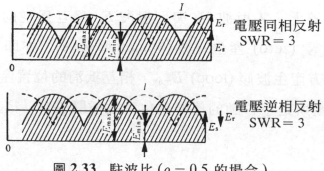

圖 **2.33**　駐波比 ($\rho = 0.5$ 的場合)

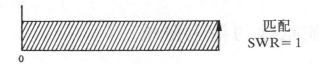

圖 2.34　駐波比 ($\rho = 0$ 的場合)

2.4.4　不匹配損失

供給匹配時的負載之功率為 P，供給不匹配時的負載功率為 P'，則 P' 比 P 還要小。將這比率以 dB 來表示時稱為不匹配損失。以

$$L_{\text{miss}} = 10 \log \frac{P}{P'}$$

來表示。

另外，與駐波比 (SWR) 的關係，設 $\dfrac{Z_\ell}{Z_o} - SWR - S$，則

$$L_{\text{miss}} = 10 \log \frac{(1+S)^2}{4S}$$

表 2.2 表示 L_{miss} 與 SWR 的關係。

表 2.2　L_{miss} 與 SWR 之關係

駐波比 S	不匹配損失[dB]
2	0.51
3	1.25
4	1.94
5	2.55
6	3.10
8	4.03

2.4.5 饋電線的輸入阻抗

匹配負載的時候，輸入阻抗是與饋電線的長度無關，特性阻抗 Z_o 為一定，而不匹配時，依饋電線的長度產生大幅變化。

所謂**饋電線的輸入阻抗**(Z_{in}) 是，在該點電壓 E、電流 I 之比 $\dfrac{E}{I}$，若將電壓駐波與電流駐波之值分開即可求出。(如圖 2.35)

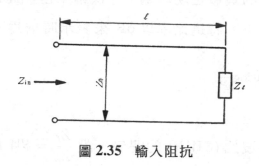

圖 2.35　輸入阻抗

例如，在電壓波腹的 E_{max} 場所，電流為節點的 I_{min}，則阻抗為高阻抗，在電壓的節點場合，相反地，阻抗為低阻抗。

若調整饋電線的長度，使饋電線的長度分別為 $\dfrac{\lambda}{4}$ 的偶數倍長，或 $\dfrac{\lambda}{4}$ 奇數倍長供電，則發射機的輸出阻抗 (Z_ℓ) 與天線的輻射電阻即可匹配。

供電與匹配的兩方都可兼顧是諧振供電的特長。

2.5　匹配的原理

一般，匹配是指為了很有效率地將信號能量 (energy) 傳送到負載端，將信號的傳送電路配合整理，將個個裝置連接時都不成問題。

現在，設想內部電阻 R_i，從開放電壓 E_o 的電源取出最大功率 $P_{\max}$ 至負載電阻端時，若 $R_i = R_\ell$ 時就變成匹配 (如圖 2.36)。此時的最大功率 $P_{\max}$ 是 $P_{\max} = \dfrac{E_o^2}{4R_i}$ 稱此為**固有功率**。

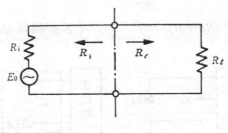

圖 2.36　匹配 (電阻)

2.5.1　匹配電路

將 R_i 變換為 R_ℓ 的匹配電路是，使用僅為 LC 的電抗元件沒有功率損失之四端子電路可以求出。

圖 2.37 是 L 型電路的場合

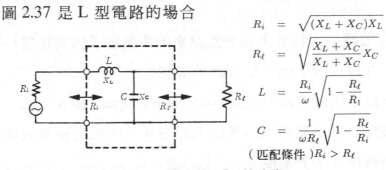

$$R_i = \sqrt{(X_L + X_C)X_L}$$

$$R_\ell = \sqrt{\frac{X_L + X_C}{X_L + X_C}X_C}$$

$$L = \frac{R_i}{\omega}\sqrt{1 - \frac{R_\ell}{R_1}}$$

$$C = \frac{1}{\omega R_\ell}\sqrt{1 - \frac{R_\ell}{R_i}}$$

(匹配條件) $R_i > R_\ell$

圖 2.37　L 型電路

圖 2.38 是平衡供電與不平衡供電的例子。

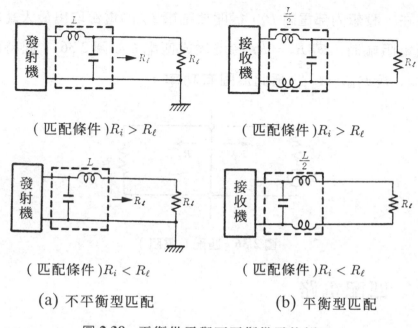

(a) 不平衡型匹配　　　　(b) 平衡型匹配

圖 **2.38**　平衡供電與不平衡供電的例子

2.6　接收機的構成

　　無線電接收機是，接收天線感應無數的微弱電子信號從當中選擇所要之電波，加以放大，進一步解調的裝置。

　　現在大多使用所謂的超外差式 (superheterodyne) 接收方式，這是將目的之電波變換為中間頻率然後放大的方式。因為此種接收機有特別好的感度與選擇性，安定度。

　　另一方面，雖有影像混信，變換雜音，笛音干擾等的缺點，但相對於優點其評價還是很高，由於沒有別的替代方式，故目前為止廣被使用 (參考圖 2.39)。

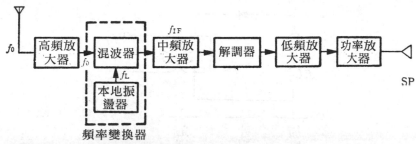

高頻放大器 (RFA)　混波器 (MIX)　本地振盪器 (LO)　中頻放大器 (IFA)
解調器 (DET)　低頻放大器 (AFA)　功率放大器 (PA)

圖 2.39　超外差式接收機

2.6.1　頻率變換

被調變波的相對的頻譜 (spectral) 分佈不改變，僅改變它的中心頻率之變換稱爲**頻率變換**。

頻率變換器是由本地振盪器與混波器所構成。

目的之電波 f_o 與本地振盪 f_L 相加，通過非線性電路則波形會失真，而產生 $2f_o$，$3f_o$……，$2f_L$，$3f_L$……，$(f_o + f_L)$，$(f_o - f_L)$ 等信號。

從這些當中挑選 $f_o - f_L$，取出頻率差之信號的意思，稱爲**外差式** (heterodyne)**檢波**。（如圖 2.40)。

對於接收頻率 f_o 之變化令本地振盪 f_L 跟隨它而變化，將 $f_o - f_L$ 具有一定的中間頻率的接收方式稱爲超外差式 (super-heterodyne)（參考圖 2.41)。

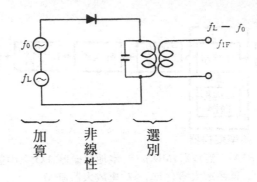

圖 2.40 外差式的原理

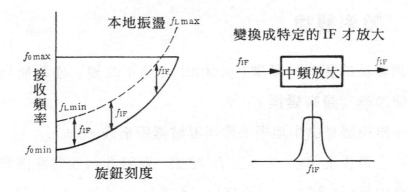

圖 2.41 超外差式

外差式波形的作圖如圖 2.42 所示。

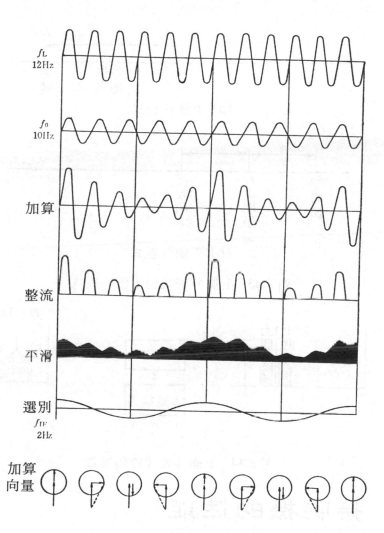

圖 **2.42**　外差式波形的作圖 (12～ 10)Hz 1 秒鐘

　　圖 2-43(a)，(b) 所示對 $f_o > f_L$ 者稱爲下側外差式（超內差式），對 $f_o < f_L$ 者稱爲上側外差式（超外差式）。還有，上側外差式是變換後上下旁波互調（如圖 2.44)。

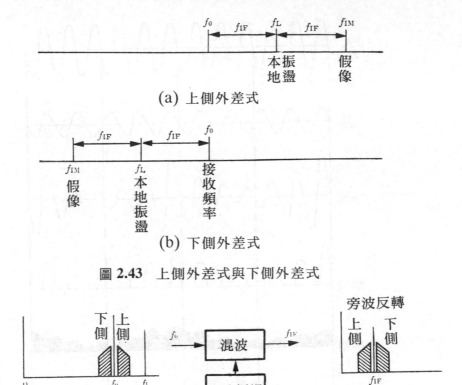

(a) 上側外差式

(b) 下側外差式

圖 2.43 上側外差式與下側外差式

圖 2.44 上側外差式的側波帶

2.7 接收機的性能

2.7.1 靈敏度

靈敏度是接收微弱電波的能力，接收機以產生標準輸出所必要的電場強度來表示 (如圖 2.45)。

圖 2.45　感度

　標準輸出是，以接收機的種類或使用狀況等考慮因素來決定。例如，在 S/N 比 20dB 得到 50 mw 的輸出時，400 Hz，40%調度之電波強度需要 10μV/m。這種場合，所表現的感度爲 10μV/m(20dBμ)

　FM 接收機等，因爲有雜音抑制效果，故將輸出雜音抑制在所定的 S/N 比來表現必要的輸入電場。

2.7.2　選擇度

　利用空間作無線通信，是從眾多的電波當中選擇所要的電波之接收方式，將目的以外的不必要電波除去的能力稱爲**選擇度**。

　在選擇度的表現上，如圖 2.46 所示對希望頻率 (f_o) 之上下頻率變化時檢測其輸出。

　接著以輸入一定型，或是輸出一定型作測定描繪其圖表 (graph)。通常將 3dB 衰減的範圍稱爲**通過頻寬**(B)。在通過頻域之外是希望急速地衰減，以衰減傾斜度來表示 (參考圖 2.46)。頻域外衰減傾斜度的表示方法有許多種，對 20dB，40dB，60dB 衰減分別求得頻寬 B_{20}，B_{40}，B_{60} 來表示，或者求 $\dfrac{B_{60}}{B}$ 作爲斜率因素 (sharp factor) 表示。

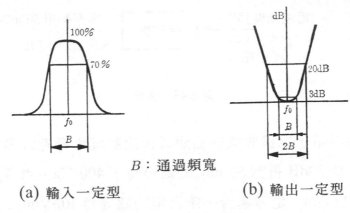

B：通過頻寬

(a) 輸入一定型　　　　　　(b) 輸出一定型

圖 2.46　衰減傾斜度

2.7.3　假像頻率的選擇度

　　超外差式接收機的頻率變換是，將本地振盪頻率與到來電波之差作為中間頻率而取出信號者，故無法區別頻率的大小關係。將一方作為目的之電波則他方就稱為**假像干擾頻率**(image interference frequency)。

　　在減輕假像干擾上，必須在進入頻率變換前將此假像頻率分離。利用天線調諧電路或高頻放大電路作選別的能力稱為**假像比**，普通以輸出一定型所測分貝 (dB) 來表示 (如圖 2.47)。

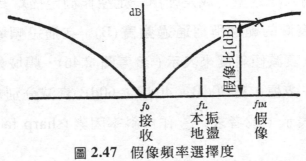

圖 2.47　假像頻率選擇度

2.7.4　傳眞度

傳眞度是指接收發射信號忠實地再現的能力，普通以失眞率，頻率特性，雜音等來表示。

2.7.5　穩定度與可靠度

對接收機即使長時間使用其所有的性能也要不變，而且確定地達到所希望的，將這些能力以穩定度與可靠度來表示。

對外來干擾，被考慮的是電源電壓的變動，溫度的變化，機械的衝擊等項目。將這些個個加以試驗，檢測其穩定度。

穩定度好的產品可靠度就提高，這些試驗結果所表示的，就是總合評價好的產品。

2.8　各種的調變波

2.8.1　調變

將信號載送於電波上稱爲調變(modulation)。此時的電波稱爲載波，信號稱爲調變信號，完成的電波稱爲被調變波。

將連續正弦載波作調變場合，變化載波的振幅者稱爲振幅調變(amplitude modulation:AM)，變化頻率者稱爲頻率調變(frequency modulation:FM)(參考圖 2.48)。

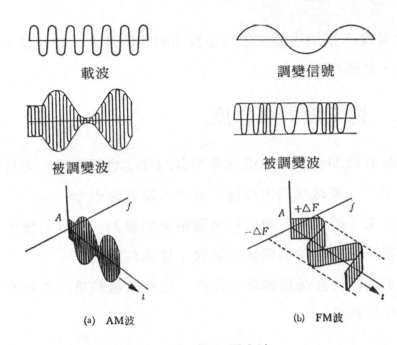

載波　　　　　　　　調變信號

被調變波　　　　　　被調變波

(a)　AM波　　　　　(b)　FM波

圖 2.48　AM 波與 FM 波

　　此外還有變化初期相位角之**相位調變**(phase modulation)，使用脈衝串列 (pulse train) 作為載波，變化這些脈衝之**脈衝調變**。脈衝調變是在適當間隔時間將信號脈衝化，並利用空檔時間添加其他脈衝調變波來傳送信號，這種時間性分開地傳送不同信號稱為**時間分割多工調變**(TDM: Time division multiplex system)(參如圖 2.49)。

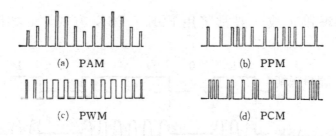

圖 **2.49**　多工調變

其中，PAM (pulse amplitude modulation) 脈衝振幅調變是脈衝的高度隨調變信號的振幅成正例變化。

PPM (pulse position or phase modulation) 脈衝位置（相位）調變是脈衝的位置（相位）隨調變信號而變化者。

PWM (pulse width modulation) 脈衝寬度調變是脈衝的寬度隨調變信號的振幅而改變的

PCM (pulse code modulation) 脈衝數碼調變是脈衝數碼隨調變信號而變化者。

收音機、電視機或其他通信設備使用最多的是 AM 與 FM。

將信號內容數碼化的傳送方式稱爲**數位通信**，在多工通信中的 TDM 常採用 PCM 的數位通信方式，因 PCM 方式的傳送路徑能有效地防止雜訊干擾，故目前 PCM 廣被使用於電話、傳真、影像等通訊線路上。

在數位調變的種類中，若以 " 0" 與 " 1" 形態的數位方式作 AM、FM、PM 時，則有 ASK，FSK，PSK 等方式。其中 ASK (Amplitude shift keying) 方式在電波傳遞途中很容易因衰落、干擾的影響而使錯誤率增高，故一般常將用 FSK， PSK 方式。（如圖 2.50)

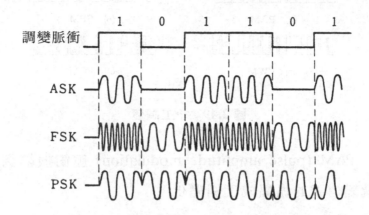

圖 2.50　利用脈衝信號調變載波之調變波形 (2 值)

　　圖中 FSK (frequency shift keying) 方式，數碼脈衝可以切換載波頻率，而 PSK (phase shift keying) 是以數碼改變相位差，一般要傳送多值數碼時要增加 bit rate（位元速率）需要增加頻寬，但若以 PSK 方式作成 4 值（相位差 $\frac{\pi}{2}$)，8 值（相位差 $\frac{\pi}{4}$) 地增多相數，即可在不增加頻寬下增快 bit-rate。這種方式即稱為**高密度調變**方式。這些方式計有 2PSK， 4PSK， 8PSK。（如圖 2.51)

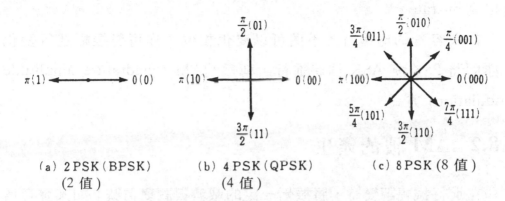

(a) 2 PSK（BPSK）
（2 值）

(b) 4 PSK（QPSK）
（4 值）

(c) 8 PSK（8 值）

圖 2.51　各種 PSK 之向量圖

　　圖中爲各 PSK 的向量圖，括號內的 BPSK 是 binary phase shift keying，而 4PSK 小稱爲 QPSK (quadrature phase shift keying)。

　　由於要降低因雜訊所增高的數碼錯誤率其裝置變得非常複雜，故一般均採用 QPSK。各 PSK 其 bit 所相對相位如表 2.3 所示。

表 2.3

2 PSK (BPSK)	4PSK (QPSK)	8 PSK	
$0 \rightarrow 0$	$00 \rightarrow 0$	$000 \rightarrow 0$	$100 \rightarrow \pi$
$1 \rightarrow \pi$	$01 \rightarrow \frac{\pi}{2}$	$001 \rightarrow \frac{\pi}{4}$	$101 \rightarrow \frac{5\pi}{4}$
	$10 \rightarrow \pi$	$010 \rightarrow \frac{\pi}{2}$	$110 \rightarrow \frac{3\pi}{2}$
	$11 \rightarrow \frac{3\pi}{2}$	$011 \rightarrow \frac{3\pi}{4}$	$111 \rightarrow \frac{7\pi}{4}$

由上表得知，QPSK 為 2 bit，8PSK 為 3 bit，如此同時傳送，即可提高 bit-rate。

在大容量的傳送時，不僅可以變化相位，亦可對振幅進行變化，亦即將 PSK 與 ASK 同時進行，稱為 QAM (quadrature amplitude modulation) 方式。

2.8.2 AM 波的產生

在進行振幅調變時，將振幅一定的載波與調變信號（如某聲音信號）兩者都加到非線性電路，才能產生調變波。

若僅在線性電路的混合，變成單純的加算，並不能進行調變。（如圖 2.52)

圖 2.52

非線性元件，如真空管、電晶體、二極體等，依據目的作適當選擇，即能產生調變，例如，將單純的加算信號加到二極體，（如圖 2.53)，流過二極體電流是，僅順向電流流通，逆向電流不能流通，順向電流的大小是，依聲音振幅成比例變化，僅在正的載波期間流通電流。此電流由諧振於載波頻率之線圈中取出，由於諧振產生飛輪效果，以及由於電磁耦合之阻止直流之效果，可以得到上下對稱的所要之振幅調變波。

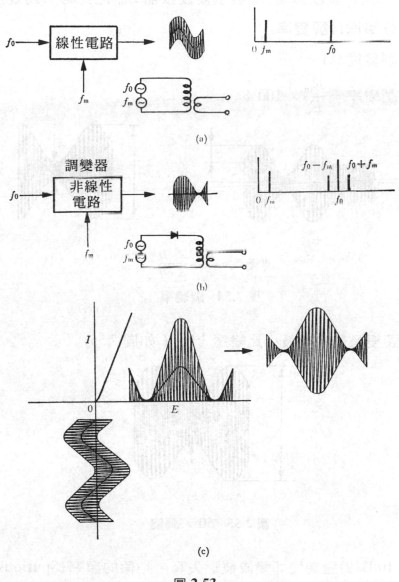

圖 **2.53**

2.8.3 AM 調變率

圖 2.54 所示載波振幅 E_o 與調變波振幅 E_m 之比稱爲**調變度**，另外乘以百分率即爲**調變率**。

$$調變度\,(k) = \frac{E_m}{E_o}$$

$$調變率 = \frac{E_m}{E_o} \times 100\%$$

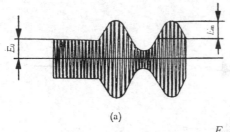

(a)　　　　　　　　　(b)

$$調變度 = \frac{E_m}{E_o} = \frac{A-B}{A+B}$$

圖 2.54 調變率

50%調變是最大與最小比變爲 3:1。（如圖 2.55)

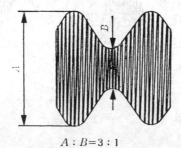

$A : B = 3 : 1$

圖 2.55 50% 調變

超過 100%爲過調變即變成波形失真，是假的頻率 (Spurious) 的原因，必需要避免。（如圖 2.56，圖 2.57)

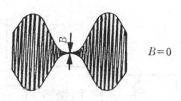

$B=0$

圖 **2.56**　100% 調變

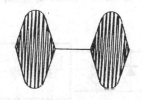

圖 **2.57**　過調變

2.8.4　FM 波的產生

頻率調變是，以調變信號變化振盪器的諧振電抗 (reactance)，以得到頻率偏移 $\pm\Delta F$ 之**直接方法**與利用相位調變產生 FM 波的**間接方法**。

現僅介紹**直接方法**如下：

電容型麥克風是由於接受聲音而變化靜電容量，利用此原理變化振盪頻率即可產生最為簡單的 FM 波 (如圖 2.58)。

加上逆向偏壓的二極體是，因為不能流過電流，極近似絕緣體而具有接合電容故可視為等效電容。接合電容是用電壓來變化，故以電壓可以產生 FM 波。使用為此目的之二極體稱為變容二極體 (varactor)(

如圖 2.59)。

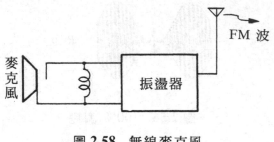

圖 2.58　無線麥克風

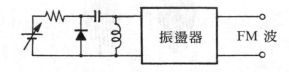

圖 2.59　變容二極體

2.8.5　FM 調變指數與調變率

調變頻率 f_m 與頻率偏移 ΔF 之比稱爲**調變指數**(modulation index)。

調變指數 $(m_f) = \dfrac{\Delta F}{f_m}$

頻率偏移的最大許容值規定爲：

　　FM 廣播 $\Delta F_{\max} = \pm 75\text{kHz}$

　　TV 聲音 $\Delta F_{\max} = \pm 25\text{kHz}$

將 FM 的調變指數以百分率來表示爲

　　FM 的調變率 $(k_m) = \dfrac{\Delta F}{\Delta F_{\max}} \times 100\%$

ΔF 較大場合稱爲**寬頻帶調變**，FM 的特長可以顯現出來，適合於高傳真廣播，而 ΔF 較小場合稱爲**窄頻帶調變**，FM 的特長變爲較少，而與 AM 相似，可用於語音 (voice) 通信（如警察、計程車、救護車等通信）。

2.8.6　FM 之預強調與解強調

在雜音 (noise) 抑制效果上，FM 波要比 AM 波好，在 FM 接收機，其中限制器 (limiter) 可將雜音所造成的波幅變化部份除掉，因此 FM 解調後，信號對雜音比就改善了。

我們定義 FM 系統解調後雜音改善因數爲：

$$(S/N)_{FM} = 3m_f^2(S/N)_{AM}$$

因此，m_f（ 調變指數 ）愈大，S/N 比愈好。

在 FM 系統因 $m_f = \dfrac{\Delta f}{f_m}$，$m_f$ 若一定，f_m 與 ΔF 之比例必需要一定。因此，在調變頻率高的地方，m_f 就下降（ 如圖 2.60)。

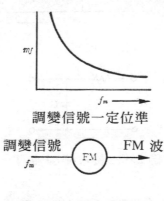

圖 **2.60**　FM 調變器

為了防止 m_f 下降，而採用預強調(preemphasis)（如圖 2.61）。

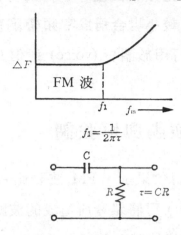

$$f_1 = \frac{1}{2\pi\tau}$$

圖 **2.61** 發射側預強調

預強調是在高頻部份增強 (boost)，相對地在接收側採用解強調 (deemphasis) 以恢復至調變信號原來形式（如圖 2.62）。

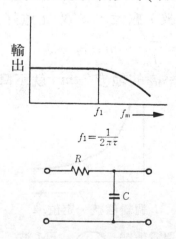

$$f_1 = \frac{1}{2\pi\tau}$$

圖 **2.62** 接收側解強調

2.9　熱雜音

在通信系統討論在導體或電子電路雜音的來源，我們都假設所有雜音來源皆是由物質內分子運動產生的熱雜音所引起。

在 CATV 熱雜音功率 $P = KTB$

K：波茲曼常數：1.38×10^{-23}

T：絕對溫度 (°K)，常溫 25°C = 298°K

B： CATV 影像頻寬 4MHz

以阻抗爲 75Ω 的負載，計算 CATV 的雜音電壓爲：

$$N_{\mathrm{dbmV}} = 10 \log P / \frac{(1mv)^2}{75\Omega}$$
$$= 10 \log 1.38 \times 10^{-23} \times 298 \times 4 \times 10^6 / 1.33 \times 10^{-8}$$
$$= -59.1 \mathrm{dbmV}$$

2.10　雜音指數 (noise figure)

CATV 所有放大器除了輸入端原有熱雜音 (− 59 dbmV) 之外，還會再產生一些雜音，我們就定義放大器本身產生的雜音爲**雜音指數** (noise figure: NF)，其定義爲

$$NF = 10 \log \frac{S_i/N_i}{S_o/N_o}$$

其中 S_i/N_i 爲輸入信號雜音比

其中 S_o/N_o 爲輸出信號雜音比

NF＝輸出雜音－輸入雜音 (－59 dbmV)－放大器增益 (G)

亦即，輸出雜音＝輸入雜音 (－59 dbmV)＋G＋NF

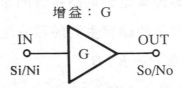

增益：G

IN ───── OUT
Si/Ni G So/No

圖 2.63 放大器雜音指數

2.11 載波雜音比 (Carrier to Noise Ratio: C/N)

CATV 傳送的信號是基頻信號（影像與聲音）用載波加以調變的 RF 信號，故我們討論之信號雜音比，在 CATV 改以載波對雜音比，來表示傳輸信號受雜音之影響程度。

載波雜音比 (C/N) 單一放器之定義為：

$$(C/N)_{single} = S_{out} - (N_T + NF + G)$$
$$= (S_{out} - G) - N_T - NF$$
$$= S_{in} + 59.1 - NF$$

其中 S_{out}：放大器輸出位準

N_T：熱雜音 (－59.1 dbmV)

NF：雜音指數

G：放大器增益

若將 N 個放大器串接，其 C/N 值為：

$$(C/N)_{cascade} = (C/N)_{single} - 10 \log N$$

習 題

1. 說明下列術語

- ✧ 垂直極化波，水平極化波
- ✧ 電場強度
- ✧ 偶極天線指向性
- ✧ 天線增益
- ✧ 傳輸組抗
- ✧ 駐波比
- ✧ 頻率變換原理
- ✧ 超外差式接受機
- ✧ AM 波 FM 波的產生
- ✧ QPSK, 16-QAM, 64-QAM, 256QAM
- ✧ 載波雜音比
- ✧ 熱雜音，雜音指數

第三章

電視信號與廣播方式

3.1 　電視信號

Television（以下簡稱 TV) 是，將發射端以電視攝影機所攝影到的畫像，變換成依時間變化的電子信號來傳送，在接收端使用傳送到的畫像電子信號，再出現原來的畫面者。

被全世界使用的電視標準方式是，分類爲 M、B、G、I 等方式，方式分類是以掃描線，圖場頻率等來規定。在我國（台灣）是使用 M 方式。另外，彩色電視廣播，有 NTSC (National Televisioin System Committee)，PAL (Phase Alternation by line)，SECAM, (Sequentiel Couleur a Memoire) 的三種方式。（各國的電視方式的概要參考附錄表 3 所示資料。）

在台灣的標準電視廣播是，與日本、美國所採用的彩色電視方式相同，使用 NTSC 方式。

進一步，有一種比原來的電視畫面相比，能提供更高精細度的電視畫像之**高精細度電視**(high definition television: HDTV) 方式，在我國稱爲**高畫質電視**。

還有，在電視廣播，不僅是傳送電視攝影所拍攝的畫像，而且也實施文字廣播，以文字和圖形等的訊息作多工傳送。

有關此型式之電視所使用的信號，現在敍述如下：

3.1.1　彩色電視信號

1.　掃描與同步

　　以彩色攝影機所拍攝到的畫像是，在攝影機內部以稱為掃描的方式進行處理，變換成電子信號來傳送。

　　掃描 (sweep) 是，如圖 3.1 所示將畫面在水平方向是由左而右，還有垂直方向是由上而下來分解，對應於畫像的明暗作出電子信號來處理。

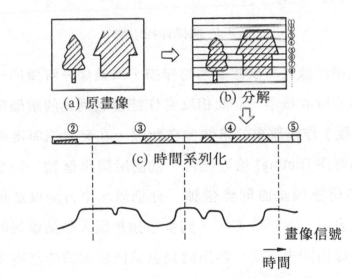

(a) 原畫像　　(b) 分解

(c) 時間系列化

畫像信號

時間

圖 3.1　畫像的掃描與畫像信號

　　跟據**NTSC 方式**電視是，1 秒鐘傳送約 30 張畫像，故每一張畫像約以 1/30 秒傳送。水平方向的一條一條的掃描稱為**掃描線**，每一張畫像包含沒有顯示的**歸線期間**，由 525 條的掃描線所構成。

掃描的方法是如圖 3.2 所示,將這個約 1/30 秒的期間分成二個,在最初的 1/60 秒間 (圖場期間),每隔 1 條掃描線進行飛越掃描,在接著的 1/60 秒間是在它的間隔內掃描。此掃描方式稱為**間插掃描**(interlace scaning)。

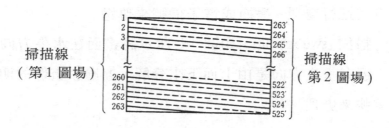

圖 **3.2**　間插掃描

電視攝影機是,根據上述的掃描,將畫像分解變換成電子信號,而電視接收機是,與此相反動作把傳送到達的畫像電子信號 (影像信號) 作出原來的畫像。在此際,在發射側與接收側為了使掃描的時序 (timing) 恰好配合,就使用**同步信號**。同步信號有**水平同步信號**與**垂直同步信號**,分別以水平方向以及垂直方向的開始處表示。 NTSC 方式,同步信號是插入影像信號的水平以及垂直歸線期間來傳送。影像信號重疊同步信號的基本波形如圖 3.3 所示。實際的同步信號波形是如後述更為複雜。

圖 **3.3**　同步信號的基本波形

2.　同步信號波形與彩色電視信號的構成

水平歸線消去期間的信號波形如圖 3.4 所示。在水平歸線消去期間插入水平同步信號，水平同步信號的前面部分稱為前廊 (front porch)，它的後面部分稱為後廊 (back porch)。在後廊是插入色信號再生時成為基準的色同步 (color burst) 信號。

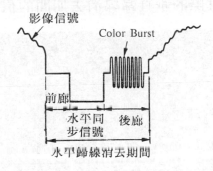

圖 3.4　水平歸線消去期間的信號波形

垂直歸線消去期間的信號波形如圖 3.5 所示。圖中的 ⓐ 是表示電視的垂直歸線消去期間，相當於水平同步期間的 21 倍時間 (21H)。

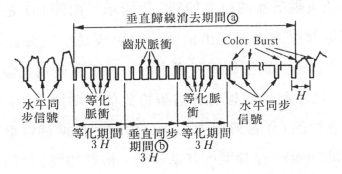

圖 3.5　垂直歸線消去期間的信號波形

在其中如圖中之 b 所示 3H 的時間是垂直同步期間，另外，在垂直同步期間前後分別被分配各 3H 的等化期間。

爲了保持垂直歸線消去期間的水平同步的連續性以進行完全的間插掃描，在等化期間與垂直同步期間，分別加入等化脈衝以及稱爲狹幅脈衝之齒狀脈衝。

圖 3.6 是實際的垂直歸線消去期間的信號波形之例子。

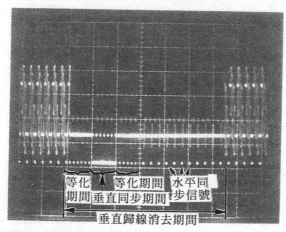

圖 3.6　垂直歸線消去期間的信號波形的一例

彩色電視信號的成立如圖 3.7 所示，由圖 (a) 是表示攝影機內的攝影管等的影像輸出信號。水平或是垂直歸線期間的影像信號是，掃描的返回期間所產出的，因不需要在畫像上出現，故同圖 (b) 所示利用歸線消去信號將此部分拿掉，如同圖 (c) 所示波形。在同圖 (c) 被歸線消去部分的信號位準稱爲垂直消去位準 (pedestal level)，是信號的基準位準。接著如圖 (d) 所示將水平同步信號加到歸線消去期間可以變成同圖 (e) 所示的影像信號（亮度信號)。彩色電視機是進一步將傳送色信號的載色信號與表示載色信號的相位基準的色同步 (color burst) 加到影像信號,如同圖 (f) 所示變成最終的彩色電視信號。

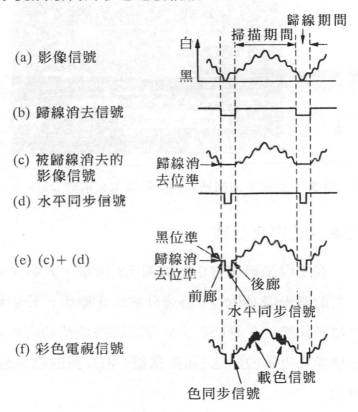

圖 **3.7**　彩色電視信號的成立

　　圖 3.8 所示是以 1 水平掃描期間內所觀測的彩色電視信號的例子。

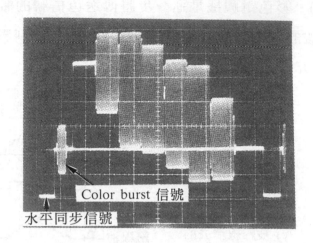

Color burst 信號

水平同步信號

圖 3.8　1 水平掃描期間內的彩條電視信號 (color bar) 的一個例子

3. 亮度信號與色信號

在電視攝影機當中，如圖 3.9 所示，入射光分別加到紅、綠、藍的濾光器 (filter)，將光分解成 3 原色，分別地得到對應的三個電子信號。在 NTSC 方式是將這些信號利用矩陣 (matrix) 電路，變換成明暗的訊息 (**亮度信號**) 和二個的色訊息 (**色差信號**) 來傳送。

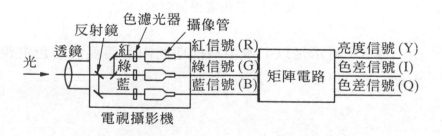

反射鏡　色濾光器　攝像管
光　透鏡　紅　紅信號 (R)　　亮度信號 (Y)
　　　　　綠　綠信號 (G)　矩陣電路　色差信號 (I)
　　　　　藍　藍信號 (B)　　　　色差信號 (Q)
電視攝影機

圖 3.9　電視攝影機的 3 原色分離與傳送信號

　　矩陣電路是將輸入信號的大小加以調整進行加算或減算的電路。

　　對應於各色而將矩陣電路的輸入信號定為紅(R)、綠(G)、藍(B)，則輸出的亮度信號（Y 信號）與 2 個色差信號(I、Q 信號）之間有如下式的關係。

$$Y = 0.30\,R + 0.59\,G + 0.11\,B$$
$$I = 0.60\,R - 0.28\,G - 0.32\,B$$
$$Q = 0.21\,R - 0.52\,G + 0.31\,B$$

　　作為 NTSC 信號所組成的彩色電視信號如圖 3.10 所示。NTSC 方式的電視信號是由亮度信號與色差信號所構成，黑白電視接收機可以接收，彩色電視接收機也可以接收，亦即具有兩立性。

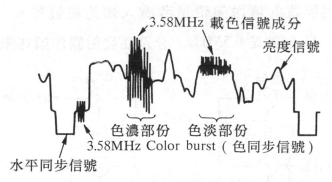

圖 **3.10**　攝影電視信號

　　亮度信號的頻寬是被限制從直流至 4.2MHz 為止，亮度愈亮，信號振幅愈大。二個色差信號是將色副載波作直角調變重疊在亮度信號上。

　　彩色電視信號的頻譜是如圖 3.11 所示，由亮度信號 (Y) 與 2
個色差信號 (I、Q) 配置而成，爲了將二個色差信號以一個色副載
波來傳送而使用直角調變。色副載波的頻率是選擇對亮度信號干
擾最小的，爲水平掃描頻率 (f_H) 的 455/2 倍，相當於 3.58MHz。

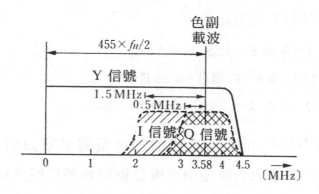

圖 3.11　彩色電視信號的頻譜

　　色差信號的傳送頻帶是考慮人類的視覺特性，I 信號是
1.5MHz，Q 信號是 0.5MHz，分別在發射側作頻寬限制。

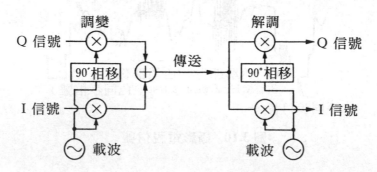

圖 3.12　直角調變、解調之原理

　　直角調變、解調的原理如圖 3.12 所示。直角調變是 90° 相位

差的二個載波分別根據 I 信號與 Q 信號作振幅調變,將得到的信號作合成來傳送的調變方式。

在接收側,再生兩個與發射側同步的 90° 相位差的載波,分別根據同步檢波可以解調出 I 信號與 Q 信號。

Color Burst 信號是在接收側將載波再生之際,表示相位與振幅的基準之信號,如圖 3.4 所示被插入水平歸線消去期間的後廊以間斷性之方式傳送。電視接收機當中是使用此信號,以得到與發射側同步的連續載波。

NTSC 方式的色差信號的傳送所使用之 I 軸與 Q 軸以及彩色同步信號 (color burst) 的相位關係如圖 3.13 所示。相對於 color burst 信號的逆相, Q 信號的相位是被定為 33° 相差。

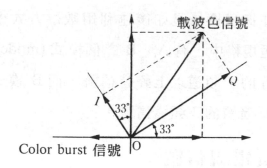

圖 **3.13**　NTSC 信號的 color burst 信號與 I、Q 信號的相位關係

3.1.2　聲音信號

人類耳朵可以聽到的聲音最低頻率為 15～20Hz,而最高的頻率可說是 20～30kHz。

　　各種廣播媒體 (media) 的聲音比較如表 3.1 所示，在地上電視廣播，利用頻率調變方式來傳送聲音信號，以及傳送從頻率 50Hz～ 15kHz 爲止的聲音信號。另外，2 個聲音頻道用作立體廣播或 2 種語言等 2 重廣播服務。

表 **3.1** 各種廣播媒體的聲音

項目＼媒體	AM	FM	地上電視	衛星廣播 A mode	衛星廣播 B mode	CD
聲音頻域	～7.5kHz	～15kHz	～15kHz	～15kHz	～20kHz	～20kHz
動態範圍	約 50dB	約 70dB	約 65dB	約 80dB	約 90dB	約 90dB
聲音頻道	單聲	立體	立體 (2 重聲音)	立體 * (2 重聲音)	立體 (2 重聲音)	立體
傳播路徑惡化因素	衰落 (fading) 外國混言	多路徑	鬼影 (多路徑) 蜂音	由於豪雨一時的中斷	同左	

[註]　* ：獨立聲音 2 頻道

　　另一方面，在衛星廣播是如後述利用數位方式來作聲音的傳送。在這些聲音傳送規格中，有 A、B 二個模式 (mode)，A 模式是傳送 FM 廣播與相等的 4 頻道以上聲音信號，而 B 模式是傳送相當於 CD(Compack disc) 音質的 2 頻道信號。

3.1.3　高畫質電視信號

1.　高畫質電視信號的規格

　　高畫質電視 (high vision) 是對下一代高精細度電視的暱稱，掃描線數爲 1125 條是現行的 NTSC 方式的 2 倍以上，寬高比 (aspect 畫面的橫縱比) 也比 NTSC 方式的 4：3 還要寬闊變成

16：9 的畫面，可以提供高精細度，大畫面而臨場感豐富的影像、聲音之電視。

　　高畫質電視與現行電視廣播的基本規格比較如表 3.2 所示。高畫質電視的影像信號頻寬約為現行電視的 5 倍。

表 **3.2**　高畫質電視與現行電視的廣播之基本規格

種　類 規　格	高畫質電視	現行電視 (NTSC)
掃描線數	1125 條	525 條
畫面寬高（橫縱）比	16：9	4：3
間插（飛越掃描）	2：1	2：1
圖場頻率	60.00Hz	59.94Hz
影像信號頻寬	20MHz	4.2MHz
聲音信號調變方式	PCM	FM
希望收視距離	$3H^*$	$7H^*$

　　［註］ * H：畫面的高度

　　高畫質電視與現行電視的最適當觀察條件如圖 3.14 所示，高畫質電視的掃描線數以及影像信號頻寬是由畫面高度 3 倍距離來觀看為前題而決定的，此時，因為眺望畫面角度（畫角）約為 30°，故影像有動人的力量之感覺。

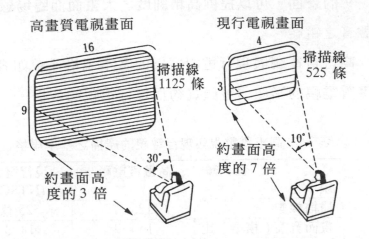

圖 **3.14** 高畫質電視與現行電視的最適觀視條件

2. MUSE 信號

在攝影棚 (Studio) 的高畫質電視信號,因爲僅亮度信號其頻寬就有 20MHz 以上,若以如此頻寬不用說不能以地上廣播,即使使用衛星頻道廣播也不可能。因此爲了以衛星廣播的 1 頻道大小的頻域作爲高畫質電視廣播爲目的,就開發所謂 MUSE 方式的**頻域壓縮技術**。 MUSE 方式的名稱由來是稱爲**多工副倪奎取樣編碼**(Multiple Sub-nyquist sampling encoding) 的信號處理方式,在基頻 (Base band) 的信號頻寬被壓縮成 8.1MHz。

MUSE 方式的頻域壓縮原理如圖 3.15 所示。在發射側,將 1 幅畫面的像素變爲稀疏,分割成 4 圖場來傳送,在接收側相反地將沒有送到的像素補滿再呈現畫像。

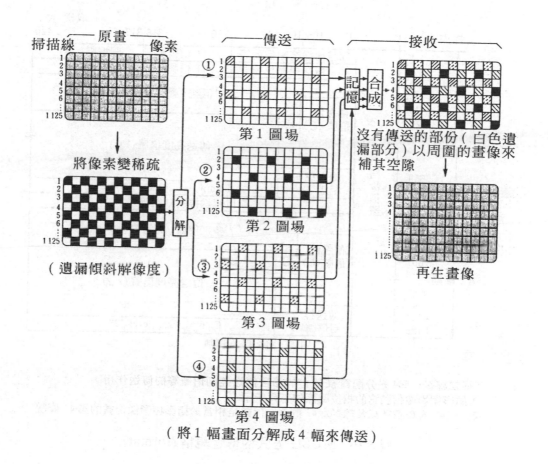

圖 **3.15**　MUSE 方式的頻域壓縮原理

　　MUSE 信號的傳送規格 (format) 如圖 3.16 所示。圖的縱方向數值是掃描線的線號碼，橫方向的數值是以 16.2MHz 的 1 clock 為單位時間來表示傳送信號的取樣號碼。

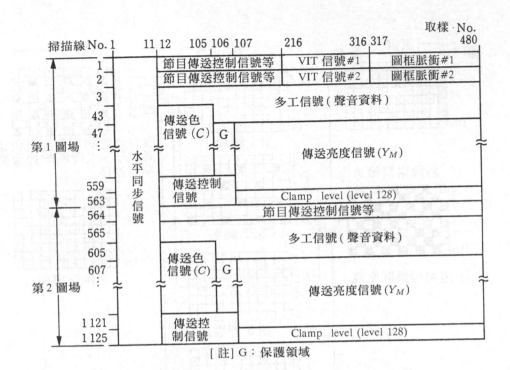

圖 **3.16**　MUSE 方式的傳送規格 (format)

* 掃描線 No. 564 是分配爲 廣播台的節目傳送控制信號等的傳送作用
** 攝影棚影像信號它的相位關係如下列所示：
線 No. 43 的 C 信號以及線 No. 47 的 Y_M 信號是相當於攝影棚影像信號的第 42 條線。

　　各掃描線的 Line 是以水平同步信號爲起始點，Line No. 1
和 Line No. 2 是傳送圖框脈衝(frame pulse)，以及在接收機側補
償傳送路特性惡化時的基準信號 VIT (Vertical interval set) 信號
。接著傳送各圖場中**聲音 data line**之 44 line，影像的 line 爲 516
line 。**箝位位準線**(Clamp level line) 是當作接收機內的解碼器使
用，而圖框脈衝 (frame pulse) 的位準也是作爲信號電壓的基準來

使用。

圖框脈衝是如圖 3.17 所示，以 4 clock 的周期作反轉，同時 line No. 1 與 line No. 2 之間也作反轉。在接收機的同步電路是利用此性質以檢出圖框脈衝（垂直同步）的時序 (timing)。水平同步信號是每條線反轉的3 **值信號**，水平同步信號的時序是選擇此信號的中點。

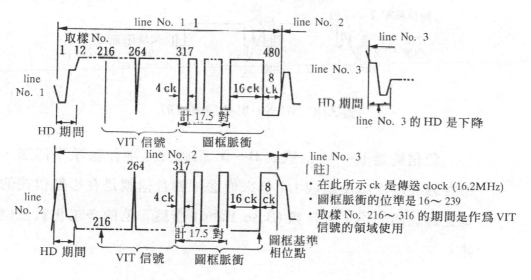

圖 **3.17**　MUSE 同步信號波形

另外，在 MUSE 影像信號內，採用 TCI (time compressed integration，時間壓縮時分割多重)方式，如圖 3.18 所示，亮度信號與色信號作時間壓縮，多工分割作為 1 條的掃描線來傳送。

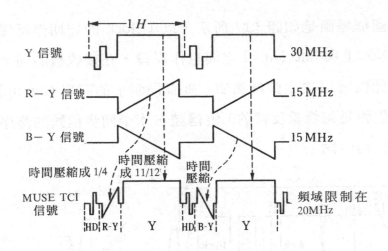

圖 **3.18**　MUSE 影像信號波形

色信號是 R－Y 信號與 B－Y 信號交互地作線順序傳送，相對於亮度信號壓縮成 1/4 倍來傳送。聲音信號是在影像信號的垂直歸線期間中，以基頻 (Base Band) 作為 3 值的多工化數位信號。

3.1.4　用於電視廣播之數位信號

若使用數位技術，則在類比技術實現困難時，可以進行高度影像信號的處理和高品質電視的傳送。近年來，廣播電台的收錄、編集、運行裝置和電視接收機等都已採用各式各樣的數位技術。被用於廣播，代表性的數位信號是在現行電視信號重疊**文字廣播信號**，與衛星廣播以及高畫質 MUSE 信號重疊的**數位聲音信號**。

1. 文字廣播信號

文字廣播是將文字或圖形訊息以數位信號的形式重疊在電視信號的垂直歸線期間內來傳送。

在發射側是傳送在接收機文字信號產生器內已建有的符號化文字或圖形，若文字信號產生器沒有的文字是將文字圖案分解成像素，傳送它的資料。文字的符號化是漢字用 16 位元，英數字（或日語平假名）用 8 位元來進行。

在接收機是從解調後影像信號分離出文字信號，作完錯誤訂正的處理後，將接收機內的文字信號產生器所取出的文字或圖形與作為圖案被送達資料加以合成寫入記憶體，表示在畫面上。將文字數碼化的方法如圖 3.19 所示。

2. 數位聲音信號

為了將類比聲音信號變為數位信號，如圖 3.20 所示，將信號的時間變化以一定間隔取出，進行所謂的**標本化**或是稱為**取樣** (sampling)。

接著，被取樣的信號是分配至最接近的信號位準，該位準被分割為好幾個階段的不連續的值，稱為**量子化**的方式來處理。

在數位聲音信號的量子化是輸入信號位準與數位值為 1 對 1 對應的直線量子化，檢知每隔一定間隔的最大位準，在它的位準所對應的範圍內進行量子化。被量子化的信號是以數位信號列的數碼被傳送。

在衛星廣播與高畫質電視廣播，取樣頻率 (Sampling frequency) 都是 A 模式 32KHz，B 模式 48KHz，而量子化與傳送的方法分別不同。衛星廣播與高畫質電視廣播的聲音電視的主要諸元如表 3.3 所示。

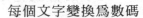

每個文字變換為數碼
(A)
(B)
(C)
新
放
文字列
(A) 00000101 (8 位元)
(B) 1111110011101100 (16 位元)
(C) 0101001000111111 (16 位元)
變為數位信號
(A)
(B)
(C)
1
0
在接收機，從文字產生器將文字叫出，寫入表示記憶體在 CRT 管表示出來

圖 3.19 文字的數位數碼化

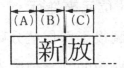

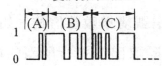

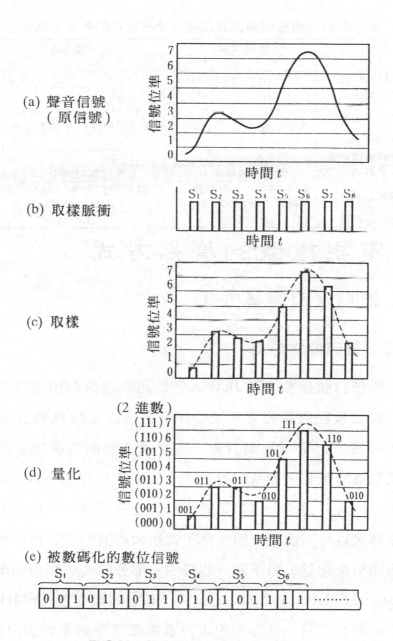

(a) 聲音信號
　（原信號）

(b) 取樣脈衝

(c) 取樣

(d) 量化

(e) 被數碼化的數位信號

圖 **3.20**　聲音信號的數位數碼化

表 3.3 衛星廣播與高畫質電視廣播的聲音信號主要諸元

廣播	衛星廣播		高畫質電視	
模式	A	B	A	B
聲音信號頻域	15 kHz	20 kHz	15 kHz	20 kHz
取樣頻率	32 kHz	48 kHz	32 kHz	48 kHz
量子化‧壓伸	14/10 位元 準瞬時壓伸	16 位元 直線	15/8 位元 準瞬時壓伸差分	16/11 位元 準瞬時壓伸差分
聲音頻道數	4	2	4	2
獨立資料傳送容量	480 kb/s	240 kb/s	128 kb/s	112 kb/s
多工方式	副載波頻率多工		垂直歸線期間中基頻多工	
傳送方式	將 5.7272 MHz 的副載波 利用 4 相 DPSK 調變		資料傳送速度 12.15 Mbaud 的 3 值信號形式來傳送	
符號傳送速度	2.048 Mb/s		1.35 Mb/s	

3.2 電視信號的廣播方式

3.2.1 標準電視廣播方式

1. 影像信號的傳送方式

　　影像信號如圖 3.21 所示，是以同步信號的頂端為最大的載波振幅之振幅負調變方式來廣播。由於影像信號具有 4MHz 以上的頻寬，若單獨振幅調變，則在載波的兩側產生旁波帶，而需要很寬的頻寬。因載波的上下旁波帶是具有完全相同的訊息，故僅以任何一邊的旁波帶都能將影像信號解調，但使接收側的處理變為複雜。因為此原因，為了兼顧頻率的有效利用與發射接收系的簡單化起見，將下側旁波帶的一部分除去，採用殘留旁波帶 (Vestigial Sideband: VSB) 方式，1 頻道的頻寬變成 6MHz。在我國（台灣）與美、日等國的電視廣播頻道與頻率表如附錄表 5，頻道頻域內的頻率關係如圖 3.22 所示。另外，將電視廣播電波以頻譜分析儀來觀測場合的波形例子如圖 3.23 所示。

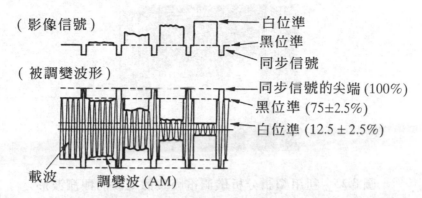

（影像信號）

白位準
黑位準
同步信號

（被調變波形）

同步信號的尖端 (100%)
黑位準 (75±2.5%)
白位準 (12.5±2.5%)

載波　　　　調變波 (AM)

圖 3.21 影像信號與被調變波形

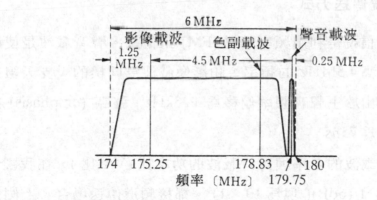

6 MHz

影像載波　　　色副載波　　　聲音載波

1.25 MHz　　←4.5 MHz→　　0.25 MHz

174　175.25　　　　178.83　　180
頻率〔MHz〕　　　179.75

圖 3.22 電視電波的頻譜例（第 7 頻道的場合）

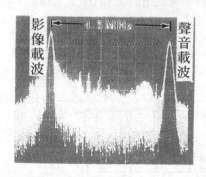

圖 3.23　利用頻譜分析儀測電視廣播電波的觀測波形

2.　聲音信號傳送方式

　　聲音信號是利用頻率調變 (FM) 來傳送。聲音載波是使用比影像載波高 4.5MHz 的頻率，和影像載波爲同樣的一支天線來發射信號。由於主聲音頻率偏移爲 ±25kHz，強調 (emphasis) 的時間常數定爲 75μs。

　　影像載波的功率與聲音載波的功率比 (VA 比)，在我國（台灣）是 4：1 (6dB)（現爲 10：1）。鄰接頻道傳送場合，上側頻道的影像載波與下側頻道的聲音載波之頻率間隔僅 1.5MHz。因爲此原因，在 6dB 的 VA 比是從下側頻道的聲音信號對上側頻道的影像信號產干擾（下側鄰接頻道干擾），在畫面上產生條紋模樣（差頻）。因爲這原因，在 CATV 等鄰接頻道進行傳送場合，是將聲音載波的位準降低，VA 比以 9～14dB 來傳送。

3.　聲音多工方式

　　聲音多工調變方式是在電視的調頻聲音信號上加上聲音副載波，將2種類的聲音信號同時傳送方式。目前我國電視台播放語音部分是 MTS (Multichannel Television Sound：多頻道電視聲音)。它提供立體廣播 (Stereo Broadcast) 及第二語音 (SAP: Second Audio Program)，另附有私人通信專業頻道 (Professional Channel)。

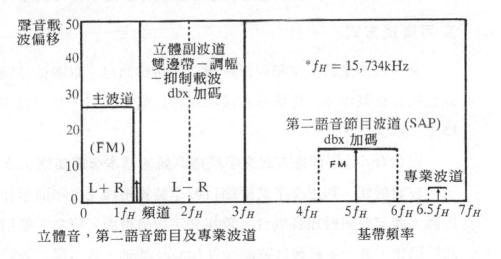

圖 3.24　BTSC 頻帶位置分配表

　　此系統頻譜如圖 3.24 所示，它是以相關波幅控制 FM 頻率的偏差量，它的標示很像一般的 FM 立體聲，MTS 系統發射 (L+ R) 單音就像 FM 收音機一樣，故與非 MTS 電視接收機相容，而立體副載波 (L− R) 調變一副載波是在 2 倍水平頻率 ($2f_H : 2 \times 15,734 = 31,648\text{Hz}$)， 15,734Hz 載波以低波幅 (±5kHz)

發射，以避免旁波帶干擾到聲音基頻信號，第 2 語音頻道類似 SCA，以 FM 調變一副載波在 $5f_H$，主要不同是窄頻寬專業頻道 (PRO Channel) 操作一個副載波於 $6\frac{1}{2}f_H$，對 MTS 系統而言，(L－R) 立體副頻道與 SAP 頻道兩者都有自己的聲音基頻信號壓縮擴展 (companding)，所謂 companding 是聲音信號動態範圍在發射時壓縮 (compress)，然後在接收時使用擴展 (expand) 技術，以恢復信號動態範圍，此技術用於改善立體分離度以及降低雜音，而 (L－R) 兩倍偏差也是用於改善立體分離度以及降低雜音。

4.　文字廣播方式

　　文字廣播是將文字和圖形所構成的畫像訊息，以數位信號形式在電視信號作多工化傳送在接收側將此信號恢復，在電視接收機上表示文字。

　　混合 (hybrid) 傳送方式文字廣播系統的基本構成如圖 3.25 所示。在發射側，利用文字廣播節目製作裝置根據文字和圖形作成畫面，視需要與附加音組合，製作文字廣播畫面。將文字廣播畫面符號化，進一步將節目號碼，頁 (page) 號碼，表示模式等附加於指定資料中。

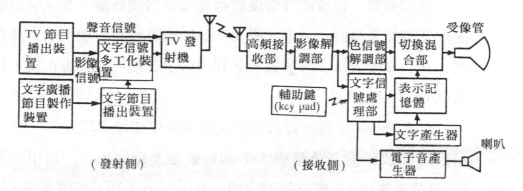

圖 **3.25**　文字廣播的系統概念圖

　　將多數的文字廣播節目根據播出順序依次讀出，在文字廣播
播出裝置加上同步符號和錯誤訂正符號作爲文字信號，以文字信
號多工化裝置重疊至電視影像信號的垂直歸線消去期間 (VBL)，
圖 3.26 所示使用垂直歸線消去期間的水平掃描線第 14H(第
277H)～第 16H(第 279H) 以及第 21H(第 284H) 之 4H 來傳送
。

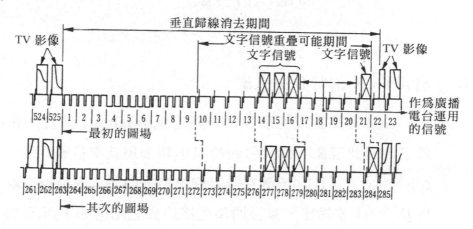

圖 **3.26**　文字信號的重疊

　　在接收側，從解調後影像信號將文字信號分離，在文字信號處理部進行錯誤訂正之際，將文字調變資料恢復，變換成影像信號，在影像管表示。附加聲音是利用電子音產生器恢復信號，從喇叭 (speaker) 再生。

　　混合 (hybird) 傳送方式文字信號的構成如圖 3.27 所示。文字信號是 1 或 0 的 2 值信號，1 的信號是連續的場合，而不回到 0，就原樣變成 1，變成 NRZ (Non return to zero，非零復歸) 信號形式。

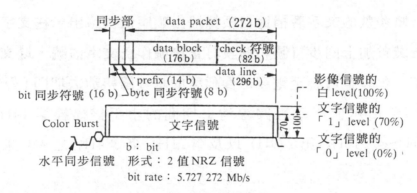

圖 3.27　混合傳送方式文字信號的構成

5.　利用 GCR 信號除去鬼影

　　由於建築物或地形的影響產生鬼影 (ghost) 障害，在接收側為了改善此現象，從發射台將鬼影除去用基準信號 (ghost cancel reference: GCR)，重疊在垂直歸線消去期間之水平掃描線第 18H 以及 281H 才送出。鬼影的產生與除去之結構如下所示。

　　電視的接收天線是如圖 3.28 所示，從發射天線來的直接波與由於建築物或山峰等所反射的反射波同時被輸入。由於傳播距離之差異，因爲反射波在時間上是比直接波還要延遲地被輸入，故通常畫面的右側產生 2 層，3 層的鬼影。此種鬼影障害的改善裝置稱爲 **鬼影消除器**(ghost canceller)。

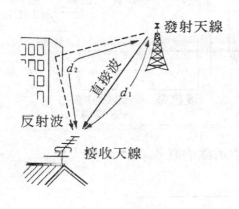

*l 是與直接波及反射波的
傳播時間差成比例。

(a) 直接波的反射波的傳播路　　　　　　(b) 鬼影畫面

圖 **3.28**　鬼影延遲時間與傳播路長差

圖 3.29 所示是鬼影除去的原理。在發射側是將理想的基頻(Base band) 具有 SinX/X 脈衝信號之頻率特性送出，在接收側是使用鬼影除去濾波器，根據反射波收到的短脈衝波形進行處理(ghost 除去) 以恢復成原來的波形。

鬼影除去用濾波器的特性是利用微處理機對應於輸入信號的失真程度作控制。控制必要的反射波的延遲時間，強度以及相位訊息是如圖 3.30 所示，係由鬼影基準信號與枱基 (pedestal) 信號所構成的 GCR 信號檢出而得。

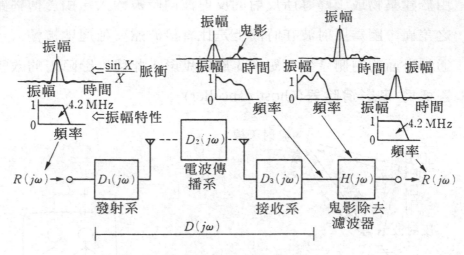

圖 3.29　鬼影消除的原理

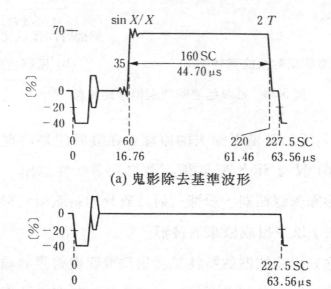

(a) 鬼影除去基準波形

(b) pedestal 波形

$$SC = \frac{1}{色副載波頻率}$$

圖 3.30　鬼影基準信號與 pedestal 波形

3.2.2　衛星電視廣播的廣播方式

衛星廣播是為了傳送高品質的影像和聲音，從太空送出非常微弱的電波，故使用與地上廣播不同的信號傳送方式。

1.　信號傳送方式的概要

從廣播衛星發射的信號是 12GHz 頻域的主載波，如圖 3.31 所示，影像信號與聲音副載波作 FM(頻率調變) 處理者。此頻率調變波是通過傳送頻寬 27MHz 來廣播。

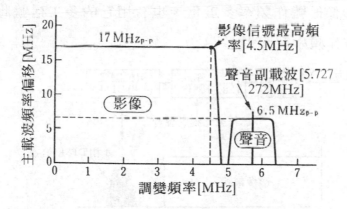

圖 3.31　根據影像、聲音信號主載波的頻率偏移

在一般以 AM(振幅調變)，作電視廣播，則接收機的構成是變得比較簡單，為了得到所要的信號對雜音比就必需有較大的功率。另一方面，在 FM 是頻道附近的占有頻寬變為較廣大的關係，在傳送途中較不容易受到失真的影響，干擾妨害較強時，為了得到同程度的信號對雜音比，比 AM 少的發射功率就可以辦到，是它具有的優點。因為這樣，衛星廣播使用 FM。

　　衛星廣播的影像信號是與地上廣播的 NTSC 方式相同，掃描線數爲 525 條，而頻寬是延伸至 4.5MHz，比地上廣播的 4.2MHz 還要寬。

　　爲了高品質的聲音傳送，衛星廣播的聲音是利用 PCM (pulse code modulation，脈衝符號調變) 採用數位方式，以 PCM 副載波方式來傳送，衛星廣播的 PCM 副載波方式是如圖 3.32 所示，用已數位化聲音信號，將約 5.73MHz 的聲音副載波作相位調變，將 4 相 DPSK (differential phase shift keying: 差動相位調變) 信號與影像信號作頻率多工化，也有用它的多工信號將 12GHz 的主載波作頻率調變者。

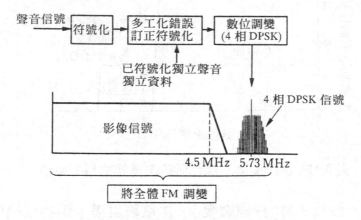

圖 **3.32**　PCM 副載波方式

　　被傳送聲音信號的頻寬是根據聲音模式有 15KHz 或 20KHz，得到比地上廣播還寬之頻域。因爲採用數位傳送方式，故不容易受雜音等的影響，也得到較大動態範圍。特別是 B 模式聲音是與 CD 同程度的品質。另外，在 5.73MHz 的聲音副載波中，對聲音信號以外可以將獨立資料信號作多工化，而可能有各式各樣的應用。

　　影像以及聲音的傳送方式之主要諸元如表 3.4 所示。

表 **3.4** 衛星廣播的主要信號傳送諸元

區分	項　目		諸　元	
影 像	影像信號方式		掃描數 525 條 (M/NTSC 方式)	
	影像信號最高頻率		4.5 MHz	
	主載波調變方式		頻率調變	
	主載波頻率偏移		17MHz$_{P-P}$(包含同步信號)	
	調變極性		正極性	
	能量擴散信號		15Hz 對稱三角波 (主載波頻率偏移 600kHz)	
	主載波頻率頻寬		27 MHz	
聲 音	傳送模式		模式 A	模式 B
	符號化方式	聲音信號頻寬	15 kHz	20 kHz
		取樣頻率	32 kHz	48 kHz
		量子化以及壓伸	14/10 位元準瞬時壓伸	16 位元直線
	多工方式	符號傳送速度	2.048 Mb/s + 10 b/s	
		頻道數	4 頻道	2 頻道
		獨立資料傳送容量	480 kb/s	240 kb/s
	調變方式	副載波頻率	5.727 272 MHz ± 16 Hz	
		根據副載波主載波的頻率偏移	± 3.25MHz　+ 10% − 5%	
		副載波調變方式	4 相 DPSK	
極化波方式			右旋圓極化波	

2.　影像信號的傳送方式

(1)　影像信號主載波頻率偏移　　在 FM 考慮三角雜音，對傳送畫像品質的目標要評價 4 以上，則 SN 比 (Signat to noise ratio，信號對雜音比) 必需要在 38dB 以上。

　　CN 比 (Carrier to noise ratio，載波對雜音比) 為 14dB 時

，爲了要得到 SN 比所必要的 FM 改善度，主載波頻率偏移變爲 17MHz$_{P-P}$(包含同步信號)。

此外，利用影像信號作 FM 調變場合的調變極性是採用在影像信號的白位準主載波的頻率，比同步信號的主載波頻率還要高之正極性。

(2)　預強調 (preemphasis)　在以 AM 方式以及 FM 方式傳送信號的解調輸出其雜音頻譜分布如圖 3.33 所示。AM 方式的雜音位準是與頻率無關作一定的分佈，而 FM 方式是頻率愈高雜音愈大。因此，影像信號的高頻成分其 SN 比就變壞。這是 FM 特有的現象，因爲雜音頻譜呈三角形分佈，故稱爲**三角雜音**。爲了減輕此三角雜音的影響，預先將頻率高的信號成分加以強調作頻率調變。在發射側進行此操作稱爲預強調。預強調特性如圖 3.34 所示。在接收側是使用具有與發射側相反特性之解強調 (deemphasis) 電路，將影像信號的高頻成分之 SN 比加以改善同時將頻率特性變爲平坦。

(3)　能量擴散　衛星廣播所使用之 12GHz 頻域之頻率是地上的無線通信也使用的。因此，從廣播衛星所發射的電波，爲了不對其他的無線電通信產生干擾，就有必要將電波具有的能量 (energy) 加以擴散 (分散)。

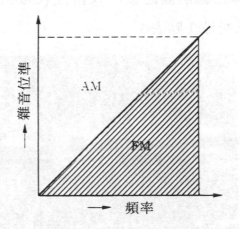

圖 3.33　AM 方式與 FM 方式的雜音頻譜分布

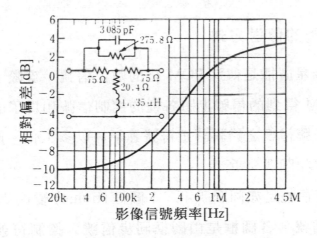

圖 3.34　預強調特性

　　將電視的影像作如此的頻率調變時，能量就會集中在特定的頻率上。爲了防止此能量集中現象，如圖 3.35 所示將 15Hz的三角波重疊在影像信號上，將主載波作 600kHz 偏移。在接

收側將影像信號解調之後，以箝位 (Clamp) 電路將擴散信號
(15Hz 的三角波) 除去。

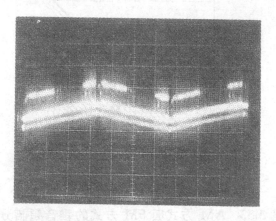

圖 3.35 將能量擴散信號重疊後之影像信號 (解強調前)

3. 聲音信號的傳送方式

在衛星廣播是傳送 PCM 化的數位信號。實際上傳送的信號
是以 PCM 得到的信號上將各種的控制信號和爲了訂正在傳送途
中發生信號錯誤之錯誤訂正符號等都加以多工化。此信號多工的
全體構成如圖 3.36 所示。

聲音信號是如同圖所示，1 圖框 (frame) 變成 2048 位元 (bit)
的數位信號，各圖框是由圖框同步信號，控制符號，範圍位元
(range bit)，聲音資料 (sound data)，獨立資料以及錯誤訂正符號
所構成。此圖框因爲是 1 秒鐘發送 1000 次，故符號傳送速度變爲
2.048Mb/s，以此數位信號將 5.73MHz 的副載波作 4 相 DPSK 調
變才送出。

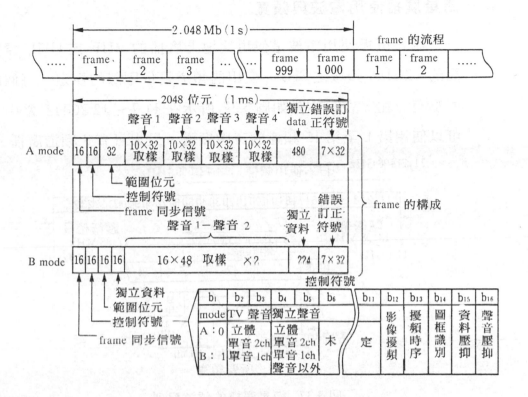

圖 3.36　聲音信號多工的全體構成

在衛星廣播聲音信號的傳送模式 (mode)，有 A 模式與 B 模式 2 種類。在 A 模有 4 頻道，將其中 2 個作為電視的聲音，將剩下的 2 個可以利用為獨立聲音廣播。

B 模式是與 A 模式比較在頻道數以及獨立資料的傳送容量都較少，而聲音的頻寬為 20kHz 較 A 模式為寬，可以傳送較高品質的聲音信號。 A、B 模式的切換，立體、單音的切換，PCM 信號以多工化控制信號可以自動地進行。

4.　衛星廣播使用電波與頻寬

衛星廣播使用電波是使用比地上廣播的 VHF 或 UHF 還要高的 12GHz 頻域之 SHF。使用的頻道是依國際的規定，每個國家都有分配，在日本是如圖 3.37 所示在 11.7～ 12.2GHz 當中，可以使用第 1 至第 15 頻道的奇數頻道，最大可有 8 頻道廣播。

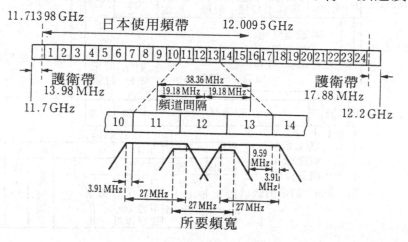

圖 **3.37**　衛星廣播的頻道配列

從第 1 至第 15 頻道的電波頻率以及分配國家，分配極化波面如表 3.5 所示。1 頻道的頻寬爲 27MHz，因相對於鄰接波道間的頻率間隔爲 19.18MHz，故鄰接波道之間的頻域有一部份重疊。因爲此緣故，對於服務區域 (service area) 與鄰國相接近的，必須利用發射電波的極化波面之改變來防止相互的干擾。

表 3.5　衛星廣播的頻道分配（東經 110 度）

頻道號碼	中心頻率〔GHz〕	日本	韓國	北韓	包布亞新幾內亞 (the Papua New Guinea)
BS- 1	11.727 48	○（右旋）			
BS- 2	11.746 66		●（左旋）		○（右旋）
BS- 3	11.765 84	○（右旋）			
BS- 4	11.785 02		●（左旋）		
BS- 5	11.804 20	○（右旋）			
BS- 6	11.823 38		●（左旋）		○（右旋）
BS- 7	11.842 56	○（右旋）			
BS- 8	11.861 74		●（左旋）		
BS- 9	11.880 92	○（右旋）			
BS-10	11.900 10		●（左旋）		○（右旋）
BS-11	11.919 28	○（右旋）			
BS-12	11.938 46		●（左旋）		
BS-13	11.957 64	○（右旋）			
BS-14	11.976 82			○（左旋）	○（右旋）
BS-15	11.996 00	○（右旋）			
BS-16	12.015 18			○（左旋）	

（ ）內是極化波

5.　擾頻 (scramble) 方式

　　衛星廣播是使用擾頻來決定付費廣播方式，除了付費電視廣播之外，也利用獨立聲音頻道作付費聲音廣播。付費廣播的概念如圖 3.38 所示。廣播台是送出所謂的擾頻 (scramble) 電波，將影像，聲音施予擾亂處理，在接收側使用解除擾頻的解碼器

(decoder) 才能收視。解碼處理所必要的訊息是利用衛星廣播的資料頻道 (data channel) 送給契約者。因為這樣，沒有準備解碼器的非契約者就不能收看該擾頻節目。另外，既使有契約者但未收到費用場合也可以進行使它不能收視的處理。

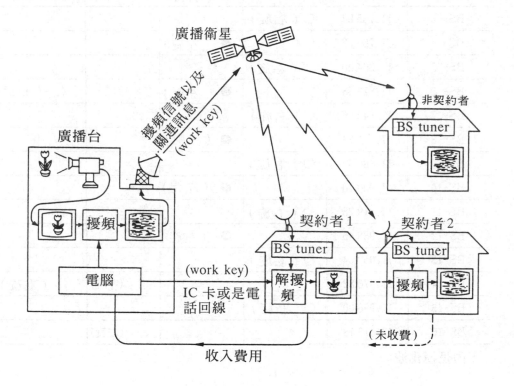

圖 **3.38** 付費廣播的概念

影像的擾頻方式如圖 3.39 所示，有掃描線內信號旋轉 (line rotation) 方式，掃描線交換 (line permutation) 方式，以及這兩種的組合方式。

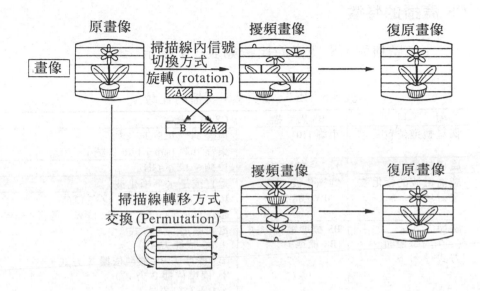

圖 **3.39**　影像信號的擾頻方式

　　聲音信號的擾頻方式是將擬似隨機 (random) 信號加上數位
聲音信號上的方式。

3.2.3　用 CS 作衛星廣播的方式 (CS 廣播)

1.　利用 CS 作衛星廣播

　　利用 CS 作衛星廣播是利用通信衛星 (communication satel-
lite，以下簡稱 CS) 作衛星廣播服務，簡稱為「CS 廣播」，有進行
電視廣播 " CS 電視廣播" 與作 PCM 聲音廣播 " CS 聲音廣播"
的 2 種類。

2.　CS 廣播的特徵

BS 廣播與 CS 廣播的比較如表 3.6 所示。

表 3.6　BS 廣播與 CS 廣播的比較

項　目	BS 廣　播	CS 廣　播
衛星軌道位置	東經 110°	東經 54° (JCSAT-2 號) 東經 162° (super bird B 號)
廣播頻帶	11.7～ 12.0 GHz	12.50～ 12.75 GHz
廣播電波的極化波	圓極化波	垂直或是水平極化波
發射功率	120W (BS-3)	JCSAT：電視 20.0W，聲音 12.6W 超鳥 (super bird)：電視 21.8W，聲音 17.3W
廣播方式 （　）內是擾頻 方式	BS 標準電視方式 (BS 標準)	電視廣播：3 方式 ・BS 依據方式 (BS 標準，BS 標準依據 A 方式， BS 標準依據 B 方式) ・B-NTSC 方式 ・B-MAC 方式 聲音廣播 ・PCM 時分割多工 /MSK 調變方式 (BS 標準的聲音方式)

CS 廣播是除了廣播電波的頻帶，極化波，廣播方式與 BS 廣播不相同之外，由於擾頻的導入，在接收 CS 廣播必需要用專用的接收天線和接收機 (含擾頻解碼器者)。

BS 與 CS 的衛星軌道位置關係如圖 3.40 所示。如同圖所示，因為 CS 的軌道位置與 BS 不同，故 CS 接收天線的方向與 BS 天線不同。另外，因為 CS 廣播發射功率比 BS 還要小，故 CS 天線的尺寸 (Size) 要比 BS 天線還要大。進一步，CS 廣播在因為 1 星期內的廣播時間，原則上 50% 以上是付費節目，故接收 CS 廣播必需與 CS 廣播事業者有契約關係。

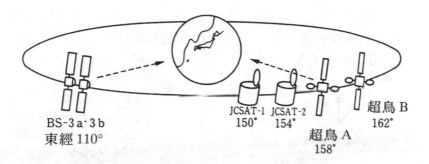

圖 **3.40**　BS 與 CS 的衛星軌道關係

3.　CS 廣播的電波

⑴　廣播頻帶　　BS 廣播的頻帶是 $11.7 \sim 12.0$GHz，而 CS 廣播的頻帶是如圖 3.41 所示是使用比 BS 還要高的 $12.5 \sim 12.75$GHz 的頻域。

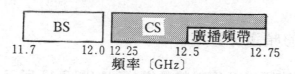

圖 **3.41**　BS 廣播與 CS 廣播的頻帶

⑵　極化波　　BS 與 CS 的電波之極化波樣子如圖 3.42 所示。 BS 在日本場合是右旋圓極化波，相對地 CS 採用直線極化波，爲了增加頻道數將垂直與水平的極化波分開使用。

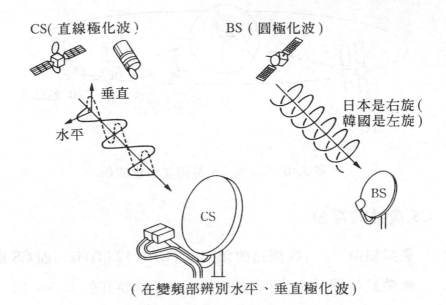

圖 **3.42** BS 與 CS 的電波之極化波

4. CS 廣播的頻道分配

　　CS 廣播與 BS 廣播的頻道分配如圖 3.43 所示。 CS 是由多數的轉發器所搭載，而在這當中 12.5～ 12.75GHz 的某些轉發器可以當作 CS 廣播使用。 CS 廣播的每個頻道之傳送頻寬，在 JCSAT 系是與 BS 同樣地轉發器頻寬同樣爲 27MHz，而超鳥 (Super bird) 系是轉發器頻寬比 36MHz 少 6MHz 變爲 30MHz。

　　在 JCSAT 2 號機作爲 CS 廣播用的是被分配 15 個轉發器，從 12.5GHZ 側開始的轉發器依選頻道號碼稱爲 J1～ J15。在超鳥 B 號機作爲 CS 廣播用的被分配 11 個轉發器，從 12.5GHZ 側開始的轉發器依照頻道號碼為 S1～ S11。

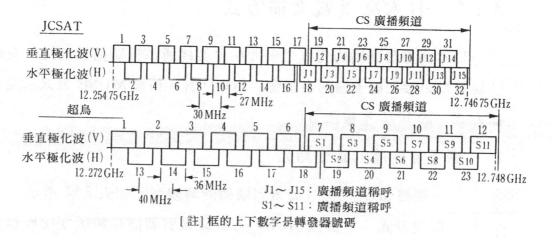

圖 **3.43**　CS 廣播與 BS 廣播的頻道分配

3.2.4 日本高畫質廣播方式

日本高畫質廣播的方式是根據衛星廣播所進行廣播爲前提，有關技術基準是接受電子通信審議會的諮詢回答，根據 MUSE 方式所定廣播方式，於 1992 年被法令化。

1. 高畫質廣播的調變諸元

根據 MUSE 方式高畫質廣播的調變諸元如表 3.11 所示。

⑴ 調變方式　　根據 MUSE 方式高畫質廣播是將所要接收信號 CN 比依 NTSC 電視信號抑制到約與衛星廣播相等值，利用非線性預強調進行頻率調變。

調變是在發射側強調高頻成分，在接收側降低高頻成分，在 MUSE，相對於直流成分，在 8.1MHz 加上 12dB 的強調。強調，解強調的特性如圖 3.44 所示。

表 **3.11**　利用 MUSE 方式高畫質衛星廣播的調變諸元

項　目		諸　元
調變形式		FM 調變
調變極性		正極性
占有頻率頻寬		27 MHz
基頻頻寬		8.1 MHz (10% root cosine roll off 特性)
能量擴散信號 以及頻率偏移		30 Hz 對稱三角波 600 kHz$_{P-P}$
影	頻率偏移	10.2 MHz± 0.5MHz$_{P-P}$
	強調特性	如圖 3.44 所示
像	強調增益	9.5 dB
聲音	3 值信號的頻率偏移	9.8 ± 0.5 MHz$_{P-P}$

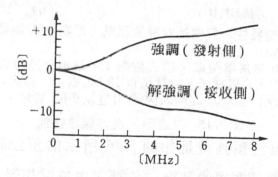

圖**3.44**　強調、解強調的特性

但是，在進行強調處理時信號是高頻成分被提昇，會產生過射 (overshoot)，下射 (under shoot)。強調量過大時頻率調變的頻率偏移會太廣，瞬時頻率從傳送頻域溢出，產生截形 (truncation) 雜音*。

為了防止此雜音，如圖 3.45 所示加上非線性特性，信號

*註：截形雜音：FM 信號的頻譜由於傳送系的濾波器特性等被削減使畫像產生脈衝狀之雜音

的最大振幅被容納在頻域內 (27 MHz)。由於使用這種非線性預強調,可以比通常的預強調有更高的調變度。

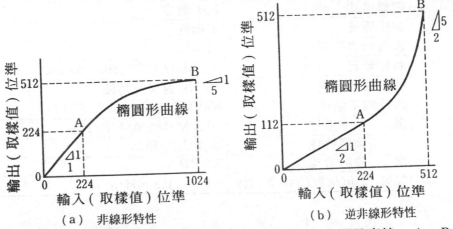

(a) 非線形特性　　　　　　　　　　(b) 逆非線形特性

- 僅表示正側特性,負側是對稱於原點,原點－A 間是直線,A－B 間是橢圓曲線。
- 輸入位準 0 是灰階位準,輸入位準 224 是相當於白截波 (clip) 位準。
- 圖 (a) 的輸入(取樣值)位準是以 10 bit 表示,輸出(取樣值)位準是以 9 bit 表示。圖 (b) 的輸入與輸出是以 9 bit 表示。

圖**3.45** 非線形・逆非線性特性

非線性預強調是如圖 3.46 所示的預強調方式之系統,MUSE 衛星廣播的基準白位準與黑位準相對之頻率偏移是決定爲 10.2MHz。

在此調變條件之寬頻帶增益爲 11.9dB [†]。還有,預強調增益 G_e 爲 9.5dB [‡]

以彩色條紋 (color bar) 信號作頻率調變之 MUSE 廣播信號之頻譜樣子如圖 3.47 所示。

[†] 寬頻帶增益 $= 10 \log(3\Delta f/f_m)^2 (B/f_m)$ 在此,Δf:頻率偏移 (10.2MHz),f_m:調變最高頻率 (8.1MHz),B:傳送頻寬 (27 MHz)。

[‡] $G_e = 10 \log \left(\int_0^{8.1} x^2 dx / \int_0^{8.1} x^2 f_D^2(x) dx \right)$,在此,$f_D(x)$ 是解強調的頻寬。

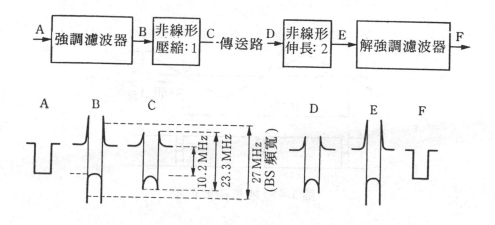

圖3.46　強調方式的系統

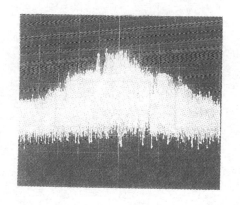

圖3.47　MUSE 廣播信號的頻譜

(2)　能量擴散信號　　在衛星廣播是不可以對特定的頻率作功率束密度之集中，故有義務將能量擴散信號重疊在信號上。

　　在高畫質廣播能量擴散信號是如圖3.48所示。此30Hz 的對稱三角波將頻率偏移 600kHz 。因此，MUSE 衛星廣播的最大頻率偏移是 10.8(10.2＋ 0.6)MHz。

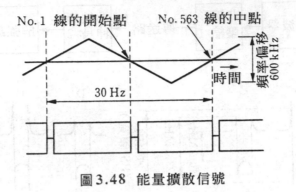

圖3.48　能量擴散信號

習 題

1. 全世界有哪三種電視標準系統
2. 黑白與彩色電視信號由哪些信號組成?
3. 色彩的三原色及補色為何?其間有何關係?
4. 標準電視傳送方式為何(以頻譜方式繪圖說明)?
5. 說明衛星電視信號的傳送方式
6. 付費衛星電視如何傳送?

第四章

有線電視的系統構成

4.1 有線電視系統的基本構成

　　有線電視系統的基本構成例如圖 4.1 所示。有線電視系統是由系統架構有關性能的分配，使用機器、材料的構成、運用以及維護等大範圍綜合性技術要素所構成，從機能以及構成大致區分為中心系、傳送系、端末系。

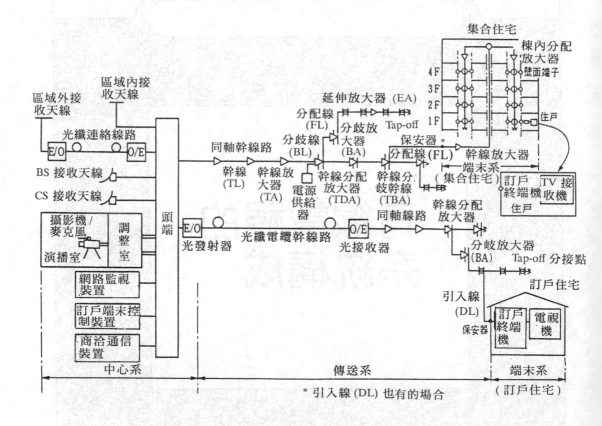

圖 4.1　有線電視系統的基本構成

4.1.1　中心系

　　中心系是由 FM、TV 信號處理器 (Signal Processor)、BS、CS 衛星接收機、調變器、引示 (pilot) 信號產生器、擾頻編碼器 (scramble encoder)、合成器等構成的頭端 (Head End) 裝置與地上廣播用以及 BS，CS 衛星接收等的各種接收天線設備，攝影棚 (studio) 裝置或調整室等組成的節目製作播出設備 (參考 4.6 節)，網路監視裝置 (status monitoring transponder: SMT)，以及訂戶端末控制裝置等所構成。另外依狀況也有商洽用收發通信裝置的設計。

　　另外，地上廣播的區域外接收用天線，在遠離頭端的場合，使用同軸電纜或光纖作為連絡線路，或使用 23GHz 的有線電視用無線線路。

4.1.2　傳送系

1.　構成

　　　傳送系是將中心系送出的信號，對雜音及失真的發生加以抑制，而很有效率地往端末側傳送的部份，此部份包括保安器。

　　　傳送系向來主要是以同軸電纜構成，依它的機能區分為幹線、分歧線、分配線以及引入線。另外作為補償同軸電纜的衰減或分歧、分配的損失之幹線放大器 (trunk amplifier) 依它的用途可分為幹線放大器、幹線分配放大器、幹線分歧放大器、分歧放大器以及延伸放大器等，還有，驅動用電源是從電源供給器將

AC30V 或是 60V 重疊加到傳送信號的電纜上來供給。

　　另外傳送的區間若很長的場合，或是為了削減同軸線路串接 (casade) 級數提高傳送品質時，就使用光纖電纜。在此場合，在中心側使用一種將電氣變成光的光發射器，而在同軸線路之連接部分使用光接收器。

　　在傳送系靠近端末的分配線，根據被動電路具有的分配、分歧機能來設置分接點 (tap off)，以引入線為介質連接到保安器。

2.　傳送頻率

　　對於有線電視一般的雙方向傳送頻率之範圍例如圖 4.2 所示。

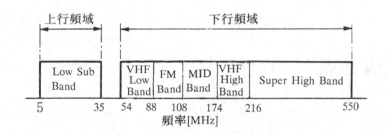

圖 4.2　關於有線電視傳送頻率域（台灣）

　　在 1 條的同軸電纜中，下行頻域是 50～550MHz，上行頻域是 5～35MHz 的寬頻域並且可作雙方向傳送。

　　從中心系送出的下行信號是包含 FM 以及電視約 60 頻道與引示信號、其他控制信號等。還有在送往中心系之上行信號裡，有由端末系取材的中繼電視節目信號，雙方向可定址化

(addressable) 訂戶端的接收要求以及接收狀況訊息，其他控制、應答的信號等。並且在 20MHz 頻域以下，需注意很容易受混合雜音的影響。

在有線電視是將 NTSC 電視信號以 6MHz 間隔作分配，有可能連續地排列傳送，也就是鄰接傳送方式。因此，比地上廣播具有較多頻道的傳送是其特長。

4.1.3　端末系

有線電視的訂戶是在保安器的輸出以訂戶終端機(home terminal)為介面利用電視接收機收看節目。

保安器是安裝在訂戶住宅的屋簷下或外面牆壁，它是傳送系與訂戶住宅的分界點。

端末系必需注意有線電視用的訂戶終端機和電視接收機，與住宅內某 AV 機器相互連接使用時的親和性，室內分配系統使用機器和電纜的性能。

另外，訂戶的形態上有獨戶住宅與集合住宅，特別是集合住宅與獨戶住宅同樣地利用保安器從傳送系獲得信號，而對應於構成住戶(或端子)，有必要考慮整棟大樓的信號分配方式和使用放大器的性能等，以提供訂戶良好的影像。

作為有線電視端末系是包含面積廣闊的獨戶住宅群，以及立體構成的集合住宅。

4.2 接收點設備

在有線電視系統畫像再傳送的良否，接收天線的選定與設置擔負很大的責任。

接收點設備如表 4.1 所示，有 VHF 接收天線、UHF 接收天線、BS 與 CS 接收天線、以及前置放大器等。

表 4.1 接收點設備的天線以及機器

天線及機器	種　　類
VHF 接收天線	全頻帶用，寬頻帶用 (低頻段以及高頻段)，專用頻帶用
UHF 接收天線	低域用 (ch13 ~ ch30)，中域用 (ch31 ~ ch44)，高域用 (ch45 ~ ch62) 的多素子八木天線，高增益的柵狀拋物狀天線 (grid parabola ANT.)
BS 接收天線	在口徑的區分上從 40 至 120 形當中，CATV 希望 90 ~ 120 形
CS 接收天線	在口徑的區分上從 50 至 180 形當中，CATV 希望 120 ~ 180 形
前置放大器	有寬頻帶用、專用頻帶用，因應狀況作選定

圖 4.3 是接收天線群的外觀例。

(a) 區域外接收天線群　　　　　(b) 區域內以及衛星接收天線群

圖 4.3　接收天線群的外觀

4.2.1　接收天線

1.　接收天線的基本性能

在天線電氣性能上有指向性、增益、VSWR (Voltage Standing Wave Ratio: 電壓駐波比) 3 個要素。

在 VHF 頻段和 UHF 頻段，發射功率是以有效發射功率 (effective radiation power: ERP) 來表示，對電波的強度是以電場強度來表示，單位是使用 μV/m 或是 dBμV/m。

3 要素當中指向性是愈尖銳則周圍的雜音和鬼影就愈減輕

，大的 DU 比（希望信號對不要信號之比， desired signal to undersired signal ratio) 可獲得良好的接收品質。指向性的良否，是以半功率值（從指向性波束的中心下降至 3db 點之夾角）與前後比 (front to back ratio: FBR) 來表示。

增益在一般是指向性愈尖銳增益愈高，相反地愈寬廣則愈低。在 VHF 及 UHF 天線，對等方向性天線亦即對點波源*，是以具 1.64 倍 (2.15db) 增益之半波偶極天線爲基準，定義在相互間阻抗完全匹配的狀態下比較其相對增益。

VSWR 是根據原來進行波與反射波在傳送線路上產生電壓駐波的最大值與最小值之比來定義者。

若 VSWR 大的，則不匹配損失增加和頻帶內頻率特性惡化，而產生振鈴 (ringing)，故專用頻帶用天線希望 VSWR 在 2.5 以下，寬頻帶用天線希望在 3.0 以下。另外，對 VSWR 不匹配損失 (M_L ： Mismatching Loss) 以下式表示

$$M_L = | 10\log(4S/(1 + S)^2) | \,[\text{dB}]$$

其中，S：表示 VSWR

亦即，實際的天線增益僅依不匹配損失的值而下降。從實用面稱呼動作增益是包含不匹配損失的值，在型錄上被清楚記載著。

---

*具有從 1 點向整個空間以一樣的放射指向性之理想天線稱爲點波源。半波長偶極天線 (dipole Ant.) 在元件的軸方向沒有指向性，在直角方向具有環形狀 (doughnuts) 的指向性。若供給相同能量則軸方向的縮小成分是加到直角方向的增益提高量。

　　另一方面，在衛星接收天線的場合，從衛星來的電波是 SHF 頻帶[†]，發射功率是以等效等方向發射功率 (equivalent isotropically radiated power: EIRP) 來表示，電波的強度是以功率束狀密度表示，單位是使用 mW/m² 或是 db mW/m²。

　　還有以波長 25mm 程度的半波長偶極天線為基準天線其測定誤差較大，故使用標準喇叭形天線 (Horn Antenna) 等，增益是以等方向性天線，亦即以點波源為基準，來定義絕對增益。

　　在衛星接收天線，將接收到 SHF 頻帶的電波以同軸電纜來傳送，衰減很大而且接收功率非常地小，故將變頻器連接到 1 次輻射器，以變換成 1GHz 頻帶的輸出方式取得。因此天線單體的性能除外，天線的要素還要加上變頻器的增益與雜音指數 (noise figure: NF)。因為這樣在天線的選定和評價上，天線增益與變頻器部份的性能上大多還增加 G/T（性能指數）合成後的性能為標準。另外，在天線特有的性能上，有拋物線反射鏡的表面精度有關的開口效率，在同一頻率還有將其他極化波（右旋圓極化波相對於左旋圓極化波，或是水平極化波對於垂直極化波）抑制的交差極化波特性等。

2.　VHF 接收天線

　　有線電視用的 VHF 接收天線，計有 ch1～ ch12 可接收全頻帶之 VHF 全頻帶用天線，FM～ ch3 為止的 VHF 寬頻帶低頻道

[†]SHF：Super high frequency 之簡稱，頻率為 3～ 30GHz，波長為 10～ 1cm，也稱為厘米波 (centimeter wave)。 11.7～ 12.75GHz 是被使用於 BS 以及 CS 廣播。

用天線，ch4～ ch12 的 VHF 寬頻帶高頻道用天線，還有具有每隔一個頻道接收頻帶的專用頻段用天線等。它的代表性例子如表 4.2 (a) 是 BL ‡規格的 VHF 之例。

表 4.2 天線的性能例（日本 BL 規格）

(a) VHF 天線

種　類 頻帶	元件數	型式	頻　道 [ch]	頻率範圍 [MHz]	動作增益 [dB]	電　壓 駐波比	半功率角 [度]	前後比 [dB]
全頻帶用	12	VW-12	TV LOW ch (1-3)	90-108	4.0 以上	3.0 以下	70 以下	9 以上
			TV HIGH ch (4-12)	170-222	7.0 以上	3.0 以下	60 以下	12 以上
寬頻帶用	5	VL-5	FM TV LOW ch	76-90	4.0 以上	3.0 以下	75 以下	7 以上
			(FM 1-3)	90-108	5.0 以上	3.0 以下	70 以下	15 以上
	8	VH-8	TV HIGH ch (4-12)	170-222	7.0 以上	2.5 以下	60 以下	18 以上
專用	5	VS-5( )	FM	76-90	4.5 以上	2.5 以下	70 以下	9 以上
	5		TV LOW ch (1, 2, 3)	90-108 之間 特定的頻道	6.5 以上	2.0 以下	65 以下	10 以上
頻帶用	8	VS-8( )	TV HIGH ch (4,5,6,7,8,9,10,11,12)	170-222 之間 特定頻道	8.5 以上	2.0 以下	55 以下	12 以上

[註]（ ）內是表示頻道，臺灣頻道與日本頻道相差 1 ch

(b) UHF 天線

種　類 頻帶	元件數	型式	頻　道 [ch]	頻率範圍 [MHz]	動作增益 [dB]	電　壓 駐波比	半功率角 [度]	前後比 [dB]
低域用	20 以上	UL-20	13-30	470-578	8.0 以上	2.5 以下	50 以	15 以上
中域用	20 以上	UM-20	31-44	578-662	9.0 以上	2.5 以下	50 以	15 以上
高域用	20 以上	UH-20	45-62	662-770	9.0 以上	2.5 以下	50 以	15 以上

在電波的傳播條件比較良好，各頻道間的位準差也較少，較安定場合的區域內接收是使用全頻帶用天線，還有在低頻段與高頻段的接收位準有差別場合，是使用寬頻帶用天線。另外，到來

‡BL：Better Living（較好生活）之簡寫。對公共住宅等的住宅用品的品質提高與普及，優良住宅用品認定制度所制定的規格

電場強度較弱時，例如在區域外的接收場合，是使用多元件專用頻帶用天線。

　　圖 4.4 以及圖 4.5 是天線的外觀與構造之例子。

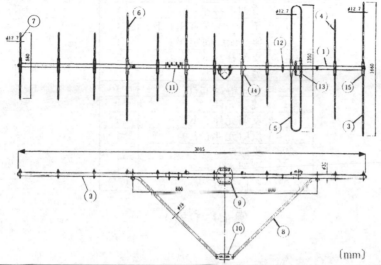

元件數	接收頻道 [ch]	動作增益 [dB]	駐波比 [以下]	半功率角 （度以下）	前後比 [dB]	阻抗 [Ω]	重量 [kg]
12	1 ~ 12	(L)4.7 ~ 5.5	1.8	±32.5	10 ~ 12	75	8.1
		(H)7.2 ~ 10.5	2.2	±27.0	13 ~ 18		

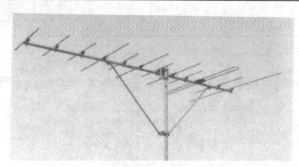

圖 **4.4**　12 元件全頻帶用天線之例

	螺絲類	1 式
15	支持台	8
14	支持台	4
13	給電箱	1
12	電纜固定座	1
11	支架連接座	1
10	竿 (mast) 固定座 (下)	1
9	竿 (mast) 固定座 (上)	1
8	支架柱 (stay)	2
7	導波元件	6
6	複合導波元件	3
5	輻射元件	1
4	反射元件 (小)	
3	反射元件 (大)	1
2	支架 B	1
1	支架 A	1
號碼	零件名稱	數量

圖 4.4 （ 續 ）

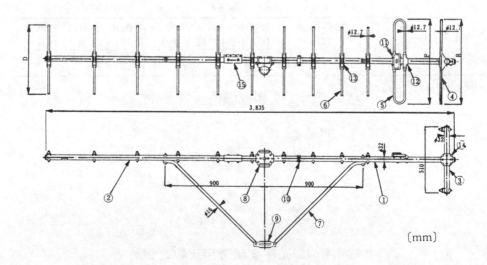

〔mm〕

圖 4.5 高頻段專用頻帶用天線之例

元件數	接收頻道 [ch]	動作增益 [dB]	駐波比 [以下]	半功率角 （度以下）	前後比 [dB]	阻抗 [Ω]	重量 [kg]
	8	12.4 ～ 12.8					6.4
	9	12.5 ～ 13.0					6.3
12	10	12.6 ～ 13.0				75	6.2
	11	12.7 ～ 13.1					6.1
	12	12.8 ～ 13.2					6.0

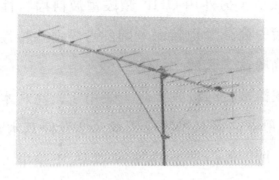

	螺絲類	1 式
15	支架連接座	1
14	反射支架連接座	2
13	支持台	12
12	支持台	1
11	給電箱	1
10	電纜箱固定座	1
9	竿 (mast) 固定座（下）	1
8	竿 (mast) 固定座（上）	1
7	支架柱 (stay)	2
6	導波元件	10
5	輻射元件	1
4	反射元件	2
3	反射支架	2
2	支架 B	1
1	支架 A	1
號碼	零件名稱	數量

圖 4.5 （續）

3. UHF 接收天線

　　UHF 頻段比 VHF 頻段，波長還短，UHF 用接收天線的實效長度§比 VHF 要小，故即使使用 VHF 相同元件數的天線其接收位準也較小。另外用 UHF 頻段電波傳播特性在都市衰減較大，而且電纜的衰減量也較大，因此考慮這些特性就必要使用指向性尖銳且高增益之天線。

　　有線電線系統的接收天線，使用多元件八木天線與附有柵狀 (grid) 的反射器之柵狀拋物線天線。多元件八木天線區分為 UHF 的 ch13 ～ ch30 低頻用，ch31 ～ ch44 中頻用，ch45 ～ ch62 高頻用。這是根據接收頻段作某種程度限制，目的是要得到指向性尖銳，高增益的天線。表 4.2(b) 所示是 BL 規格的 UHF 為其中之一例。在圖 4.6 是 UHF 八木天線之例，另外圖 4.7 是柵狀拋物形天線之例子。

---

§註：將半波偶極天線感應高頻頻電流的中心部的大小 I_m，用同樣大小的電流作均勻分佈來考慮時的元件長度 L_e 稱為實效長度，以 λ/π 來表示。另外，電場強度 $E_o[\mathrm{db}\mu\mathrm{V/m}]$ 與天線端子電壓 $E_A[\mathrm{db}\mu\mathrm{V}]$ 的關係，若天線的增益為 $G[\mathrm{db}]$，不匹配損失為 $M_L[\mathrm{db}]$，則以下列來表示為：

$$E_A = E_o + G + 20\log\frac{\lambda}{\pi} - M_L[dB]$$

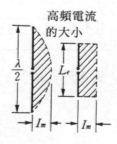

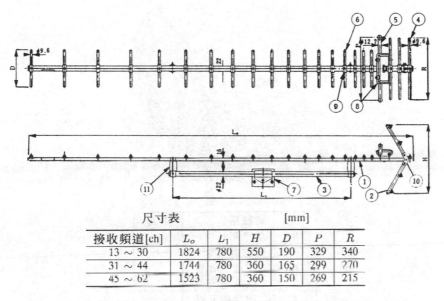

尺寸表 [mm]

接收頻道[ch]	L_o	L_1	H	D	P	R
13 ～ 30	1824	780	550	190	329	340
31 ～ 44	1744	780	360	165	299	270
45 ～ 62	1523	780	360	150	269	215

接收頻道 [ch]	動作增益 [dB]	駐波比 [以下]	半功率角 （度以下）	前後比 [dB]	阻抗 [Ω]	重量 [kg]
13 ～ 30	8.0	2.5	±25	15	75	1.6
31 ～ 44	9.0	2.5	±25	15	75	1.5
45 ～ 62	9.0	2.5	±25	15	75	1.3

	螺絲類	1 式
11	補助支架固定座	2
10	反射支架固定座	2
9	支持台	23
8	給電箱	1
7	柱固定座	1
6	導波元件	18
5	輻射元件	1
4	反射元件	5
3	補助支架	1
2	反射支架	2
1	支架	1
號碼	零件名稱	數量

圖 4.6 UHF 八木天線之例

	螺絲類	1 式
8	給電箱	1
7	放射器支架	1
6	1 次放射元件	1
5	1 次反射元件	2
4	2 次反射元件	26 × 2
3	元件支持板	4
2	背面支持管	1 式
1	框架 (frame)	1 式
號碼	零件名稱	數量

接收頻道 [ch]	動作增益 [dB]	駐波比 [以下]	半功率角 （度以下）	前後比 [dB]	阻抗 [Ω]	重量 [kg]
13 ~ 62	16.0 ~ 19.0	2.0	水平面 ± 7.5 ~ 4.5 垂直面 ±10 ~ 6.0	23 ~ 29	75	45.0

圖 4.7　UHF 用柵狀拋物形天線之例

　　還有，在 UHF 的頻段區分，除此之外也有作低、高頻段的 2 分割，和一部份將頻段重疊來使用者。

　　UHF 除了主要 (Key) 局之外，尚有許多的地上中繼局，故在特別遠距離接收的場合；會有同一頻道的混信干擾發生。還有在夏天與冬天由於傳播路徑引起地表面之反射，接收狀況變化的情形，有必要很深入地認識進行接收點調查。進一步要注意到來電波是否有落在樹木的場合。

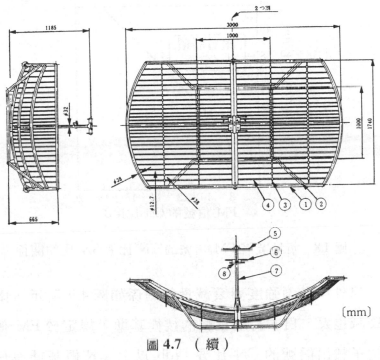

〔mm〕

圖 4.7　（續）

4.　衛星廣播 (BS) 接收天線

在有線電視進行衛星廣播的再傳送場合，考慮降雨時的電波衰減，確保影像信號的 SN 比是重要的事情。在評價衛星廣播的接收品質，天線（變頻器）輸出有關的 CN 比 [載波功率 (carrier) 與雜音功率 (noise) 之比] 被使用。於衛星廣播的 FM 信號，畫質評價與 CN 比的關係如圖 4.8 所示，為了畫質評價能向上轉移，有必要確保 14db 以上的 CN 比。

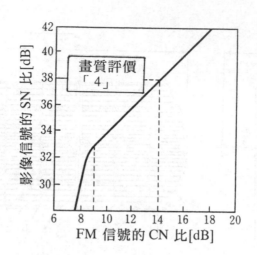

圖 4.8　衛星廣播 FM 信號的 CN 比與 SN 比的關係

　　另外，降雨強度對衰減量的關係如圖 4.9 所示，雨的強度大，衰減也大。日本有線電視的技術基準，規定於 FM 傳送，接收者端子輸出信號的 CN 比要 14db 以上。技術基準沒有記述時間率，在有線電視至少要確保最壞月份的 99%，希望得到 14db 以上的 CN 比。

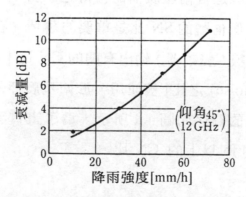

圖 4.9　衛星廣播電波的降雨衰減測定例

　　有線電視的接收天線，要考慮設施的信號源，而且還要考慮訂戶廣大地域分佈的情況， CN 比爲 14db 爲標準而在一般家庭接收被大雨中斷的時間需要盡量地少。如圖 4.10 所示是日本主要的地區降雨衰減與累積時間率的推算值，例如在東京時間率從 1%改善至 0.2%（每月約 1.5 小時），需具有 6db 的餘裕[降雨邊際量 (margin)]，在家庭使用的天線要較高增益就要使用較大形的天線。

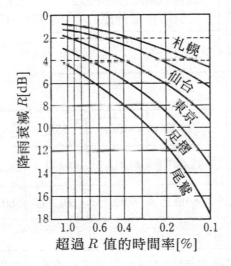

圖 4.10　最惡劣月份降雨衰減累積時間率的推算值

　　衛星接收天線的諸性能，依日本電子機械工業會 (EIAJ) 的規定，它的概要如表 4.3 所示。

表 4.3　BS 天線的主要規格以及性能 (EIAJ CPR-5101)

(a) 主要的規格

項　目 (包含變頻器)	規　　格
接收頻率範圍	11.71398～12.0095GHz
接收極化波	右旋圓極化波
變頻器本地振盪頻率	10.678 GHz
變頻器增益	48±4 dB
變頻器輸出端子構造	高頻同軸C15形接頭 (防水形插座)
電源及它的動作範圍	DC±15V $^{+10\%}_{-12\%}$ 4W以下

(註 1) 開口效率依次式求得。
$$\eta = (\lambda^2 G / 4\pi A) \times 100 \ [\%]$$
其中，η：開口效率[%]，
λ：自由空間波長[m]，
G：天線增益[倍]，
A：開口面積[m^2]

(註 2) 變頻器與 1 次輻射器還有給電部為一體者作為參考值。

(註 3) 在九州北部要考慮鄰國的衛星影響，波束最大方向的交差偏波特性希望在－23dB 以下。

(註 4) GT 比是晴天時的值。

(b) 電氣的性能

天線區分 / 項　目	40形	50形	60形	75形	90形	100形	120形
天線增益 [dB]	30.8以上	33.0以上	34.7以上	37.4以上	39.0以上	39.9以上	41.1以上
開口效率 [%] (註1)	60以上	60以上	60以上	60以上	60以上	60以上	60以上
天線 VSWR	1.3 以下 (註2)						
指向性	適合附圖的曲線 (A) (ϕ_o是適用各種波束寬的規格值)				適用附圖的曲線 (A) (取 ϕ_o＝2°)		
波束寬 [度]	5.0以下	4.0以下	3.0以下	2.4以下	2.0以下	1.8以下	1.5以下
交差極化波特性 (註3)	適合附圖的曲線 (B) (ϕ_o適用各種波束寬的規格值)				適用附圖的曲線 (B) (取 ϕ_o＝2°)		
GT比 [dB/K] (註4)	8.0以上	10.2以上	11.9以上	13.8以上	15.4以上	16.3以上	16.9以上

表 4.3 的附圖　指向性以及交差極化波特性的曲線

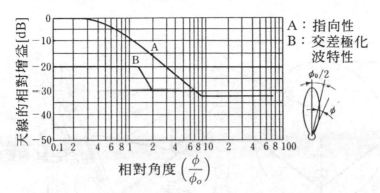

設置高增益大口徑天線場合，也要注意柱了 (mast)，基部，支持物等的強度，考慮這些因素來進行構造設計。澴有，在積雪地希望能使用附有融雪裝置的天線。一般用途以及共同接收設施的 BS 天線，其機械強度有關規定例子，如表 4.4 所示。

表 **4.4** 衛星接收天線的機械強度

(a) 一般用天線的強度

接收可能風速	加上相當於最大風速 20m/s 風速期間，天線增益的降低在 1db 以下
復原可能風速	加上相當於最大風速 40m/s 風壓之後，利用天線方向的再調整可以恢復當初的天線增益
破壞風速	加上相當於最大風速 60m/s 的風壓期間，不致於產生相當於天線的飛散之破壞。

(b) 共同接收施設用天線的強度

構造計算上，能耐瞬間最大風速 60m 的風壓之構造。

圖 4.11 所示是衛星廣播接收天線之例。

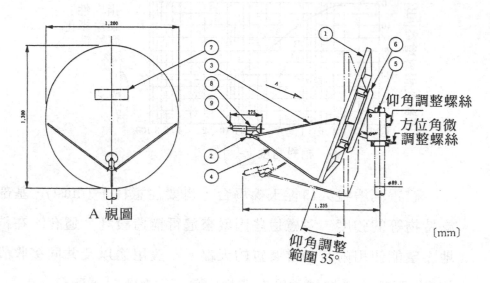

接收頻率 [GHz]	變頻器輸出頻率 [MHz]	極化波面	V S W R		增　益 [dB]	
			天線部	變頻部	天線部	變頻部
11.71398 ～ 12.0095	1035.98 ～1331.50	右旋圓 極化波	1.2	2.0	41.5	52

半功率 角 [度]	變頻器 雜音指數 [dB]	變頻器 用電源 [V]	變頻器 輸出阻 抗 [Ω]	方向調整角度[度]		受風面積 [㎡]	重量 [kg}	CATV用 BS天線 (φ120cm 形)
				仰　角	方位角			
1.4	1.0	DC 15 (電纜重疊)	75 (F形)	22.3 ～ 47.2	360	1.22	約35	

圖 **4.11** 衛星廣播接收天線之例

9	變頻器	1
8	饋電器	1
7	標示記號	1
6	鏡面安裝配件	1
5	安裝配件	1
4	支柱 (stay)(下)	1
3	支柱 (stay)(上)	2
2	饋電器固定配件	1
1	鏡面	1
號碼	零件名稱	數量

圖 4.11　（續）

5.　通信衛星 (CS) 接收天線

　　CS 的接收也和 BS 的場合幾乎相同，因 CS 衛星的發射功率比 BS 還小，故必需要更大形的接收天線。另外，在 CS 的場合極化波面被分配爲水平與垂直的二種直線極化波，在接收的時候除了要作方位角，仰角的調整外極化波面的調整也是必要的。

　　因爲現在 CS 是在靜止軌道上每隔 4 度配置一衛星，因此一個天線可以接收複數的衛星，所謂使用複波束 (dual-beam 或

triple-beam) 天線的情況也有。複波束天線是將複數的饋電器安置於拋物線形反射鏡的焦點附近,使指向性的波束 (beam) 偏心者,此場合與單一 (single) 波束天線比較,在相同口徑其增益下降數 db,故選定之際希望口徑大一點的天線,以保持充分的路徑。

有關 CS 廣播用接收天線的規格以及性能,由日本電子機械工業會審議完成,它的概要如表 4.5 所示。它與 BS 的場合比較,接收頻率,變頻器本地振盪等不同,口徑是較大一點。另外在進行水平、垂直兩極化波的切換場合,對應於種種方式儘可能有詳細的規定。

並且,天線的設置相關的構造設計,在積雪地的對應辦法與 BS 的場合是同樣的考慮,因天線本體較大,故需深加注意 BS 用天線設置的規範。圖 4.12 所示是雙波束 CS 接收天線的例子。

表 4.5　CS 廣播接收天線的規格與性能例

(a) 規格

項　　　目		規　　　格
接收頻率範圍		12.5～12.75GHz
接收極化波		直線極化波(水平、垂直極化波)
變頻器本地振盪頻率		11.2 GHz
變頻器增益		52±4 dB
變頻器輸出端子構造		高頻同軸C15形接頭 防水形插座
變頻器 電　源	15V 固定方式	DC 15V $^{+10\%}_{-12\%}$ ，4 W 以下
	11/15V 切換方式	水平：DC (13.2～16.5V) (15V) 垂直：DC (9.6～12.1V) (11V)
極化波面切換 的控制方式 (控制輸出側)	75Ω 電纜 (同軸電纜) 重疊電壓切換	水平：DC (14.8～16.5V) 垂直：DC (10.8～12.0V) 4 W 以下
	電流可變 (法拉第旋轉元件與 它的介面)	水平：正 (＋)　　垂直：負 (－) 最大電流 40mA以下(定電流驅動) 負載電阻(線圈的直流電阻) 60～180Ω
	脈波寬可變 (伺服馬達的介面)	水平：脈衝寬 1ms±0.2 垂直：脈衝寬 2ms±0.2 動作電壓：DC 5.5V±10% 最大電流：600mA以下 脈衝周期：20±2ms，5秒以上連續發射 不感帶脈衝寬：5μs±3

表 4.5 （續）

(b) 電氣的性能

天線區分 項　目	50形 (45～54)	60形 (55～64)	75形	90形	100形	120形	180形
天線增益 [dB]	33.2以上	34.9以上	37.6以上	39.2以上	40.1以上	41.7以上	45.2以上
開口效率 [%](註1)	60 以上						
天線VSWR(註2)	1.3 以下						
指向性	適合於附圖 的曲線(A)。		適合於附圖的曲線(A)				
波束寬 [度]	4 以下	3 以下	2.4以下	2以下	1.8以下	1.5以下	1 以上
交差極化波特性	適合於附圖的曲線(B)						
GT比[dB/K](註3)	10.9以上	12.6以上	15.3以上	16.9以上	17.8以上	19.4以上	22.7以上

(註1)　開口效率依下式求出。

$$\eta = (\lambda^2 G / 4\pi A) \times 100 \ [\%]$$

在此，η：開口效率 [%]，G：天線增益 [倍]，A：開口面積 [㎡]，
λ：自由空間波長 [m]

(註2)　變頻器與1次饋電器還有供電部變為一體的型式作為參考值。

(註3)　GT比是取晴天時的值。

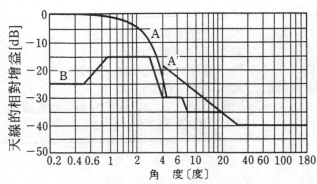

表 4.5 的附圖　指向性以及
交差極化波特性的曲線

備考：B 曲線是從 4°≦ϕ
到主極化波曲線交
差點為止，它的末
稍與主極化波成分
相同。

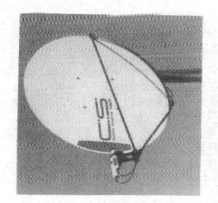

接收頻率 [GHz]	變頻器輸出頻率 [MHz]	極化波面	增益 [dB] 天線部	增益 [dB] 變頻器部	半功率角 [度]	指向性 [dBI]
12.25 ~12.75	1 380~1 770 950~1 450	垂直或水平極化波 極化波	兩波束 41.5	54±4	兩波束 1.3	32-25log θ (4°<θ≦6°) -5(θ≧30°, 90%值)

交叉頻率分離度	變頻器雜音指數 [dB]	變頻器用電源 [V]	變頻器輸出阻抗 [Ω]	方向調整角度 [度] 仰角	方向調整角度 [度] 方位角	受風面積 [m²]	重量 [kg]
25 dB 以上	1.0 以下	DC+13.2 ~+16.5 (電纜重疊)	75 (C15 形)	≦2~57	360	1.26	約41 (不含架台)

圖 4.12 雙波束 CS 接收天線的例子

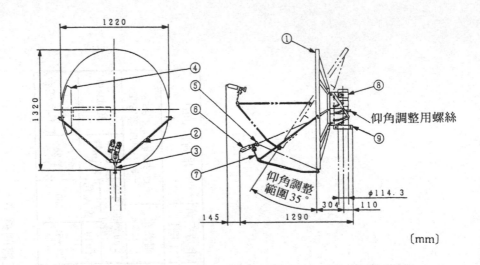

〔mm〕

CS 波束天線 (φ120cm 形)
4 度間隔 2 衛星接收用

號碼	零件名稱	數量
9	固定把手	2
8	安裝配件	1
7	饋電器安裝配件	1
6	變頻器	2
5	饋電器	2
4	標示符號	1
3	支柱 (stay)(下)	1
2	支柱 (stay)(上)	2
1	鏡面	1

圖 **4.12** （ 續 ）

6. 接收點以及天線的選定

(1) 概要　　在接收點以及天線的選定上，特別需要注意下列 3 點：

① 在都市內的鬼影(ghost) 對策。

② 在衛星接收上的降雨邊限 (margin)。

③ 在區域外接收的高增益化與衰落 (fading) 對策

在接收點之選定上，區域內的接收，一般是選定在中心設備附近建築物的屋頂上，或在地上設置鐵塔使用。即使在區域內接收位準很高的場合，廣播天線希望選擇在視野開闊的至高場所。特別是要注意避免由於建築物容易產生複雜的鬼影之場所。

衛星接收天線在前面4、5節所述，設置在建築物的屋頂上或地上，要注意降雨邊限 (margin)。此場合，從衛星來的電波，要選擇不被樹木的陰影或建物的涵蓋領域所遮蔽的位置，同時反射鏡的下面部份，不要被雨水等從地表面跳上來的泥水所附著，希望設置於比地面稍高的位置。

另外，在接收點對於雷電的保護目的，必需作避雷針的安裝以及接地工事。還有其他設置有關細節，請按各種規定或基準來進行。

(2) VHF 以及 UHF 的區域外接收　　區域外接收大多是接收遠距離傳播的視線直接波之外，還有回折波與由許多地點來的反射波所合成。而且因電場強度比一般為低，故接收天線要求高增益者，且與前置放大器併用的場合亦很多。

高增益天線有特別是元件多的多元件八木天線和柵狀拋物線形天線以單體來使用，與八木天線堆疊 (stack) 來使用。

在區域外遠距離接收很長電波傳播路徑的影響，容易產生

衰落 (fading)。衰落現象有反射點的積雪或植物等關係的季節性引起者，有海上反射的時間引起者，有傳播路徑的氣象所引起者。根據這些現象想出的對象，有下列之方法。

① 視線所及，儘可能尋找有標高的接收點，利用高塔來接收。

② 在海上傳播，接收很強反射波場合，尋找反射較少的內陸側。

③ 將天線作垂直或水平堆疊 (stack)，使指向性變銳。

④ 切換在複數的場所設置的天線系統。

　　還有，在設置區域外的接收點，要特別注意，不要有地表的同一頻道和鄰接波道所引起的混信干擾，希望在年度間一直作接收狀況的調查。

　　另外，選定經歷四季，維護容易的場所也很重要。

(3) 以鬼影防止為目的作指向性的合成　　複數的天線所作指向性合成法的原理是，以複數的天線作出合成指向性的主波瓣 (main lobe) 對準希望波，利用調整天線間相互的間隔以及相位，而將主波瓣與副波瓣 (sublobe) 或是副波瓣與副波瓣之間產生的零功率 (null) 角（感度為零的角度）對準干擾波。另外，基本上有同相合成與逆相合成 2 方式。

① 同相合成方式　　從同相合成器將相同長度的電纜線，水平配置後連接到 2 個基本天線，將天線的間隔慢慢擴大，則主波瓣波束之左右產生副波瓣。進一步將天線間隔擴大，則副波瓣的數量增加，在副波瓣之間或是零感度方向，作天線

間隔的微調整，使與干擾的方向一致。此原理如圖 4.13 所示。

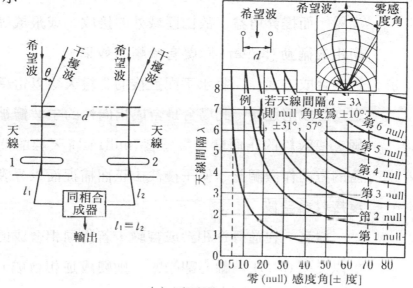

(a) 原理圖

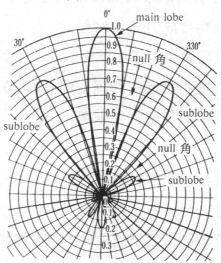

(b) 關於天線間隔 2λ，寬頻帶用 5 元件天線的計算例

圖 **4.13**　同相合成的原理圖

　　　　同相合成方式如以上所示，爲了防止鬼影而將天線作水平配置的場合，與作上下堆疊 (stack) 使垂直面的指向性變尖銳，而提昇增益，故由區域外的接收，或飛機等的反射所產生的擺動 (flutter) 障礙有減輕的效果。

② 逆向合成方式　　將水平配置後的 2 組天線以電纜爲介質與逆向合成器連接。此場合是合成指向性的主波瓣被分割爲二個，使天線的正面變爲零感度 (null)，將天線的間隔以及單體的方向作微調整，使干擾波由正面捕捉而以分裂的單一波瓣接收希望波。

　　　　還有，在進行逆相合成實驗，若將同相合成的單一天線，以支架 (arm) 爲軸心翻過來，則變成逆相合成。但是，希望能從防水和機械的強度方面至電氣爲止作實驗。圖 4.14 所示是逆相合成方式的原理。

③ 相位調整器與可變指向性天線　　不論同相方式或逆相方式天線的位置和相互的間隔空間 (space) 的限制在建築物的屋頂上作精細的調整實在困難。

　　　　一般天線的設置位置被固定的場合較多，而調整給電相位和天線相互的接收位準，是根據上記 2 方式的原理作出必要的零感度角機器，利用集中電路調整相位以及接收位準的相位調整器已被實用化。另外，可變指向性天線是將相位調整器與 2 組天線預先裝成一體而構成的。

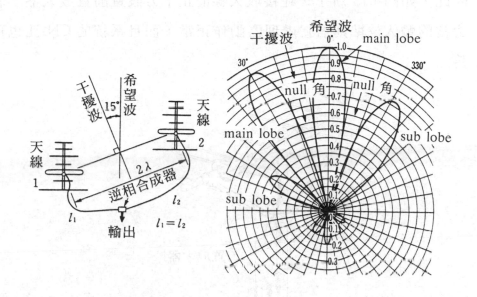

圖 4.14　逆相合成的原理圖

4.2.2　前置放大器

　　接收天線的輸出信號，由於引入電纜和輸入分配器等的各種損失而衰減，若就這樣加入頭端 (head end) 的信號處理器 (signal processor)，則無法供給適切的輸入位準。特別是區域外接收場合，接收到的電場強度是極爲微弱時，輸入位準在信號處理器的動作範圍以下，不僅 AGC (Automatic gain control，自動增益控制) 機能不正常，而且 CN 比也很難確保。

　　因此，如圖 4.15 所示，在接收天線的正下方設置前置放大器，若加上適當的輸入位準則信號處理器動作正常，而且系統的 CN 比也可以改善。

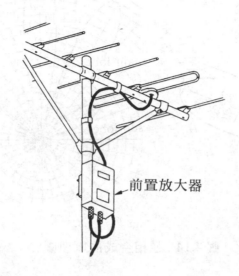

圖 4.15　前置放大器的外觀圖的例子

　　例如圖 4.16 所示，不使用前置放大器的例子，接收天線的輸出位準為 60dBμV，　信號處理器的雜音指數 (NF) 為 10dB，其間若引入電纜的損失為 7dB，則信號處理器的輸入位準為 53dB，在接收系的 CN 比約為 42dB。因此，同圖 (b) 所示，接收天線的正下方若使用雜音指數為 3dB，增益為 20dB 的前置放大器，則在信號處理器加上 73dB，此系的 CN 比約可改善至 55dB。

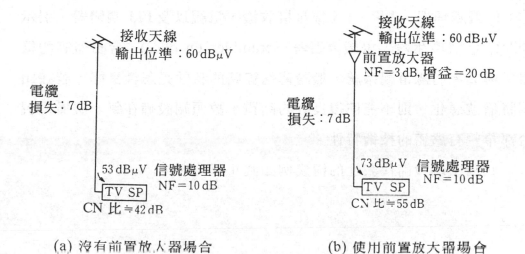

圖 **4.16**　利用前置放大器作 CN 比的改善例

表 4.6 所示是前置放大器的規格例。

表 **4.6** 前置放大器的規格例

項　　目	性　　能	項　　目	性　　能
頻　率	指定頻道	增益安定度	± 2dB 以內
增益	20dB 以上	輸入、輸出 VSWR	2.0 以下
雜音指數	3dB 以下	使用周圍溫度	− 20 ～＋ 40℃
頻域內頻率特性	在中心頻率 ±3MHz ±1dB 以內		

4.3　頭端 (Head End)

　　頭端 (HE) 依我國 (台灣) 有線電視法的第二條第九項，定義為指接收、處理、傳送有線電視信號或有線廣播信號，並將其播送至分配網路之設備及其所在之場所。

頭端是除去接收天線與電視攝影棚 (studio) 機器等，由電視，FM 信號處理器，BS， CS 衛星接收機，電視以及 FM 調變器，引示 (pilot) 信號產生器，擾頻編碼器 (Scrambler encoder)，合成器等的機器所構成。有線電視系統，無論傳送線路的特性是怎樣良好，若在頭端將信號惡化，則不能回復良好的品質，故頭端設備在每一廣播電視台都希望有嚴密的技術特性。

此種頭端設備代表性的構成例如圖 4.17 所示。

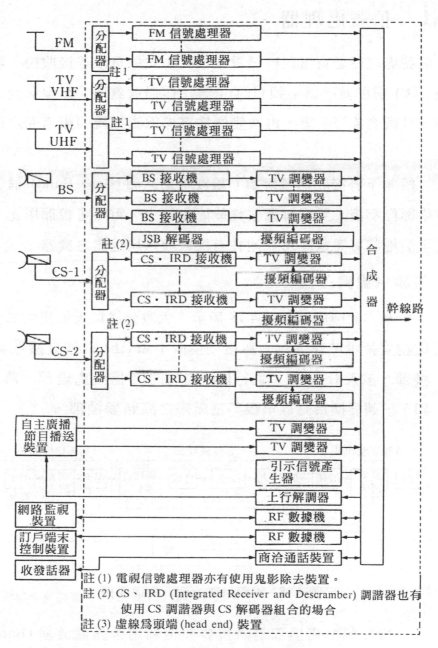

圖 **4.17**　頭端設備的構成例

4.3.1　信號處理器

　　信號處理器是將電視廣播電波，FM 廣播電波等接收後，將它的高頻 (RF) 信號變換爲中頻 (IF) 信號，作信號處理（影像信號、聲音信號、分離合成等）後，再次變換爲有線電視系統的頻道而送出的機器。

　　一般並不將接收信號解調（檢波）爲基頻 (Base Band) 信號，故可省略影像解調，聲音解調，性能惡化較少，電路可較簡單化，是一種儘可能地將廣播電波忠實地往有線電視系統送出之機器。

1.　電視信號處理器

　　基本的構成圖如圖 4.18 所示，大致分爲以天線接收信號後對電視廣播電波作選台，然後變換成中頻 (IF) 信號之**接收頻率變換部**，放大 IF 信號，進行信號處理的**IF 信號處理部**，將 IF(中頻) 信號變換爲有線電視頻道頻率之**高頻變換部**。

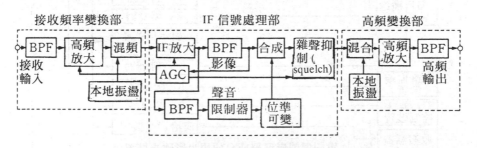

圖 4.18　電視信號處理器的構成例

　　接收頻率變換部是將接收頻道利用帶通濾波器 (Band-pass filter: BPF) 儘量除去其他頻道，以高頻放大電路放大後，與由本地振盪產生的信號在混頻電路作頻率變換，作成 IF 信號輸出。

　　IF 信號處理部是放大 IF，以影像用 BPF 取出影像信號。它的一部份是以 AGC 處理高頻放大部與 IF 放大，將影像信號位準保持一定，將它的信號送往合成電路。

　　聲音信號是以聲音用 BPF 取出，以限制器 (limitter) 將位準保持一定，設定影像、聲音載波比 (VA 比) 通過位準可變電路，在合成電路將影像、聲音信號合成後取出 IF 信號，雜聲抑制 (squelch) 是在夜間等電視廣播停播後，由於 AGC 使增益變成最大，為了不讓雜音輸出，而取出一部分 AGC 信號，將合成後的 IF 信號遮斷。

　　IF 信號處理部為了取出 IF 信號而使頻帶外衰減特性，群延遲時間特性不致惡化，IF 頻率設定於 30～ 50MHz，且以特性良好的 SAW 濾波器 (surface acoustic wave filter，表面聲波濾波器) 等的 BPF 作出影像、聲音各式各樣的頻域特性。AGC 電路是將影像 IF 信號作峰值 (peak) 檢波後的直流電壓通過位準補正電路，在接收位準變動範圍將輸出保持一定的電路。

　　高頻變換部是將 IF 信號處理部來的 IF 信號，與本地振盪電路來的信號混合作頻率變換，高頻放大，以 BPF 除去目的外的信號，變換成指定的有線電視頻道而輸出。

　　表 4.7 所示是代表性的電視信號處理是的特性例。

表 **4.7** 電視信號處理器的特性例（美製）

項 目	特 性
輸入頻率	$F_v^{(1)}$ 55.25 ～ 547.25MHz 的指定的 1 波道
輸入位準	50 ～ 80dB$_\mu$V
中間頻率	影像：45.75MHz，聲音：41.25MHz
雜音指數	9 dB 以下
假像 (Image) 干擾	－ 60dB 以下
影像振幅頻域特性	偏差 1 dB 以內 (F_v ～ F_v+3.58MHz)
群延遲時間特性	偏差 70 ns 以內 (F_v ～ F_v+3.58MHz)
spurious（寄生的干擾）	－ 60dB 以下
AGC 特性	輸出偏差 1dB 以內
920kHz 差額	－ 40dB 以下
輸出位準	100 ～ 120 dB$_\mu$V 連續可變
VA 比 $^{(2)}$ 可變範圍	6 ～20dB 連續可變

(1) F_v：影像載波頻率　(2) VA 比：影像、聲音載波比

2. FM 信號處理器

　　FM 信號處理器是，將希望的 FM 廣播信號接收放大，變換爲有線電視系統指定的頻率之機器。

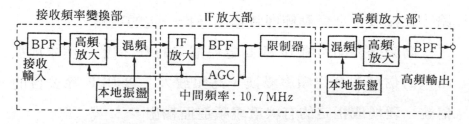

圖 **4.19** FM 信號處理器的構成例

　　基本構成如圖 4.19 所示，大致分爲將天線接收到的 RF 信號作選台，變換成 IF 頻率之 **接收頻率變換部**，將它的 IF 頻率放

大，作信號處理的**IF 放大部**，以及將 IF 信號變換爲有線電視指定的 FM 頻率之**高頻放大部**。

接收頻率變換部是以 BPF 將希望信號取出，進行高頻放大，利用本地振盪的信號在混頻電路作頻率變換，通常是取出 10.7MHz 的 IF。 IF 放大部是將 IF 信號放大，以 10.7MHz 的 BPF，爲了除去鄰接干擾取 IF 中心頻率 ±400kHz，40dB 以上的選擇度特性，送到限制器與 AGC。 AGC 是取出 IF 信號的一部份變成 DC 電壓，加到高頻放大電路與 IF 放大電路，使輸出保持一定。限制器是進一步將 FM 信號的 AM 殘留部分除去然後輸出。

高頻放大部是將 IF 放大部來的 IF 信號與本地振盪來的信號在混頻電路作頻率變換，接著高頻放大，然後在 BPF 將目的外的信號除去，輸出指定的 FM 信號。

表 4.8 所示是代表性的 FM 信號處理器的特性例。

表 **4.8** 信號處理器的特性例

項　目	特　　性
輸入頻率	FM 廣播頻帶的 1 個波道
輸入位準	$50 \sim 80\text{dB}_\mu\text{V}$
中間頻率	10.7MHz
雜音指數	10 dB 以下
假像 (Image) 干擾	－ 60dB 以下
振幅頻域特性	偏差 3 dB 以內 ($F_c^{(1)} \pm 100\text{kHz}$)
頻域外衰減量	－ 40dB 以內 ($F_c \pm 400\text{kHz}$)
AGC 特性	輸出偏差 1dB 以內
spurious（寄生的干擾）	－ 60dB 以下
輸出位準	$100 \sim 115 \text{ dB}_\mu\text{V}$ 連續可變

(1) F_c：載波中心頻率

4.3.2 衛星接收機

衛星接收機是將衛星天線收到的電波以低雜音變頻器 (LNB) 作頻率變換，然後將頻率變換後的 BS 以及 CS 的 IF 信號作接收、解調之機器。

衛星電波的廣播方式是 BS，CS 全部作頻率調變，BS 廣播的聲音信號是將聲音副載波以數位信號作 QPSK (quadraphase-shift keying, 4 相 PSK) 調變方式。CS 也是同樣方式。一般也有採用獨自的調變方式。BS-IF 頻率是 1～1.3GHz 的頻率範圍，另外 CS-IF 頻率是 0.9～1.8 GHz 的頻率範圍作為衛星接收機的輸入。

衛星接收機的構成如圖 4.20 所示，由選台、頻率變換部，第 2IF 放大、FM 解調部，影像信號處理部，解密器以及聲音處理部所構成。

選台、頻率變換部是接收 BS-IF 或 CS-IF 信號，作高頻放大，以除頻器 (divider)，PLL/PD(相位檢波)，本地振盪構成頻率合成 (synthesized) 的信號在混頻電路作頻率變換，將 400MHz 頻帶的第 2 IF 信號輸出。另外頻道控制之目的是選擇所要的頻道。

第 2 IF 放大、解調部是將選台頻率變換部來的第 2 IF 信號以 BPF 作頻域限制後加以放大，然後送至 FM 解調電路與 AGC 電路。AGC 是將第 2 IF 信號檢波，在第 2 IF 放大與高頻放大器加 AGC。FM 解調部是將第 2 IF 信號以 PLL 檢波方式作檢波。檢波方式另有其他相位檢波、諧振形檢波，而以 CN 比特性較良好的 PLL 檢波被使用得最多。

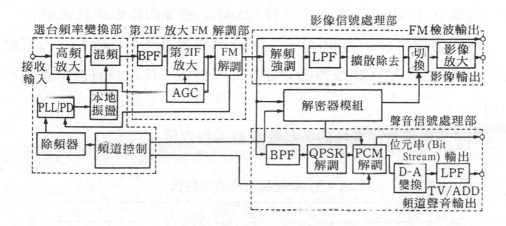

圖 4.20　衛星接收機的構成例

　　影像信號處理部是將 FM 解調後的影像信號以解強調 (dcemphasis)
電路將已加上預強調 (preemphasis) 的解調信號恢復至原樣，以 LPF(
低通濾波器) 將頻率範圍限制在 4.5MHz，以能量擴散 (dispersal) 除
去電路將能量擴散信號除去，經過切換電路，影像放大電路變成影像
輸出。擾頻廣播時是經過解密器模組 (descrambler module) 對影像信
號作切換。

　　FM 檢波輸出是將 FM 解調後影像信號以寬頻帶輸出，被連接至
高畫質電視廣播接收時的 MUSE 解調器來使用。

　　聲音處理部是以 BPF(帶通濾波器) 將 5.73MHz 的副載波信號取出
，以 QPSK 解調電路解調為位元串 (bit strcam) 信號，以 PCM 解調電路
作模式 (mode) 檢出，進行解交錯 (deinterleave)，解密 (descramble)，
錯誤檢出、訂正的處理，以 D－A 變換為類比聲音信號，以 LPF 將

頻域限制在 15kHz，然後將聲音放大後輸出。位元串 (bit stream) 輸出是作為傳真 (facimile) 廣播，資料 (data) 廣播等的將來服務使用。

解密器模組 (descrambler module) 是根據擾頻 (scramble) 方式使用專用的模組，在 CS 廣播必須注意頻率偏移，傳送頻寬因衛星而有不同。

表 4.9 所示是代表性的衛星接收機的特性例。

表 **4.9** 衛星接收機的特性例

項　目	特　性
接收頻率	$950 \sim 1750$MHz
輸入位準	$49 \sim 79$dB$_\mu$V
中間頻率頻寬	27MHz/30MHz（切換）
輸出位準	影像輸出：1 V$_{P-P}$
	聲音輸出：-6dBmW($600\,\Omega$ 平衡)
輸入 VSWR	2.5 以下
影像特性　振幅特性	偏差 1 dB 以內
DG，DP	DG：5%以下，DP：5° 以下
信號對雜音比	36dB$_{P-P}$/rms 以上 (CN 比：14 dB)
聲音特性　振幅特性	$+1$dB ~ -3dB
失真率	0.01%以下 (1 kHz)
信號對雜音比	80 dB 以上
分離度	60dB 以上
能量擴散信號除去比	50 dB 以上

4.3.3　電視調變器以及 FM 調變器

電視調變器是以基頻 (Base Band) 信號將載波調變，為了製作並送出標準電視廣播方式的信號之機器。FM 調變器是以基頻聲音信號將載波作頻率調變，為了製作並送出標準 FM 廣播方式的信號之機器。

有線電視對應的電視以及 FM 調變器的種類，依用途大致分為表 4.10 之類別。在此就關於電視調變器，FM 調變器以及鬼影除去內建形電視調變器來說明。

表 **4.10** 有線電視的電視調變器以及 FM 調變器的種類

機器名稱	用　　　途
電視調變器	聲音多工編碼內建的標準電視調變器， 被使用於一般有線電視系統
同步形電視調變器	作為電視電波與同一頻道送出場合的差頻 (beat) 對策，　種同步於廣播電波方式的電視調變器
IRC 形電視調變器	作為有線電視系統的 CTB(複合三次失真) 對策 以 6MHz 間隔，使它同步方式的電視調變器
上行迴線用電視調變器	在雙向有線電視系統，對上行迴線將信號傳送 場合被使用
頻道可變形電視調變器	可對有線電視系統的電視傳送頻道作任意 設定被使用為預備器等
鬼影除去內建形電視調變器	電視接收機，鬼影除去裝置被內建的電視調變器， 被使用為鬼影除去是必要的再傳送設備
FM 調變器	被使用於 FM 廣播頻帶 88～ 108MHz 的 FM 信號之送出
頻率可變形頻率調變器	可對 FM 廣播頻率作任意設定，被使用於預備器等

1.　電視調變器

電視調變器一般如圖 4.21 所示，由影像調變部，聲音調變部，高頻變換所構成。

影像調變部是將輸入的影像信號放大，以同步分離取出同步信號，以箝位 (clamp) 電路將枱基 (pedestal) 位準固定，取 IF 振盪的信號作振幅調變 (amplitude modulation: AM)。波形處理後的影像信號被振幅調變，此 IF 信號以 VSBF(Vestigial Sideband filter，殘留波帶濾波器）整形後，變成電視廣播電波的頻域特性，如圖 4.22 所示變成殘留旁波帶特性，然後經 IF 放大器輸出。

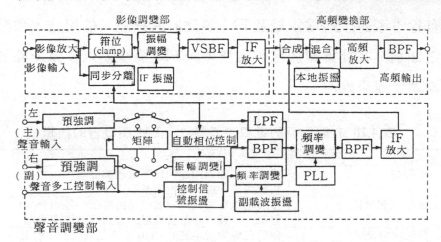

圖 4.21　電視調變器的構成例

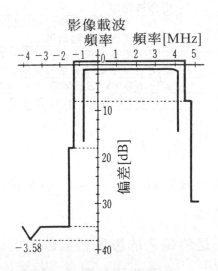

圖 4.22　殘留旁波帶特性例

　　影像信號的調變方式有兩大類別，一是依影像信號以希望頻

率的載波直接調變之直接方式，另一個是以 IF 帶調變，將它依
頻率變換器變換至希望的頻率之 IF 方式，在有線電視系統是採
用 IF 調變方式。 IF 調變方式是將 20～ 60MHz 的中頻以影像信
號調變，調變電路由平衡調變或環形 (ring) 調變所構成。有線電
視的傳送因爲是以相鄰接頻道方式傳送，故有必要除去鄰接頻道
干擾，電視方式爲了得到必要的殘留旁波帶特性還有頻帶內頻率
特性和圖 4.23 所示的群延遲時間性，在 VSBF 使用 SAW(表面聲
波， Surface Acoustic Wave) 濾波器。

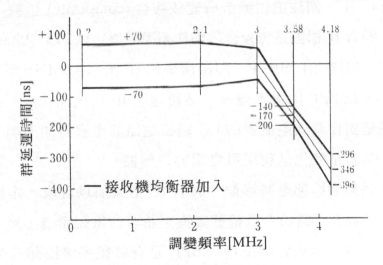

圖 **4.23**　群延遲時間特性例

中頻振盪爲了要求頻率安定度， CN 比，位準安定度良好，
通常由晶體振盪器構成。

聲音調變部是聲音信號左 (L)，右 (R) 分別經過預強調 (pre-
emphasis)，立體廣播場合以矩陣 (matrix) 作成主波道信號 (L＋

R) 與副波道 (L－R)，另外多工廣播場合是以切換方式，變成主波道爲聲音主信號，副波道爲聲音副信號，分別把主波道送到LPF，副波道送至頻率調變電路。

　　副波道信號是以頻率調變，利用自動頻率控制電路，頻率被控制至水平同步頻率的 2 倍。

　　聲音多工控制輸入是對應於單音 (monorail)，立體 (stereo)，2 聲音廣播模式，在立體廣播以 982.5Hz，多工廣播以 922.5Hz 對控制信號副載波 (水平同步頻率的 3.5 倍) 作振幅調變 (調變度 60%)，主、副波道信號合成變成複合 (composite) 信號。

　　聲音 IF 信號是將複合信號作頻率調變，以 PLL (Phase-locked loop，相位同步迴路)。對距離影像 IF 頻率 4.5MHz 頻率作頻率控制，以 BPF 除去不要波，然後送至 IF 放大而合成。頻率調變電路是對自激式振盪器的 LC 諧振電路的電容器加上調變信號位準，其容量變化是利用可變電容二極體。

　　高頻變換部是將影像，聲音 IF 信號加以合成，本地振盪信號加至混合電路將合成信號變換至希望的電視頻道，然後以高頻放大器放大至規定的位準。 BPF 是有將頻率變換部產生的本地振盪頻率的洩漏或不要的假像 (image) 成分和高頻放大器內發生的諧波失真成分等不要的波除去用的。

　　高頻變換部的頻率變換使用平衡 (Balance) 混合或 2 重平衡形混合電路，可以極力抑制局部振盪頻率的洩漏和不要的頻率成分。另外，本地振盪電路在固定頻道的調變器場合，通常使用晶體振盪電路。高頻放大是影像、聲音 2 波的高頻放大，對混調變，直線性等的特性要求較嚴格，一般是由推挽式電路，並聯 (parallel) 電路等所構成，將這些機能封裝 (package) 化，也有使用混合 (hybrid)IC 者。

　　表 4.11 所示是代表性的電視調變器的特性例。

表 4.11　電視調變器的特性例

項　　目		特　　性
輸出位準		$120\ dB_\mu V$
輸出位準可變範圍		$100\sim120dB_\mu V$ 連續可變
spurious（寄生的干擾）		$-60dB$ 以下
聲音載波位準		$F_v^{(1)}$ 位準 $-$ (6~20dB) 連續可變
殘留旁波帶特性		鄰接波道：20dB 以上
		鄰鄰接波道：40dB 以上
影像特性	振幅特性	$+0.5\sim-1\ dB(0.75\sim4MHz)$
	DG，DP	DG：3%以下，DP：3° 以下
	信號對雜音比	$55dB_{P-P}$/rms 以上
	群延遲時間特性	根據圖 4.23
聲音特性	振幅特性	偏差 1dB 以內 (50Hz~12kHz)
	失真率	1%以下 (100 Hz~12 kHz)
	預強調	$75\ \mu s$
	頻率偏移	±25kHz（單音規定調變時）
	信號對雜音比	55dB 以上
	串調變	50dB 以下(100Hz~1kHz)
	分離度	30dB 以上 (1 kHz)

(1) F_v：影像載波位準

　　頻道可變形電視調變器的場合，影像，聲音 IF 調變部的構成與圖 4.21 相同，高頻變換部的構成如圖 4.24 所示。

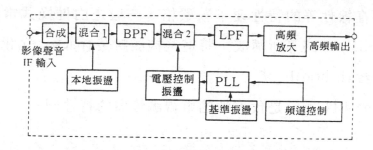

圖 4.24　頻道可變形電視調變器的高頻變換部的構成例

　　頻率變換後的放大是爲了有線電視頻帶約 50MHz 至 450MHz(或 550MHz) 的寬頻帶放大，如單一頻道調變器所示，因爲以 BPF 不能除去本地振盪器的原振盪以及諧波，故有必要將本地振盪頻率設定於頻域外而採用 2 段變換方法。

　　合成後的影像，聲音 IF 信號，在混合 1 與本地振盪的信號混合，通常變換爲 600MHz 頻帶，再以 BPF 除去不需要的波，然後在混合 2 與電壓控制振盪的信號混合，變換成有線電視頻道之頻率。

　　電壓控制振盪的頻率是以基準振盪的信號與頻道控制信號依據 PLL 作頻率控制。混合 2 的輸出以 LPF 除去高頻的不需要波，然後以寬頻帶的高頻放大加以放大後輸出。還有，需要注意寬頻率放大產生的寬頻雜音，2 段頻率變換所生雜音，PLL 動作產生的數位雜音。

2.　FM 調變器

　　FM 廣播是將副波道作振幅調變 (AM)，而主波道與副波道合成後的複合信號以頻率調變 (FM) 之 AM－FM 方式來廣播。此方式因為是採用 AM 載波抑制方式，故在副載波產生的串調變被抑制，由於調變器的調變度變動使立體分離度的惡化較少是它的特徵。

　　FM 調變器的構成如圖 4.25 所示，大致分為聲音矩陣部，副載波‧引示信號振盪部，以及調變‧高頻變換部。

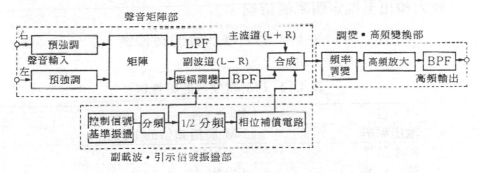

圖 **4.25**　FM 調變器的構成例

　　聲音矩陣部是將已加上預強調 (50μ) 的左信號，右信號變成主波道 (L＋R) 信號與副波道 (L－R) 信號。

　　主波道信號是以 15kHz 的 LPF 進行頻寬限制，副波道是以 38kHz 的副載波作載波抑制調變，取出兩旁波，以 BPF 限制頻寬為 38kHz±15kHz，然後輸出信號。

　　副載波‧引示 (pilot) 信號振盪部被要求需有良好的頻率安定度。將控制信號基準振盪之頻率分頻為副載波頻率的倍數，變成

38kHz 的副載波。進一步作 $\frac{1}{2}$ 分頻,變成 19kHz 的引示信號。相位補償電路是因為副載波與引示信號的相位不合時為了防止解調時分離度的惡化而附加上的。主頻道信號,副頻道信號,引示信號的 3 個信號波被合成為複合信號,作為頻率調變的輸入。

調變、高頻變換部是以複合調變信號作頻率調變,高頻放大後為了除去本地振盪頻率的洩漏和不要的假像 (image) 成分而通過 BPF 才輸出,調變方式有直接調變方式和以中頻調變作高頻變換,而在直接調變的場合,也有以較低頻率加以調變,用遞倍放大輸出至規定頻率的情況。

表 4.12 所示是 FM 調變器代表的特性例。

表 4.12 FM 調變器的特性例

項　目	特　　性
輸出頻率	FM 廣播頻帶的 1 波道
頻率偏移	±75kHz
輸出位準	$120dB_\mu V$
輸出可變範圍	$100 \sim 120dB_\mu V$ 連續可變
Spurious（寄生的干擾）	$-60dB$ 以下
預強調	$50\ \mu s$
聲音振幅特性	偏差 0.5dB 以內 (50Hz~15kHz)
失真率	0.5% 以下
信號對雜音比	單音:75dB 以上,立體:65dB 以上
分離度	40dB 以上 (100~200Hz) 46dB 以上 (200Hz~ 10kHz)
副載波抑制度	$-50dB$ 以下
Pilot 信號頻率精確度	19kHz $\pm$ 1Hz 以內

3.　鬼影除去內建形電視調變器

　　鬼影除去內建形電視調變器，如圖 4.26 所示，大致分爲接收頻率變換部，影像信號處理部，高頻變換部。

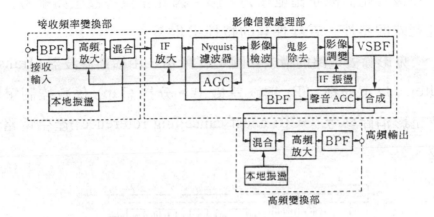

圖 4.26　鬼影除去內建形調變器的構成例

　　這個構成是 4.3.1 節的電視信號處理器圖 4.18 的 IF 信號處理部的部份經由解調，再調變的方式，其他的構成與電視信號處理器完全相同，因此在此就該部份的影像處理部加以說明。

　　影像信號處理部是將輸入的 IF 信號放大後，影像 IF 信號與聲音 IF 信號以分離電路來分離。

　　影像 IF 信號是以倪奎士 (Nyquist) 濾波器限制頻寬後作影像檢波，然後送到鬼影除去器。鬼影除去後的影像信號在影像調變電路以 IF 振盪信號注入加以混合變成影像 IF 信號，以 VSBF 作頻寬限制然後送到合成電路。

　　聲音 IF 信號是以 BPF 作頻寬限制，以 AGC 將位準保持一定然後送到合成電路,影像,聲音也被合成後才輸出。

被輸入到鬼影除去器的信號是從接收頻率變換部到影像檢波為止,在這中間發生的失真等,它的成分也包含鬼影成分,因為一齊被等化而能正確地除去鬼影。因此希望不發生頻率特性,群延遲時間特性,直線性等的特性劣化。

鬼影除去電路的構成如圖 4.27 所示,由橫斷濾波器 (Transversal filter,以下簡稱 TF) 與誤差檢出‧分接 (Tap) 係數控制電路以及鬼影消除參考 (GCR: ghost cancelling reference) 產生電路所構成。

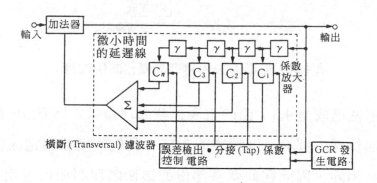

圖 4.27 使用 TF 之鬼影除去器的構成例

在 TF 內部是以微小時間的延遲線連接許多的係數放大器和加算器所構成。含鬼影的 GCR 信號加上時,基準信號產生器的 GCR 信號以比較方式檢出誤差,以分接 (Tap) 係數控制電路是以控制分接係數方式將誤差成分抵消。因此在 TF 輸出僅是將輸入信號內的某些鬼影成分倒相後才輸出波形。此動作是被延遲的各個鬼影各自進行。另外，因爲接收電波的鬼影是依時間變化，故每一個固定時間對應著新的鬼影波。

表 4.13 所示是鬼影除去內建形電視調變器的代表性例子。

表 4.13　鬼影除去內建形電視調變器的特性例

項　　目	特　　性
接收頻道	VHF(1～12ch)，UHF(13～62ch) 的 1 波道
輸入位準	50～90dB$_\mu$V
輸出位準	VHF: 120dB$_\mu$V
聲音載波位準	$F_v^{(1)} - (6 \sim 20)$dB 連續可變
振幅頻域特性	影像：偏差 1 dB 以內 $F_v^{(1)} - 0.5$MHz～$F_v + 3.58$MHz 聲音：偏差 1dB 以內 ($F_A^{(2)} \pm 100$kHz)
DG，DP	DG: 0.5%以下，DP: 5° 以下
信號對雜音比	45dB$_{P-P}$/rms 以上
Spurious（寄生的干擾）	－ 60dB 以下
鬼影延遲時間補正範圍	－ 2 ～ ＋ 40 μs
鬼影 衰減量	SN 比 40dB 以上 （輸入：79dB$_\mu$V 以上） 鬼影延遲時間：2μs DU 比：15dB 單一鬼影的場合

(1) F_v：影像載波位準　　(2) F_A：聲音載波頻率

4.3.4　引示 (Pilot) 信號(導頻)產生器

在有線電視系統網路設置的幹線以及分歧線由於環境溫度等的緣故而使衰減量變動。因爲這緣故傳送線路上的幹線放大器，因應線路上的衰減位準而有 AGC 電路，有必要控制其放大率。爲了此線路放大器的 AGC 能動作，需送出必要的基準信號，而有引示信號產生器，在傳送頻率的下端與上端的頻率設定引示信號。因爲引示信號產生器的輸出位準變成傳送位準的基準，故必需有充分的位準，必要的頻率的安定度。

其構成如圖 4.28 所示，大致分成將自動傾斜控制 (ASC) 用的信號輸出的**下端信號輸出部** ，將自動增益控制 (AGC) 用的信號輸出的**上端信號輸出部**，以及合成輸出部。

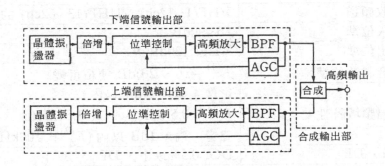

圖 **4.28** 引示信號產生器的構成例

下端信號輸出部是將晶體振盪輸出倍增至規定頻率，以位準控制使輸出固定，經高頻放大，以 BPF 除去不要波才輸出。全部的輸出以 AGC 來處理，控制其位準，保持一定的輸出位準。上端信號輸出部基本上與下接信號輸出部相同。

一般，下端信號的頻率是被設定於 73MHz，上端信號的頻率是被設定於 451.25MHz。

合成輸出部是將此 2 波合成後輸出。

表 4.14 所示是引示信號產生器的代表性例子。

表 4.14　引示信號產生器的特性例

項　目	種　類
輸出頻率	指定頻率（下端、上端）的各 1 波道
輸出位準	120dB$_\mu$V
輸出頻率精確度	±20kHz 以內
輸出位準安定度	偏差 0.5dB 以內
輸出位準可變範圍	110 ～ 120dB$_\mu$V 連續可變
寄生 (spurious) 干擾	－ 60dB 以下

4.3.5　擾頻編碼器

擾頻編碼器是故意地將電視信號弄亂，爲了有線電視訂戶能獲得正常的畫像，需使用專用的訂戶終端機（內建擾頻解碼器）才能接收，在系統的發射將影像信號加工處理的機器。

有線電視系統的擾頻方式是將干擾波重疊，使畫像混亂，將電視影像信號替換爲普通的接收機不能接收的方式。利用數位處理將畫像弄亂的方法，有多種辦法被考慮。在有線電視要求擾頻被不正當解除要困難，設備要低廉，信號品質不致惡化，大多是同步信號壓縮方式被使用。另外作爲解除的信號稱爲鍵 (key) 信號。

在此圖 4.29 所示爲同步信號壓縮方式的構成例。圖 4.30 所示爲正常的 IF 調變信號波形與擾頻後的信號波形。

擾頻編碼器是以 IF 信號處理，因爲利用電視調變器的 IF 信號，故一般是與電視調變器組合來使用。另外，需要注意影像的同步信號之雜訊 (noise)，跳動 (jitter) 等場合，該動作在接收端末變成畫質的惡化或不能接收等。

對聲音信號加上擾頻的方法有種種方式，而以數位方法最適合，而電路複雜、價錢高，根據隱密性的順位大多被省略。

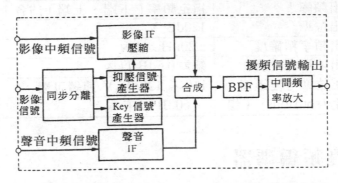

圖 4.29　擾頻編碼器（同步壓縮方式）的構成例

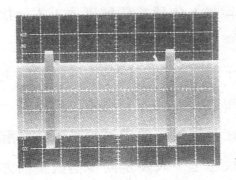 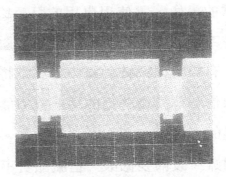

　　(a) 正常的信號波形　　　　　(b) 被擾頻的信號波形

圖 4.30　IF 調變波形的例

4.3.6　上行電視解調器

　　上行電視解調器是使用於雙方向的系統，從次中心 (sub-center) 等，將被送往系統中心 (system center) 的上行信號作接收，解調，以獲得基頻信號。此接收信號是通過調變器，也有往下行傳送的場合，要求信號品質的優良。

如圖 4.31 所示，大致分為上行回路電視信號變換為 IF 信號之**接收頻率變換部**，將 IF 信號放大之**IF 放大部**，將 IF 信號檢波變成基頻 (Base Band) 信號之**影像、聲音檢波部**，**基頻放大部**。

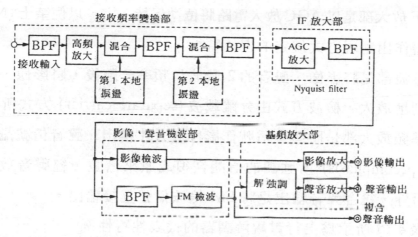

圖 **4.31**　上行電視解調變器構成例

接收頻率變換部是將上行電視信號以輸入 BPF 除去不需要電波，作高頻放大，利用第 1 本地振盪的信號在混合電路作頻率變換，製造出第 1 IF 信號。以 BPF 進一步除去不要電波，利用第 2 本地振盪的信號在混合電路變換頻率為 IF 信號，以 BPF 進一步除去不要電波才輸出。

此部份因為相當於接收部的輸入，故要求良好的雜音指數特性，還有在變換部，假像 (image) 比等干擾波的排除能力特別必要。有線電視系統的上行頻率頻寬有 12～ 48MHz，而作為電視傳送被使用頻寬是 30～ 42MHz 範圍的 2 波道被使用的場合較多，其他的頻寬是被利用於資料 (data) 傳送。(註：此頻率分配為日本情況)

　　頻率變換因為中間頻率與輸入頻率較接近，為了除去頻域內的寄生干擾 (spurious)，首先變換為 100～ 200MHz，然後再次變換為中間頻率之 2 段變換方式被使用。

　　IF 放大部是以 AGC 放大電路將位準保持一定，以倪奎士 (Nyquist) 濾波器作出電視方式規定的振幅特性。

　　檢波部是將影像、聲音的 2 載波作頻率分離後，將影像、聲音信號分別地放大，檢波方式由分離載波 (separate carrier) 方式所構成。

　　基頻放大部是將影像信號作影像放大才輸出，聲音信號是將被預強調 (preemphasis) 所強調的信號恢復成原來信號，經聲音放大才輸出。另外，複合聲音輸出是將 FM 檢波信號直接輸出。

　　表 4.15 所示為上行電視解調器的代表性特性例

表 4.15　上行電視解調器的特性例

項　目	特　　性
接收輸入位準	$60 \sim 80$ dB$_\mu$V
輸出位準	影像輸出：$1.0V_{P-P}$ 聲音輸出：0 dBmW 複合聲音輸出：$0.5V_{P-P}$ (主信號)
輸入 VSWR	1.3 以下

表 4.15　（續）

項　目	特　性
影像特性	振幅特性	偏差 1 dB 以內
	波形失真	凹下 (sag)：2%以下，K_P：2 以下
	DG，DP	DG：3%以下，DP：2° 以下
	信號對雜音比	50dB$_{P-P}$/rms 以上
聲音特性	振幅特性	聲音輸出：偏差 1dB 以內 (75 μs 解強調特性基準)
		複合輸出：偏差 1dB 以內 (50Hz～55kHz)
	失真率	1%以下
	信號對雜音比	55dB 以上

4.3.7　合成器 (Combining Network)

　　爲了將信號處理器或電視調變器等的輸出信號送至傳送電路，而將它們結合在一起的合成器，依使用目的有種種線路被使用。

　　在技術上大致分爲利用頻域濾波器構成的**頻道 (channel) 混合形**與利用混合 (Hybrid) 電路構成的**Hybrid 型**。

　　頻道混合形是有插入損失較 Hybrid 形爲小之優點，但頻域濾波器的特性上使用頻道被限定，在頻域外特性方面因鄰接混合較困難，故自以往以來作爲再傳送爲主被使用於傳送頻道較少場合。

　　Hybrid 形在合成時插入損失較大，而有寬頻帶特性，在最近都市型有線電視較普遍採用。

　　如圖 4.32 所示有線電視分別以再廣播架，自主廣播架等的個別的架單位作均等合成，採用將各個合成後信號總合地再合成方式，在幹線送出部將雙方向濾波器內建，使用幹線 4 分配器的場合較多。

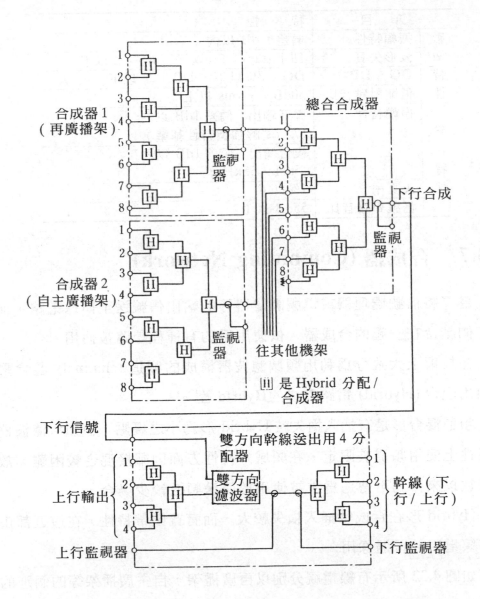

圖 **4.32** 合成器的構成圖（例）

　　另外，在合成波道的組合數較少而產生空接端子場合，連接終端 (terminal) 電阻以減少阻抗不匹配等引起的頻率特性變動是有必要考慮的。因為 Hybrid 形合成器的頻率特性為寬頻帶，在信號處理器或電視調變器等數量較多的機器合成場合，由本身頻道以外分佈的雜音累積而有全體的 CN 比惡化現象，故依據使用機器的頻帶外特性，有必要用頻帶濾波器為介面來合成。

　　表 4.16 所示是分別為 8 波合成器以及 16 波合成器的規格例，另外表 4.17 是雙方向幹線送出用 4 分配器的規格例。

表 4.16　合成器的規格例

項　目	8 波合成	16 波合成
輸入頻率	50~451.25 MHz	
阻抗	75Ω	
輸入端子數	8	16
輸出端子數	1	1
插入損失	12dB 以下	16dB 以下
監視器位準 *	− 20dB	

＊ 對混合輸出位準

表 4.17　雙方向幹線送出用 4 分配器的規格

項　目		規　　格
輸入頻率		50~451.25 MHz
輸出頻率		5~50MHz
阻　抗		75 Ω
下行端子數		1
上行端子數		4
幹線輸出端子數		4
插入損失	下行	11dB
	上行	19 dB
監視器位準 *	− 20 dB	

＊ 對各輸出位準

4.3.8　不斷電電源裝置

1.　概要

　　有線電視系統為了廣播不致中斷，要求以安定、高品質的訊息之傳達，而使用專用的電源裝置。

　　不斷電電源裝置是一種不斷電、定電壓、定頻率電力供給設備，也稱為**CVCF**(Constant Voltage Constant Frequency)，由交流輸入變換為直流之**整流器部**，將直流變換為交流之**換流器(inverter) 部**，停電時儲備用的**蓄電池部**以及交流直送電路所構成（圖 4.33)。

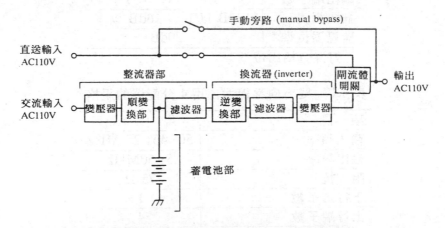

圖 **4.33**　不斷電電源裝置電路圖例

　　供電方式有平時商用給電方式（平常時是用商用電源，停電時由蓄電池來作電源供給），與平時換流器 (inverter) 供電方式（

平常時，停電時都是經由換流器供電）的 2 種類，通常在有線電視系統使用後者的方式較多。容量依供電機器的規格而異。另外停電時的備用時間有數小時左右。

表 4.18 所示是不斷電電源裝置的規格例。

表 **4.18**　不斷電電源裝置規格例

項　目		規　格	備　考
交流輸入	相　　數	3	3 線式
	額定電壓	AC110V ± 10V	
	輸入頻率	60 Hz	
	頻率變動範圍	57.5 ～ 62.5 Hz	
	額定輸入容量	約 16.5 kVA	額定時
	輸出容量	7.5 kVA	
交流輸出	相　　數	1	2 線式
	額定電壓	110V	
	額定頻率數	50 Hz 或 60 Hz	
	同步頻率範圍	± 2%以內	
蓄電池	容　　量	500 Ah	
	額定電壓	117.5V	54 個電池

2.　動作說明

(1)　通常運轉時　　整流器是接受交流輸入，將它變換為直流，一面將蓄電池充電一面供給換流器。換流器 (Inverter) 是將直流變換為直送輸入頻率同步的交流，供給負載。

(2)　停電時　　經由蓄電池的放電，換流器是將直流變換為交流，以無瞬斷對負載供電。

(3)　直送－換流器切換時　　過負載時，負載是以無瞬斷往直送側切換。還有，瞬時過負載的場合是過負載減低後，再次以無瞬斷復歸至換流器側。換流器故障時也以無瞬斷切換至直送側。

3. 注意事項

蓄電池的容量[Ah] 與電池 (Cell) 數的積，在 4800Ah · Cell 以上的設備，要能符合各縣市政府的火災預防條例。

4.3.9 微波中繼機器

1. 概要

有線電視系統的幹線傳送路，同軸電纜或光纖電纜的代替品，是使用 23GHz 範圍的電波者有微波中繼機器。傳送距離約爲 10Km，傳送頻道數有數頻道，有可能雙方向傳達。歸納其特徵有下列項目。

① 不受地理的條件影響，傳送線路容易確保。

② 傳送機器只有無線電台而已，工事及維護較容易。

③ 因爲利用無線電以空間爲介質傳送訊息，故受氣象狀況 (降雨、降雪) 的影響。

表 4.19 所示是微波中繼機器的規格例。

表 4.19　微波中繼機器規格例

項　　目	規　　　格	項　　目	規　　　格
通信方式	單向通信方式或是複信方式	發射輸出	100mW(發射盤輸出端)
調變方式	頻率調變方式	電源電壓	AC110V
播送信號	電視信號，文字多工信號、聲音多工信號，FM 廣播波，控制信號	消費功率	約 150VA
傳送頻域	30Hz ～ 8.5 MHz/channel	傳送容量	6 ch
載波頻寬	23.0 ～ 23.6GHz	傳送距離	約 10 km

　　下列所示是微波中繼機器的主要用途。

(1)　區域外廣播波的中繼　　從山頂設置的區域外廣播接收設備到有線電視中心局之間，以 23GHz 頻率範圍的電波構成傳送路徑。利用此種設備目前為止不能接收的頻道變為可以收看。

(2)　局間中繼　　服務區域 (service area) 擴大場合，有線電視中心局與副 (sub) 局，或者是副局間的中繼傳送路時利用到。

(3)　戶外取材節目的中繼　　在戶外的新聞事件 (event)，運動等的取材節目作為臨時中繼電路。此場合，使用移動形的微波傳送機器。圖 4.34 所示是機器的構成。

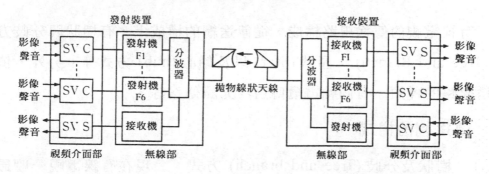

SV C：SOUND/VISION COMBINER
SV S：SOUND/VISION SEPARATOR

圖 4.34　微波中繼機器

2. 動作說明

在發射局影像以及聲音信號是以視頻介面部 (Video interface) 合成後被送到發射機。此信號在發射機變換成 23GHz 頻率範圍的 FM 信號從天線送出。在接收局,以接收機接收微波信號並加以解調,然後將被解調後信號以視頻介面部分離爲影像以及聲音,才送至頭端 (head end)。

3. 注意事項

在我國"CATV 系統工程管理規則"第 37、38 條規定,系統經營者因地形、地物阻隔,無法佈設纜線,必須使用微波電路者,得依「專用電信設置規則」專案申請辦理。至於應付臨時特殊需求的微波傳送,也可依此規則專案申請辦理。

4.4　傳送線路設備

4.4.1　傳送線路的構成

有線電視的傳送線路構成,從傳送網的構成上,有樹狀與分歧方式 (Tree and Branch) ,星狀 (Star) 以及軸心 (hub) 方式等。另外,依傳送線路的種類,有同軸電纜傳送,光纖傳送等。

1. 傳送網的構成

⑴　樹狀及分歧 (Tree and branch) 方式　　現在有線電視一般最常用的方式就是此種方式,因爲從頭端呈樹枝狀而構成傳送網,故稱爲樹狀及分歧方式。

此方式是由幹線 (truck line: TL) 與分歧線 (branch line: BL)
所構成，從幹線上串接幹線放大器或是分歧器，將信號分配至
各自的端末之系統。另外，工作特性成本 (cost performance)
較優，能夠成爲有效率的系統設計。樹狀及分歧方式的基本構
成圖，如圖 4.35 所示。

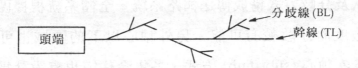

圖 **4.35**　樹狀及分歧方式的基本構成圖

(2)　星狀方式　　以頭端爲軸心，以個別方式往端末連接呈星狀方
式所構成的網路系統，稱爲星狀方式。

　　此方式是如樹狀及分歧方式所示卻無幹線與分歧線的區別
，因爲對各端末佈設個別的電纜，在費用上 (cost) 較高，而傳
送線路的障害對其他的影響較少。

　　另外，每個訂戶因爲是引用專用電纜，對各自必要的、多
量的個別情報的傳送，上行信號的處理也適合。星狀方式的基
本構成圖如圖 4.36 所示。

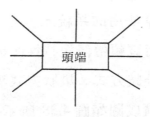

圖 **4.36**　星狀方式的基本構成圖

⑶ 軸心 (hub) 方式　　在大規模的有線電視系統，有效地利用星狀方式與樹狀及分歧方式的優點所產生的軸心 (hub) 方式被使用得很多。

此方式是以區域或訂戶數進行區域 (area) 劃分，每個區域設計一個軸心，各中心與軸心間以星狀連接，軸心以下是以樹狀及分歧方式構成傳送網路系統。全體系統根據區域劃分，危險度的分散較有可能。另外軸心以下的區域也可以考慮細分爲次軸心 (sub- hub) 方式，各集合住宅也有設計爲迷你軸心 (mini-hub)。軸心方式的基本構成圖如圖 4.37 所示。

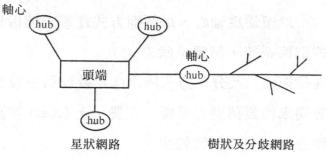

圖 **4.37** 軸心方式的基本構成圖

2. 傳送線路的種類

⑴ 同軸傳送線路　　同軸傳送是對傳送路徑使用同軸電纜，在有線電視是一般最常使用的系統。

其特長是具有寬頻帶傳送特性，因爲分歧，分配較容易，故可以是樹狀及分歧方式，星狀方式等彈性的系統構築。同軸傳送線路的基本構成圖如圖 4.38 所示。

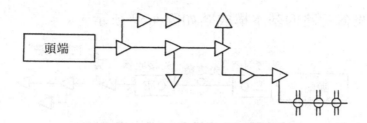

圖 **4.38**　同軸傳送路的基本構成圖

　　同軸傳送路的基本構成圖，由圖 4.38 之路徑，要補償同軸電纜的衰減量需串接 (cascade) 幹線放大器，幹線可以延伸約 10km(公里) 的程度，另外往訂戶端子是從幹線放大器的分歧輸出以分接器 (Tap off) 爲介面作連接。

　　同軸傳送路雖有分歧、分配，系統變更容易之優點，但由於幹線放大器的串接有必要考慮信號品質的惡化問題。

(2)　光傳送路　　光傳送是對傳送路使用低損失 (0.3dB 程度 /km) 的光纖電纜之系統，由於最近的直線性優越的發光元件 DFB-LD (distributed feedback，分散回授形) 的開發，無中繼的多頻道長距離傳送變爲可能。

①　光纜電視的方式　　光纜電視的方式是有以下的 3 種類。

　　a. 光、同軸混合 (hybrid) 方式。

　　b. 全光分配方式。

　　c. 光軸心 (hub) 方式。

　　在此就以 a. 光、同軸混合方式的概要加以敍述，對有關

b. 全光分配方式，c. 光軸心方式請參考 9.1.3 及 9.1.4 節。
光傳送路的基本構成圖如圖 4.39 所示。

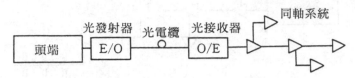

圖 **4.39**　光傳送路的基本構成圖

②　光同軸混合系統　　光同軸混合系統，由於被稱爲光纖主
幹 (fiber backbone) 系統的部份是使用光纖，同軸傳送路的
串接級數可以減少，系統可積極地被設計。光纖主幹系統的
基本構成圖如圖 4.40 所示。

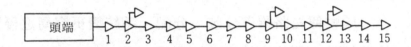

(a) 幹線放大器 15 級串接的有線電視系統

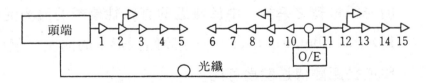

(b) 光纖主幹系統的基本構成圖

圖 **4.40**　光纖主幹 (fiber backbone) 系統的基本構成圖

圖 4.40 (a) 是幹線放大器 15 級串接的有線電視系統的
例子，圖 (b) 所示從中心 (center) 開始佈設光纖，由於在第
11 級的幹線放大器輸入側設計光接收 (O/E) 變換器，幹線

放大器的串接變為 5 級，是傳送品質可以提高的例子。

光纖電纜因對距離損失非常地小，故對來自 HE(頭端) 至接收末端的距離不論多長其畫像品質變化很小，特別是在多級串接的端末信號的品質提高，有很大的效果。

4.4.2　傳送電纜

傳送電纜是有線電視的傳送路設備當中最不顯眼，而卻是最重要的生命線，是有線電視的基本元件 (component)。從來，傳送電纜是幹線、分歧線、分配線、引入線、屋內配線的全部範圍都涉及到，都使用同軸電纜，而最近幹線，分歧線（一部分）有使用光纖者。在此就有關同軸電纜的種類，構造，規格，特性敍述於后，至於有關光纖電纜的構造，規格以及同軸電纜的比較也有敍述。

1.　同軸電纜的種類

同軸電纜如表 4.20 所示，對應於使用目的有各種種類，幾乎全部都是日本工業規格 (JIS) 以及日本電線工業會規格 (JCS) 所定的，也有一部分是廠家的標準規格品。而美製規格如附錄。

各符號的意義，有下列的種類。C 是特性阻抗為 75Ω 的，它的前面數字 8, 12, … 是表示絕緣體的概略外徑。其他的符號意義如表 4.21 所示。

表 4.20 有線電視用同軸電纜的主要種類（規格品）

種　　　類	符　　　號	用　　　途	規　　　格
有線電視用(供電兼用)鋁管形同軸電纜	PSACO-8C* PSACO-12C* PASCOX-17C*	幹線，分岐線，分配線 (電力傳送可能)	JIS C 3503-1990
電視信號傳送用發泡聚乙烯絕緣鋁外皮同軸電纜	8C-1.8A* 12C-2.5A*	幹線，分岐線，分配線	JCS C 第383號 1981
電視信號傳送用高發泡聚乙烯絕緣箔片外皮同軸電纜	5C-HFL** 7C-HFL** 10C-HFL**	幹線，分岐線，分配線 引入線	JCS C 第58號 A-1981
電視信號傳送用發泡聚乙烯絕緣箔片外皮同軸電纜	5C-FL* 7C-FL* 10C-FL* 12C-FL*	幹線，分岐線，分配線 引入線	JCS C 第382號 1981
電視信號屋內用發泡聚乙烯絕緣乙烯基外皮同軸電纜	5C-FB	屋內配線	JCS C 第381號 1981
電視接收信號用同軸電纜	TVECX TVEFCX	屋內配線，屋外配線	JCS C 3502-1987
衛星廣播接收用同軸電纜	BSCX	衛星廣播接收屋內配線，屋外配線	JCS C 第67號 1988
衛星廣播接收屋內用發泡聚乙烯絕緣乙烯基外皮同軸電纜	S-5 C-FB S-7 C-FB	衛星廣播接收屋內用	JCS C 第61號A-1987
衛星廣播接收用塑膠絕緣箔片外皮同軸電纜	S-5 C-HFL* S-7 C-HFL* S-10 C-HFL*	衛星廣播接收屋外用	JCS C 第62號A-1987

* 自己支持形 (−SSF，−SSD) type 有。
** 自己支持形 (−SSF，−SSD，−SSS) type 有。

表 4.21　有線電視用同軸電纜的符號的意義

符　號	意　　義	符　號	意　　義
PS	供電兼用	B	鋁箔張貼塑膠帶以及編織
A	鋁管 (外部導體)	TV	電視接收用
COX	同軸電纜	ECX	絕緣體是聚乙烯的同軸電纜
1.8, 2.5	內部導體標準外徑[mm]	EFCX	絕緣體是發泡聚乙烯的同軸電纜
HF	高發泡塑膠絕緣	BS	衛星廣播
F	發泡聚乙烯絕緣	CX	同軸電纜
L	箔片外皮	S	衛星廣播接收用

2.　同軸電纜的構造

　　代表性的同軸電纜構造例如圖 4.41 所示。 PSACOX(供電兼用鋁管形同軸電纜) 的構造是內部使用軟銅線，絕緣體為高發泡塑膠或掏空塑膠，外部導體是使用鋁管作為低損失形，其上有作為防蝕層的黑色聚乙烯外皮。 HFL(發泡聚乙烯絕緣箔片同軸電纜) 的構造是內部導體以高發泡塑膠為絕緣，外部導體以箔片鋁膠帶為被覆，最後的外皮是以黑色聚乙烯為被覆者。

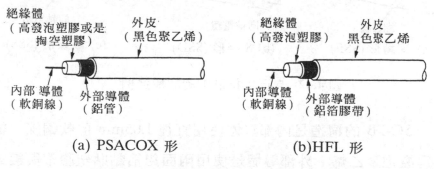

(a) PSACOX 形　　　　　(b)HFL 形

圖 4.41　有線電視用同軸電纜的構造例

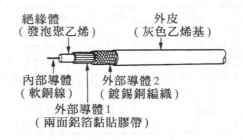

(c) 5C-FB

圖 4.41 （續）

　　另外，爲了架空工程容易而確實，也有在鍍亞鉛的鋼搓線外皮另外附加支持線使成一體的自已支持形電纜。（參考圖 4.42，綁縛形：SSF，8 字形：SSD，絞線形：SSS)

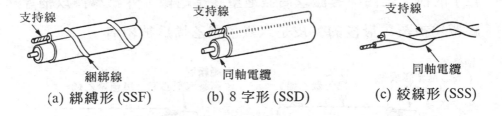

(a) 綁縛形 (SSF)　　　　(b) 8 字形 (SSD)　　　　(c) 絞線形 (SSS)

圖 4.42　自已支持形電纜的構造例

　　5C-FB 的構造是內部導體使用直徑 1.05mm 的軟銅線，絕緣體爲發泡聚乙烯，外部導體是使用兩面鋁箔黏貼塑膠帶與鍍錫編織軟銅線，外皮考慮不燃性，使用乙烯基 (Vinyl) 材質。

3. 同軸電纜的特性

　　PSACOX 是高頻信號傳送用同軸電纜中，傳送損失最小的，因此廣泛被使用於幹線，分配線。另外，此種電纜在有線電視供電至放大器等的場合，被公認為可以使用至交流 65V，15A 的功率傳送。與從來被使用的 FL，HFL 電纜相比較，由於外部導體為鋁管，在佈設、安裝之際，需十分的注意。

　　有線電視用同軸電纜的特性規格如表 4.22 所示。另外，在 200MHz 的損失值與頻率特性圖所列的數據，表示從特性圖讀取的代表性頻率對損失的推定值，以 ( ) 表示。

　　另外有一個重要特性，電纜的容許彎曲半徑是依電纜構造而異，如表 4.23 所示。

表 4.22 有線電視用同軸電纜的特性規格[註1]

項目 符號	內部導體外徑 〔mm〕	絕緣體外徑 〔mm〕	外部導體外徑 〔mm〕	Sheath (外被) 外徑 〔mm〕	標準衰減量 (20℃) 〔dB/km〕						
					90 MHz	200 MHz	220 MHz	470 MHz	770 MHz	1 000 MHz	1 300 MHz
PSACOX-8 C	2.1	8.5	9.5	11.9	(34)	52	(56)	(74)	(101)	—	—
PSACOX-12 C	2.9	11.7	12.7	15.3	(25)	39	(42)	(64)	(84)	—	—
PSACOX-17 C	4.35	17.6	19.0	21.6	(17)	26	(28)	(41)	(54)	—	—
8 C-1.8 A	1.8	—	9.5	11.9	(35)	54	(57)	(84)	(111)	—	—
12 C-2.5 A	2.5	—	12.7	15.3	(25)	40	(42)	(65)	(86)	—	—
5 C-HFL	1.2	5.0	—	7.7	(52)	78	(82)	(121)	(165)	—	—
7 C-HFL	1.8	7.3	—	10.0	(36)	54	(57)	(85)	(112)	—	—
10 C-HFL	2.4	9.4	—	12.9	(26)	40	(42)	(64)	(86)	—	—
5 C-FL	1.05	5.0	—	7.7	(57)	86	(90)	(138)	(178)	—	—
7 C-FL	1.5	7.3	—	10.0	(40)	63	(65)	(97)	(122)	—	—
10 C-FL	2.0	9.4	—	12.9	(31)	49	(52)	(79)	(103)	—	—
12 C-FL	2.5	11.7	—	15.2	(26)	40	(42)	(64)	(85)	—	—
5 C-FB	1.05	5.0	5.8	7.7	60	—	—	—	190	—	—
TVECX	0.6	3.7	4.4	6.0	—	—	195*	—	380*	—	—
TVEFCX	0.8	3.7	4.4	6.0	—	—	165*	—	320*	—	430*
BSCX[註2]	0.8	3.7	4.5	6.0	90*	—	140*	210*	280*	—	380*
S-5 C-FB[註2]	1.05	5.0	5.8	7.7	60	—	96	145	190	230	270
S-7 C-FB[註2]	1.5	7.3	8.3	10.2	43	—	70	106	142	172	202
S-5 C-HFL[註2]	1.2	5.0	—	7.7	54	—	82	125	160	183	220
S-7 C-HFL[註2]	1.8	7.3	—	10.0	38	—	57	89	115	130	150
S-10 C-HFL[註2]	2.4	9.4	—	12.9	27	—	43	66	87	100	117

＊ 最大衰減量，( ) 是從圖表的推定值。

(註1) 本特規格是根據表 4.20 所示規格。

(註2) 考慮 CS 廣播，規格改定審議中。

[參考值在 1800MHz 的最大衰減量 (20℃)BSCX(475dB/km 以下)，
S-5 C-FB(405dB/km 以下)，S-7C-FB(300dB/km 以下)
S-5 C-HFL(320dB/km 以下)，S-7C-HFL(220dB/km 以下)
S-10 C-HFL(175dB/km 以下)]

表 **4.23** 同軸電纜的容許彎曲半徑

電纜的分類	符 號	施工中彎曲半徑 *	最終固定彎曲半徑 **
編織形同軸電纜	FB, ECX, EFCX, BSCX	10D 以上	4D 以上
鋁箔同軸電纜	FL, HFL	15D 以上	6D 以上
鋁管同軸電纜	PSACOX	20D 以上	10D 以上

 * 施工中彎曲半徑：架設工事中可容許彎曲半徑
 ** 最終固定彎曲半徑：電纜固定後可容許彎曲半徑

4. 光纖電纜 (Optical fiber cable) 的構造

使用光纖作為傳送線路時，是一種架設等的使用和外部環境變化十分耐用的電纜。代表性的光纜如圖 4.43 所示。在抗張力體 (tension member) 周圍將光纜 (optical fiber) 心線集合在一起、層狀鋁帶 (laminated aluminum tape) 與黑色聚乙烯外皮 (polyethylene sheath) 呈層狀包裹，稱為 LAP 外皮光纜，是防濕，機械特性優異構造之一種電纜。

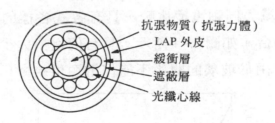

抗張物質（抗張力體）
LAP 外皮
緩衝層
遮蔽層
光纖心線

圖 **4.43** LAP 外皮光纖電纜的各層剖面圖

有關光纖電纜並不像同軸電纜的規格那樣來決定。另外，關於光纖（心線）是依 JIS 來制定，表 4.24 是摘錄 SM 形光纖的主要規格。

表 **4.24** SM 形光纖的主要規格（摘自 JIS C6835-1991)

項　　目		SSMA-O.O/125
模場直徑	[μm]	(9 ～ 10) ± 10%
包層徑	[μm]	125± 3
包層非圓率	[%]	2 以下
模場偏心量	[μm]	1 以下
截止波長	[nm]	1100 ～ 1280 或是 1100 ～ 1350
損失 *	[dB/km]	0.8 以下

* 波長 1310nm 的值

O.O 是表示模場 (model field) 直徑的公稱值

· LAP：是一種防火、不扭曲之石棉材料，用於包裹在電纜上，亦稱積層材料

5. 同軸電纜與光纖電纜的比較

　　光纖依屈折率的不同是由 2 種類的玻璃 (glass) 所構成，外徑為 0.125mm 約為毛髮那麼地細。有線電視使用的光纖稱為單模型 (Single Model Type: SM 形)，光傳送的核心直徑約為 0.01mm＝ 10 μm。光纖與同軸電纜比較，具有各式各樣的優點，在有線電視使用的場合，如圖 4.44 所示，具有傳送損失少頻率特性廣等優點。但是，由於玻璃的關係不能作電源供給。

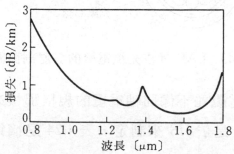

圖 **4.44** 光纖的波長－損失特性例

同軸電纜與光纖電纜的比較例如表 4.25 所示。

表 4.25　同軸電纜與光纖電纜的比較例

	同軸電纜	光纖電纜	備　考
傳送損失	35dB/km	0.3～ 0.5dB/km	同軸：在 450MHz 時
頻率特性	$\sqrt{f}$	實用上大略平坦	
溫度特性	0.2%/℃	< 0.1dB/km	光：實用溫度範圍
外　　徑	22mm	13mm	光：12 心
概算質量	390kg/km	150 kg/km	
容許張力	1570N	1500N	
容許彎曲半徑	220mm	130mm	

[註] 同軸電纜：PSACOX-17C

4.4.3　幹線放大器

有線電視用幹線放大器，由於半導體性能提高，跟隨著傳送頻寬（傳送頻道數）從 222MHz 寬頻帶放大器 (7 ch 傳送) 擴大至 250MHz (11 ch)，300MHz (30 ch)，最近的有線電視，標準的 450MHz (57 ch) 與 550MHz (72 ch) 對應的幹線放大器被使用。

另外，使用於上行頻域 (10～ 35MHz 或 10～ 76MHz) 的雙方向放大器 (2 Way Trunk Amp) 也積極地被利用。

1.　放大器的種類

為了更有效的系統設計，在放大器有 TA(幹線放大器)，TDA(幹線分配放大器)，TBA (幹線分歧或幹線橋接放大器)，BA(分歧或橋接放大器)，EA(延伸放大器) 等的種類。

它的標準使用例如圖 4.45 所示。另外，它的代表的特性例如表 4.26 所示。

表 4.26　幹線放大器的特性例

規格	T A		T D A			
區分	FTU	RTU	FTU	FDU	RTU	RBU
頻域[MHz]	70~450	10~50	70~450		10~50	
傳送信號	TV57 波道	TV5 波道	TV57 波道		TV5 波道	
標準增益[dB]	22(8)	7(3)	22(8)	11(4)	7(3)	3.5(1.5)
運用輸入位準[dBμV]	70(78)	83(83)	70(78)		83(83)	86.5(84.5)
運用輸出位準[dBμV]	92(86)	90(86)	92(86)	81(82)	90(86)	
輸出入阻抗[Ω]	75		75			
增益調整範圍[dB]	※±2	※±1	※±2	0～−2	※±2	0～2
衰減器[dB]	插入式	插入式	插入式	—	插入式	—
頻率特性等化器[dB]	插入式	插入式	插入式	—	插入式	
增益安定度[dB]	±0.5以內	±0.5以內	±0.5以內		±0.5以內	
頻率特性[dB]	±0.3	±0.5	±0.3	±0.5	±0.3	±0.5
AGC特性[dB]	輸入±3→輸出±0.3	輸入±2→輸出±0.2	輸入±3→輸出±0.3		輸入±2→輸出±0.2	
IM2[dB]	−78以下	−73以下	−78以下	−75以下	−73以下	−70以下
CTB[dB]	−85以下	−90以下	−85以下	−81以下	−90以下	−84以下
串調變[dB]	−83以下	−90以下	−83以下	−77以下	−90以下	−84以下
交流聲調變[dB]	−77以下	−74以下	−77以下		−74以下	
雜音指數[dB]	10	15	10	12	16	19
輸出入VSWR	1.5以下		1.5以下			
引示頻率[MHz]	451.25	48	451.25		48	
監視器結合量[dB]						
電波洩漏[dBμV]						

表 4.26 （續）

T B A				B A		E A		備 考
FTU	FBU	RTU	RBU	FBU	RBU	Foward	Return	
70~450		10~50		70~450	10~50	70~450	10~50	
TV 57 波道		TV 5 波道		TV57波道	TV5 波道	TV57波道	TV5 波道	
22(8)	30(17)	7(3)	3.5(1.5)	30(17)	3.5(1.5)	22(17)	13.5 (13.5)	下行450 MHz (70 MHz)
70(78)		83(83)	86.5 (84.5)	70(78)	86.5 (84.5)	80(80)	86.5 (84.5)	上行50 MHz (10 MHz)
92(86)	100(95)	90(86)		100(95)	90(86)	102(97)	100(98)	
75				75		75		FT形接頭
※±2	0~2	※±1	—	0~2	—	0~−10	0~10	※電纜特性等化
插入式	—	插入式	—	插入式	插入式	插入式	插入式	
插入式		插入式	—	插入式	插入式	0~7 (70MHz)	0~3 (10MHz)	
±0.5以內		±0.5以內		±0.5 以內	±0.5 以內	±0.5 以內	±0.5 以內	−20℃~+40℃
±0.3	±0.5	±0.5	±0.5	+0.5	±0.5	±0.5	±0.5	
輸入±3→ 輸出±0.3		輸入±2→ 輸出±0.2		—	—	—	—	引示頻率
−78以下	−60以下	−73以下	−70以下	−60以下	−70以下	−61以下	−68以下	運用輸出時
−85以下	−60以下	−90以下	−84以下	−60以下	−84以下	−66以下	−75以下	運用輸出時
−83以下	−60以下	−90以下	−84以下	−60以下	−84以下	−62以下	−74以下	運用輸出時
−77以下		−74以下		−77以下	−74以下	−74以下		
10	12	16	19	10	19	12	10	EQ 0時
1.5以下				1.5以下		1.5以下		
451.25		48		—	—	—	—	
−20±1以內								
34以下								根據IEC法

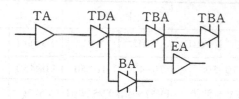

圖 **4.45**　幹線放大器的使用例

⑴　　TA(幹線放大器)　　插入幹線線路，補償同軸電纜的衰減量的放大器，每隔 400m 串接一台，可以有 20 台左右的串接幹線放大器。另外，架設後，插入 BA 放大器單體或 DA 放大器單體，也可能作為 TBA，TDA 規格來使用。 TA 的構成如圖 4.46 所示。

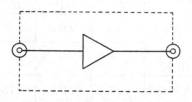

圖 **4.46**　TA 的構成

⑵　　TDA(幹線分配放大器)　　從 TA 單體 (Unit) 的輸出側以分歧器為介面，來設計幹線放大器 (Trunk Amp)，可以有 TA 的 $\frac{1}{2}$ 分歧量輸出，約與幹線系相等 (TA 2 台疊接程度) 的信號品質。有關 TA 輸出與 DA 輸出的品質，如表 4.26 的幹線放大器的特性例的運用輸出位準，CTB 等項目有詳細列出，因在 TA 單體的輸出側連接 DA 單體，故 DA 的輸出失真值約與 TA 2

台疊接的值相同。TDA 的構成如圖 4.47 所示。

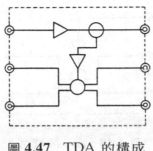

圖 **4.47**　TDA 的構成

⑶　TBA(幹線分歧放大器)　　從 TA 單體的輸出側以分歧器為介面，有 BA(分歧單元) 設計的幹線放大器，可以直接連接訂戶，傳送可能的信號位準。在機器的構成上與 TDA 完全相同，分歧輸出是以分接頭 (Tap off) 為介面，可以對訂戶直接作高輸出之分配。BA 輸出因為是高輸出，失真率比 TA 系還要惡化，BA 以後，要進一步串接 TA 放大器即不可能。表 4.26 的幹線放大器特性例的運用輸出位準，希望參考 CTB 等的項目。

⑷　BA(分歧放大器)　　並非拿走全部幹線輸出，設計僅拿出 BA 部分信號之放大器，它的末端是使用於幹線不必延伸的地域。輸出信號的位準以及品質，與 TBA 的 BA 側相同。BA 的構成如圖 4.48 所示。

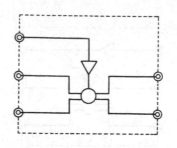

圖 **4.48**　BA 的構成

⑸　EA(延伸放大器)　　具有約與 BA 同等的性能，僅 1 端子輸
出的放大器，使用於分歧線的延長用。另外，輸入位準，增益
，被設定成容易連接至 TBA，BA 的分歧輸出側。EA 的構成
如圖 4.49 所示。

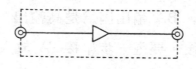

圖 **4.49**　EA 的構成

2.　放大器的構成

在此，就 1. 項所說明幹線放大器的種類當中，以使用最多
的 TBA(幹線分歧放大器) 為基礎來說明它的構成。

幹線放大器是由 BON(擬似線路電路，building out net-
work)，EQ(頻率特性等化器，equalizer)，FTU(下行幹線放大
單體，forward trunk unit)，FBU(下行分歧放大單體，forward
bridger unit)，RTU(上行幹線放大單體，return trunk unit)，

RBU(上行分歧放大單體，return bridger unit) 等所構成，這些
是以單體構造容納在鑄模箱 (die-cast case) 內。它的外觀如圖 4.50
所示。

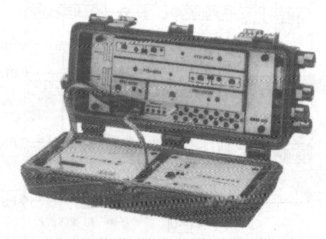

圖 4.50　放大器的外觀

另外，2 WAY TBA 的構成如圖 4.51 所示。

以下就以圖 4.51 為基礎，就有關信號的流程來記述。

從 IN 輸入的 RF 信號是以 PSF(電源分離濾波器，power
separating filter) 僅將 AC 分離，以 DF(分波濾波器，duplex
filter) 分開為下行信號與上行信號。下行信號是以輸入位準調整
用 BON，EQ 調整規定位準（這叫做接收側均衡）輸入到 FTU(
下行幹線單體)。在 FTU 是以規定的半傾斜曲線 (half-tilt curve)
放大，然後送至 OUT 端子。

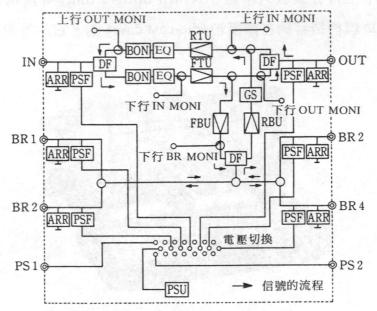

ARR（避雷器，arrester）
PSF（電源分離濾波器，power separating filter）
DF（分波濾波器，duplex filter）
BON（擬似線路電路，building out network）
EQ（頻率特性等化器，equalizer）
FBU（下行分歧放大器，forward briger unit）
PSU（電源單體，power supply unit）

圖 4.51 2 WAY TBA（幹線分歧放大器）的構成

　　還有，從 FTU 輸出側被分歧的 RF 信號是以 FBU 放大才作
4 分配輸出。分配輸出是以分接頭 (tap-off) 為介面，變成可以對
訂戶直接傳送的分配位準。

　　另一方面，關於上行方向是從 BR1～4 端子輸入的 RF 信號
是以分配器混合後，進一步在 RBU (Return Bridger Unit) 被調
整混合成與幹線側來的上行信號同一位準。另外，在 RBU 是為

了將分歧端子來的上行雜訊去掉 (cut) 也設有 GS(gate switch，閘開關)。被混合的上行信號，在 RTU(上行幹線單體) 加以放大，將全程距離 (full span) 的損失 (loss) 量補正，然後利用 EQ，BON 對次級放大器為止的電纜損失調整為均衡，然後輸出 (稱此為送出均衡)。

⑴　BON(building out network)擬化線路,衰減器是具有與同軸電纜頻率特性大致均衡之衰減器，對架設後同軸電纜的衰減量給予補正，以配合放大器的規定輸入位準之元件，在均衡衰減量的變更方法中，有插入 (plug-in) 方式，開關 (switch) 可變方式等。

　　圖 4.52 是將全程距離 22db 設計的放大器運用於 18db 距離的使用例，由於將 BON 4db 插入可以設定規定輸入位準。另外，圖 4.53 所示是 BON 4db 的電路圖。

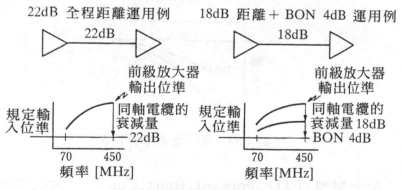

圖 **4.52**　BON 的使用例

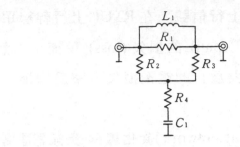

圖 **4.53** BON 4db 的電路例

⑵ EQ(Equalizer，均衡器) 是一種對同軸電纜的標準特性之頻率偏差，或是線路上由於插入分配器等頻率偏差作吸收用的元件，一般以高頻為基準規定低頻的衰減量。

與 BON 同樣地有插入 (plug-in) 方式，開關可變方式等種類。圖 4.54 是記錄代表性均衡器的頻率特性。

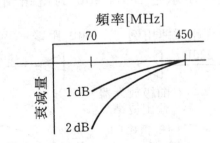

圖 **4.54** 均衡器頻率特性例

⑶ 放大單體 (FTU, Forward Trunk Unit) 放大單體的構成有 IC，分立 (discrete) 元件等種種方式，最近幾乎是使用 IC 來設計放大單體的場合較多，故在此就有關使用 IC 之 FTU 來說

明。還有，它的代表性構成如圖 4.55 所示。

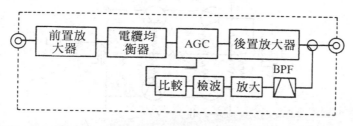

圖 **4.55**　FTU 的構成

① 放大方式　有線電視系統，如前述由於多頻道的視頻信號以幹線放大器中接來傳送，前置放大器的 NF(雜音指數)，後置放大器 (post amplifier) 的直線性對於系統的品質有很大的影響。

　　特別是考慮多級疊接時的失真，依照用途分類有推挽 (push-pull) 方式，並聯推挽 (parallel push-pull) 方式，前饋 (fced forward) 方式等的電路。

　　a. 推挽方式　以二個特性相等放大電路互補連接之電路方式，由於偶次諧波成分相抵消而使失真降低。它的電路例如圖 4.56 所示。

　　b. 並聯推挽方式 (又稱功率倍增方式)　將二個特性相等的放大電路並聯運用，使輸出位準再增加 3dB 的電路，比推挽方式可以對失真率改善 4～ 5dB。(如圖 4.57)

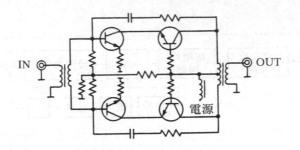

圖 4.56　推挽 (P-P) 方式的電路例

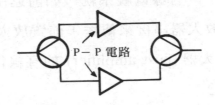

圖 4.57　並聯推挽式電路例

c. 前饋方式　　將主放大器的失真成分通過延遲電路作逆向混合，僅將失真成分以誤差放大器 (error amplifier) 放大後，與主放大器的輸出信號作逆相混合的放大器，與推挽式比較，在失真上有 10dB 以上的改善效果。它的電路例如圖 4.58 所示。

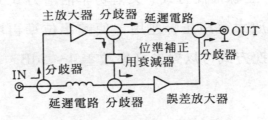

圖 4.58　前饋方式的電路例

② AGC 電路　　同軸電纜的衰減量是根據中心導體，外部導體的溫度係數而變動，這有 0.2%/℃程度。若以個個的放大器來考慮，這個值幾乎可以忽視，而在長距離架設電纜，將放大器串接在有線電視系統，則此值即不能忽略。因此，在各放大器根據它的溫度特性就有必要運用 AGC 機能來吸收衰減量的變動成分。

位準檢出用引示 (pilot) 信號，因在一般是使用 451.25MHz，如圖 4.55 所示從放大器輸出，使用 BPF 僅抽出 451.25MHz 的引示信號，放大變成適當的檢波器輸入，檢波後利用來自比較電路的 AGC 驅動電壓，以驅動 AGC 用 PIN (positive intrinsic negative) 二極體。還有，AGC 用 PIN 衰減器 (attenuator) 是具有所謂的僅 451.25MHz 變動就可以吸收全頻域的變動之 $\sqrt{f}$ 特性。

另外，不僅是 451.25MHz，在低頻域有使用引示信號 (73 MHz 等)，在高頻、低頻兩方面也有位準吸收用的 2 引示信號方式。

AGC 用 $\sqrt{f}$ 形衰減器的電路如圖 4.59 所示。

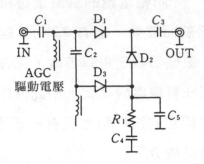

圖 **4.59**　AGC 用 $\sqrt{f}$ 形衰減器的電路例

③　GS (gate switch，閘開關)　　一般以樹狀網路構成的有線電視系統，是有上行方向的雜訊 (noise) 全部合流至中心的缺點，必要的資料 (data) 或是影像雜訊混入後，在障礙發生時就有不能與端末通信之現象。閘開關是一種將上行頻帶的高頻信號作 ON/OFF 的元件，圖 4.60 的來往情況利用分歧的閘作開閉可以防止上行頻域的熱雜音，感應雜音，脈衝雜音等的侵入幹線。還有閘開關是有可能從中心作遙控，障礙發生時，可以趁早調查障礙發生點。從端末的雜訊混入例如圖 4.60 所示，閘控系統的構成如圖 4.61 所示。

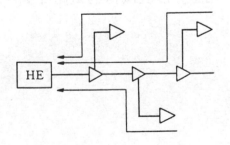

圖 **4.60**　從端末來的雜訊的混入

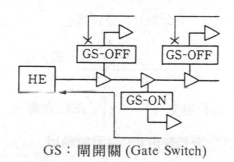

GS：閘開關 (Gate Switch)

圖 **4.61**　閘控制系統

4.4.4　分歧、分配器

　　分歧、分配器是將幹線來的信號分歧、分配至分歧線、分配線，或是自分配線將信號分配至多數的引入端子而使用者。特別是往訂戶的引入線被連接的分歧、分配器稱為分接器 (Tap Off)，依照此引入端子的總數表示設施的規模大致的標準。

1.　分歧器（又稱方向耦合器）

　　　　分歧器的種類有 1 分歧器、2 分歧器、4 分歧器、8 分歧器等種類，作為分接器 (tap off) 以 4 分歧器被使用得最多。

　　　　分歧器是將信號的一部份分歧而取出者，被輸入的高頻功率的大部份是出現在輸出端，只有一部份作為分歧輸出而取出者。故將信號作等分之分配者稱為**分配器**；分配信號的大小不同者稱為**分歧器**。在 4 分歧器信號的流向與損失的關係如圖 4.62 所示。

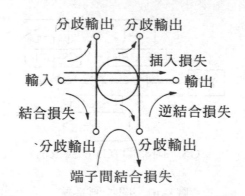

分歧輸出　分歧輸出

插入損失

輸入　　　　　　　　　　　輸出

結合損失　　　　　逆結合損失

分歧輸出　　分歧輸出

端子間結合損失

圖 4.62　4 分歧器的信號的流向與各損失

插入損失是將信號加到輸入端子時，它的輸入位準與輸出端子位準之間的差。

結合損失是將信號加到輸入端子時，它的輸入位準與一個分歧端子的輸出位準之間的差。

逆結合損失是將信號加到一個分歧端子時，它的輸入位準與輸出端子的輸出位準之差。

端子間結合損失是將信號加到一個分歧端子時，它的輸入位準與其他的一個分歧端子的輸出位準之間的差。

插入損失與結合損失之間有如圖 4.63 所示的相關性，結合損失變小時插入損失即變大。 4 分歧器的特性例如表 4.27，電路例如圖 4.64 所示。

分歧器是將信號分配至複數個分配線，為了對大多數的訂戶有平均一樣的信號，有必要作信號分歧，故結合損失的等級

(step) 有不同區分，亦即，靠近放大器的地方用結合損失較大者，愈靠端末使用結合損失較少者，結合損失有 2～4db 的等級區分者。

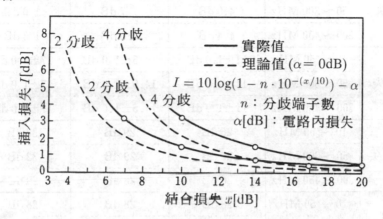

圖 **4.63** 結合損失與插入損失及其關係

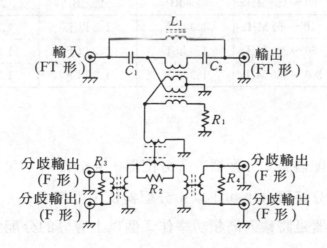

圖 **4.64** 4 分歧器的電路例

表 4.27 4 分歧器的特性例

項 目	頻 域	4 分 歧 器		
		11 dB	14 dB	17 dB
插入損失	10～ 50 MHz	3.7 dB	1.6 dB	0.9 dB
	50～300 MHz	4.0 dB	1.7 dB	1.0 dB
	300～450 MHz	4.4 dB	2.0 dB	1.3 dB
結合損失	10～ 50 MHz	11±1.0 dB	14.5±1.0 dB	17±1.0 dB
	50～300 MHz	11±1.0 dB	14.5±1.0 dB	17±1.0 dB
	300～450 MHz	11±1.0 dB	14.5±1.0 dB	17±1.0 dB
逆結合損失	10～ 50 MHz	26 dB	29 dB	32 dB
	50～300 MHz	26 dB	29 dB	32 dB
	300～450 MHz	26 dB	28 dB	29 dB
端子間 結合損失	10～ 50 MHz	28 dB	28 dB	28 dB
	50～300 MHz	28 dB	28 dB	28 dB
	300～450 MHz	25 dB	25 dB	25 dB
VSWR	10～ 50 MHz	1.3 以下	1.3 以下	1.3 以下
	50～300 MHz	1.3 以下	1,3 以下	1.3 以下
	300～450 MHz	1.3 以下	1.3 以下	1.3 以下

2. 分配器

在分配器有 2 分配器、3 分配器、4 分配器、8 分配器等種類，作為分接器 (tap-off) 以 4 分配器使用得最多。

分配器是將輸入高頻功率作 2 個以上等分的分配者。4 分配器的信號流向與各損失關係如圖 4.65 所示。

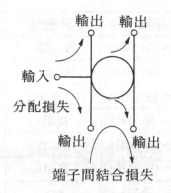

圖 **4.65**　4 分配器的信號的流向與各損失

　　分配損失是將信號加至輸入端時，取它的輸入位準與一個輸出端的輸出位準相比較其間的差稱之。

　　端子結合損失是將信號加至一個輸出端子，它的輸入位準與其他的一個輸出位準其間的差稱之。

　　分配損失 (L) 與分配端子數 (n)，其關係如次式所示。

$$L[\text{dB}] = 10 \log (1/n) - \alpha \qquad \alpha[\text{dB}]：電路內損失$$

　　在電路內損失 α 為零的理想場合，在 2 分配器為 3db，在 4 分配器為 6db，而實際上因為加上電路內損失（依構成分配器的電路元件及頻率而異），在 2 分配器為 4db 程度，在 4 分配器為 7～8db。分配器的特性例如表 4.28，電路例如圖 4.66 所示。

表 4.28　4 分配器的特性例

項目	頻域	2 分配器	4 分配器
分配損失	10～ 50 MHz	3.8 dB	7.2 dB
	50～300 MHz	3.8 dB	7.4 dB
	300～450 MHz	4.0 dB	8.0 dB
端子間結合損失	10～ 50 MHz	28 dB	28 dB
	50～300 MHz	28 dB	28 dB
	300～450 MHz	25 dB	25 dB
VSWR	10～ 50 MHz	1.3 以下	1.3 以下
	50～300 MHz	1.3 以下	1.3 以下
	300～450 MHz	1.3 以下	1.3 以下

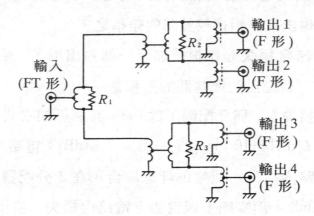

圖 4.66　4 分配器的電路例

3.　構造以及使用例

　　分歧、分配器是採用鋁模鑄製 (aluminum die-cast) 的罩框 (housing)，可作為補助索 (messenger wire) 吊掛的構造，為了防止電波的洩漏或混入，採用電磁隔離機構與防水構造。接頭

(connector) 接合部，在配線側是採用 FT 形接頭，在引入線側
是 NF 形接頭適合之插座 (receptable)。分歧、分配器的外觀如
圖 4.67 所示。

圖 **4.67**　分歧、分配器的外觀

　　在分配線由於使用延伸放大器 (EA) 如圖 4.68 所示，在分歧
器的輸入－輸出間是採用電流通過形者。此場合是分歧器的輸入
－輸出間插入通電用抗流圈 (choke coil)。另外，電流通過形的場
合，若流過規格值以上的過大電流則由於磁飽和變成調變障礙產
生的原因必須要注意。

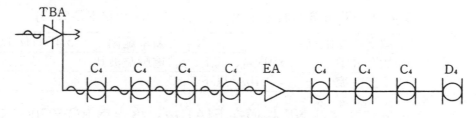

圖 **4.68**　分接器 (Tap Off) 的使用例

4.4.5　接頭 (connector)

　　接頭是機器與電纜連接時重要的元件,在有線電視架設的傳送路被使用接頭有同軸電纜用接頭與光纖用接頭。

1.　同軸電纜用接頭

　　在同軸電纜用接頭,有屋外用具有防水構造的 FT 形接頭與 NF 形接頭。 FT 形接頭是使用於幹線系, NF 形接頭是使用於分接 (Tap Off) 輸出以後的引入線。

(1)　FT 形接頭　　FT 形接頭是在 EIAJ 被規格化為 RC-5222(C14 形接頭)。 FT 形接頭利用同軸電纜供電或者利用電源重疊令機器動作,額定電壓在 AC350V 以下,額定電流在 10A 以下。 FT 形接頭的外觀如圖 4.69 所示,主要的規格如表 4.29 所示。

圖 4.69　FT 形接頭

表 4.29　FT 形接頭的主要規格 (摘自 EIAJ 規格 RC-5222)

①額定特性阻抗	75Ω	④頻率範圍	550MHz 以下
②額定電壓	$350V_{rms}$ 以下	⑤電壓駐波比	1.2 以下
③額定電流	10A 以下		

(2)　NF 形接頭　　NF 接頭在 EIAJ 被規格化為 RC-5220(C 12 形接頭),額定電壓在 AC 150V 以下,額定電流在 1A 以下。 NF 形接頭的外觀如圖 4.70,主要規格如表 4.30 所示。

圖 4.70　NF 形接頭

表 4.30　NF 形接頭的主要規格 (摘自 EIAJ 規格 RC-5220)

①額定特性阻抗	75Ω	④頻率範圍	890MHz 以下
②額定電壓	150V$_{rms}$ 以下	⑤電壓駐波比	1.2 以下
③額定電流	1A 以下		

(3)　同軸電纜用接頭使用上的注意事項　　在有線電視架設，因也有使用 900VA (60V, 7.5ΛXz) 的電源裝置，故不要超過接頭的額定電流，因有指定適合電纜的用品，故需確認使用的是適合品，且利用專用工具作正確施工。若施工情況不良則由於電波的洩漏，混入不僅障礙產生，而且在電源供給電線的場合也會有不知不覺電波中斷的事故發生。

2.　光纖用接頭

有關光纖用接頭並不是屋外用的防水構造者，在屋外用機器在它的內部是利用接著或融接的連接方式。光纖用接頭有 FC 形接頭及 SC 形接頭，有關構造是由 JIS 來規定。

(1)　FC 形接頭　　FC 形接頭是以 JIS C5970 單心光纖接頭 (FO 1 形) 爲依據，利用金屬環 (ferrule) 構造變成螺絲締結構造。FC 形接頭的外觀如圖 4.71 所示。

圖 4.71　FC 形接頭

(2)　SC 形接頭　　SC 形接頭是以 JIS C5973 單心光纖接頭 (FO 4 形) 爲依據,是滑動上鎖 (Slide lock) 構造的推開前進 (push on) 形締結構造。SC 形接頭的外觀如圖 4.72 所示。

圖 4.72　SC 形接頭

(3)　光纖用接頭使用上的注意事項　　因光纖用接頭的施工比同軸接頭還要困難,故通常將單端附電纜的光接頭以融著連接。在光纖的前端加工有直角研磨,球面研磨,傾斜研磨等種類,由於反射損失,連接損失等有差異,故有必要依使用目的來配合選擇。

4.4.6　保安器 (Surge Arrester)

保安器由有線電視通信法規定設置在有線電視設施與屋內設備的連接點上，變成有線電視設施與屋內設備的範圍界線（法律上的責任分界點）。

保安器通常安裝於屋簷或是壁面，它主要是作爲
1. 在設施本身使用時防止供電用電源侵入自宅內。
2. 阻止由於落雷而產生的湧浪 (surge) 電壓的侵入。
3. 阻止從自宅內的電源漏電。

等用途。

保安器爲了設置於屋外，它的機殼 (chasis) 是金屬性的防雨構造。

輸出側的外部導體有利用電容器作爲直流的絕緣者與沒有利用電容器者 2 種類。

接地端子一定要符合第 3 種接地工程 (100 Ω 以下) 否則不行。

至於電路構成有使用避雷器 (arrester) 者與保險絲 (fuse) 方式，還有將此二式併用者共 3 種類。

保安器的外觀如圖 4.73，使用避雷器方式的電路構成例如圖 4.74，特性例如表 4.31 所示。

使用頻率範圍大半是 10MHz 以上的頻域來傳送的，特別是雙方向有線電視設施用者，爲了防止從端末的干擾波的混入，混合雜音進入，就有內建 10～ 30MHz 或是 10～ 50MHz 的阻止濾波器。

圖 4.73 保安器

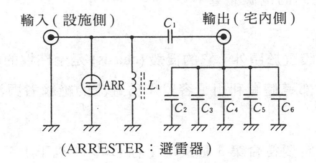

(ARRESTER：避雷器)

圖 4.74 保安器的電路構成例 (避雷器方式)

表 4.31 保安器的特性例

項　　　目	頻率域	特　　　性
插入損失	10 ~ 450MHz	0.5dB 以下
VSWR	10 ~ 450MHz	1.5 以下

4.4.7 幹線放大器用電源供給器

1. 概要

　　幹線放大器用的電源供應器被稱為 PS(power supply)。通常將 110V 的商用電源降壓爲 60V 或 30V，通過同軸電纜，供電給幹線放大器。在商用電源異常時根據供電備用的有無，大致分成具有蓄電池的不斷電形與通常的變壓器 (Transformer) 形。不斷電的場合，在商用電源異常時，會自動地在一定時間內，切換爲利用蓄電池的供電。容量有從 90VA 至 900VA 等數種類，使用上根據幹線放大器的數量等來選擇供電。

表 4.32 所示是幹線放大器用的電源供應器的規格例。

表 **4.32**　幹線放大器用電源供應器規格例

項　目		規　格	備　考
額定負載		900VA (450VA 2 輸出)	
商用輸入時	輸入電壓	AC110V ±10%	
	輸入電流	AC20A 以下	
	輸出電壓	AC60V ±5%	
	輸出電流	AC7.5A 2 輸出	
	輸入頻率	60Hz	
停電時	輸入功率範圍	DC82V~102V	電池電壓
	輸出電壓	AC60V +10% − 5%	
	頻率	60Hz±2 Hz	
	保持時間	約 2 小時	25℃
充電時	方　式	依據定電壓定電流浮動充電	
	充電電壓	DC109V ± 3V	
	充電電流	DC1.2A ± 0.2A	最大時

2.　動作說明

⑴　通常運轉時　　圖 4.75 所示，接受商用電源以變壓器降壓供電給負載。不斷電形的場合，蓄電池平常被充電，準備在商用

電源異常時（停電、電壓下降）使用。

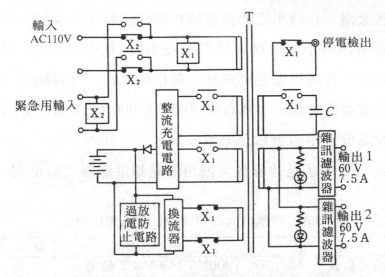

圖 4.75　幹線放大器用電源供應器電路例

⑵　商用電源異常時（停電、電壓下降）　　不斷電形的場合，當
　　商用電源發生異常時，瞬時地利用蓄電池往換流器 (Inventer)
　　供給直流。此直流是用換流器變換為交流，進一步以變壓器降
　　壓供電給負載。當商用電源恢復時，自動地切換為通常運轉的
　　動作。另外，異常時間太長蓄電池電壓降低達到過放電保護電
　　壓場合，為了保護蓄電池起見而停止換流器的運轉。此場合與
　　商用電源恢復舊態一樣自動地返回通常運轉狀態。

⑶　緊急輸入時　　在商用電源的異常達很長時間場合，由外部將
　　AC110V 連接至緊急用輸入端，自動地將輸入切換，以變壓器
　　降壓可以供電給負載。

3.　注意事項

　　CATV 幹線放大器用 PS 架設，得依「電力配電設施設置標準規則」設置，其架空纜線舖設，需依「架空電信及供電線路平行交叉共架規則」之規定辦理．

4.4.8　光傳送機器

　　由於有線電視網路 (Cable TV Network) 的寬頻化以及傳送品質的提昇要求，利用具有低損失，寬頻帶特長的光纖 (optical fiber)，作為幹線傳送為中心的使用例已逐漸增加。現存被實用化的光傳送方式，是將光的強度依照信號而變化之強度調變方式，而將光波本體的頻率或相位加以調變之同調 (coherent) 通信方式，目前正在研究開發階段，另外被使用之光波長，從發光 / 受光元件的材料以及光纖的傳送損失，分散特性來看，一般是在 $1.3\mu m$ 的波段。

1.　發光 / 受光元件

　　被利用於光通信之發光元件，大致分為發光二極體 (light emitting diode: LED) 與雷射二極體 (laser diode: LD)。LED 是價格便宜，另一方面不適合 SM (single model: 單模) 光纖，長距離寬頻帶傳送並不適合，故在影像傳送除了以基頻 DIM (direct intensity medulation) 方式以外幾乎不被使用。LD 從來就以 FP (Fabry-Perot) 形被使用。由於近年來的技術進步，在雜音上遠比 FP 形低，直線性優越的 DFB(distributed feedback) 形被實用化。特別是必需高速（寬頻帶）傳送，在有線電視用的光影像傳送系統被廣爲使用。

作爲受光元件，有光二極體 (photo diode: PD) 與雪崩光二極體 (avalanche photo diode: APD) 。APD 是具有自己倍增效果、高感度的特長，但在強光進入時 SN 比，較 PD 爲劣，高偏壓 (bias) 與必須對此電壓的精緻控制，電路構成頗爲複雜是它的缺點 (demerit)，兩者根據各方式的適宜情形被分開使用。

2. 光影像傳送機器

利用光纖作影像傳送方式之中，在有線電視因爲要求多頻道多工傳送，被使用的傳送方式大約僅限於在表 4.33 的下側 3 方式，現在就以此 3 方式來作說明。

⑴ 光 PCM 傳送裝置 將基頻 (Base Band) 的影像、聲音信號，以原信號頻域的 2 倍以上頻率來取樣 (sample)，將各個取樣點的信號位準以 2 進制表示，將此作爲數位信號的傳送方式，在通常的 NTSC 信號，以 $10 \sim 14$MHz $(3 f_{sc} \sim 4 f_{sc})$ 的周期來取樣，以 8 位元 (bit)$(2^8 = 256$ 階層）程度爲量子化是一般的作法。此聲音以及傳送上的控制信號等作多工化則每一頻道所要傳送速度約爲 $100 \sim 150$Mb/s。多頻道化是以時間分割多工 (TDM) 方式將原信號當作串列資料 (serial data) 來傳送。利用這樣即不受干涉等影響，可以將複數的頻道作多工化傳送。

舉列來說 12 ch 傳送用 1.2Gb/s 光 PCM 傳送裝置的構成以及外觀如圖 4.76、圖 4.77 所示，還有規格如表 4.34 所示。

表 **4.33**　現在的各種光影像傳送方式

方式	調變方式概要		
	輸入信號	預調變	光調變
光 DIM (直接強 度調變)	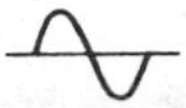 基頻信號		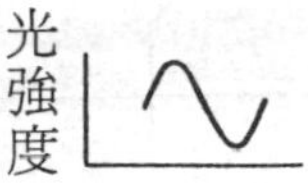 光強度
光 PFM	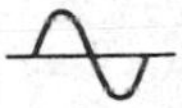 基頻信號	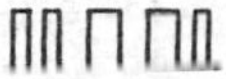	
光 PCM [1]	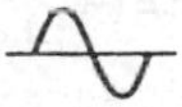 基頻信號	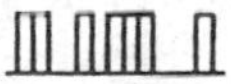	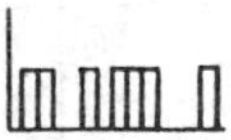
光 F M	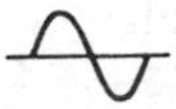 基頻信號	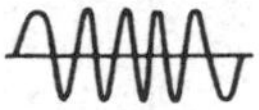	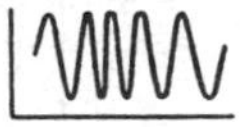
光 VSB-AM	 R F 信號		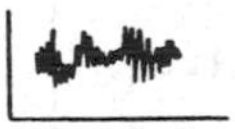

* 多工是根據光波長多工除去多工化。

1) 數位中繼可能

表 4.33 （續）

方式	一般的使用 發光受光元件	使用 光纖	信號多工化方式* 多工化可能影像數	一般的可能 傳送距離	主要適用 範　　圍
光 DIM (直接強 度調變)	LED/PD	GI	不可	～10 km	短距離 ITV
光 PFM	LD/PD (APD)	SM	不可	～30 km	長距離 ITV
光 PCM[1]	LD/PD (APD)	SM	TDM ～24 ch 程度	～30 km	有線電視 主幹線 監視TV
光 F M	LD/PD (APD)	SM	FDM 數十 ch	～30 km	有線電視 主幹線 監視TV
光 VSB-AM	LD/PD	SM	FDM 數十 ch	～20 km	有線電視 幹線 監視TV

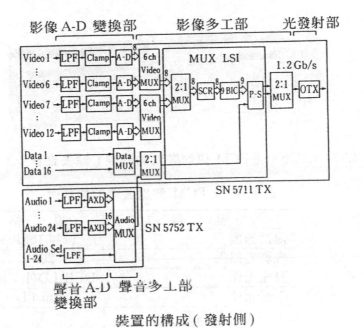

裝置的構成（發射側）

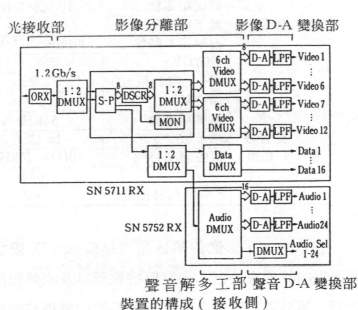

裝置的構成（接收側）

圖 **4.76**　1.2Gb/s 光 PCM 傳送裝置的構成例

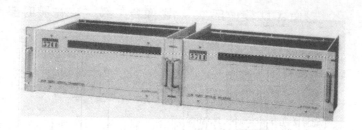

圖 **4.77**　1.2Gb/s 光 PCM 傳送裝置的外觀 (除去聲音多工分離部)

表 **4.34**　光 PCM 傳送裝置的規格例

項　　　目		規　　　格
傳送速度		1244.16Mb/s
容許光損失		20dB
發光元件		DFB-LD(1.3 μm)
受光元件		pin-PD
影像系	頻道數	12
	取樣頻率數	10.368MHz
	量子數	8 位元
	振幅頻率特性	20Hz～ 4.2MHz
	DG/DP	< 3% /<3°
	SNR(無評價值)	> 50dB
聲音系 (基頻)	頻道數	24
	取樣頻率數	54KHz
	量子數	16 位元
	振幅頻率特性	40Hz～ 20kHz
	失真率	<0.3%
	SNR(無評價值)	> 60dB

　　在本方式，影像的傳送品質是依 A－ D 變換器，D－ A 變換器的特性來決定，光發射接收部以及光傳送損失幾乎毫無影響，另外因為數位中繼或分配系統的構築較容易，最適合於頭端 (head end) 間或中心 (center) 間的傳送。另外，在最近利

用影像信號的冗長性作頻寬壓縮技術的研究開發正熱烈地進行中，在將來以小的傳送容量將多頻道的影像信號作多工化傳送將是可能的事。

⑵ 　光 FM 傳送方式　　將基頻的影像聲音信號以 FM 來傳送的方式。多工化是以頻率多工 (FDM) 方式來進行，傳送是利用寬頻的光類比發射接收機來進行。因為每 1 頻道需要 30MHz 程度的傳送頻寬，與 AM 方式比較在頻域上的效率較差。可是因為所要 CN 比較低，可以確保某程度的頻道數（在 1.2GHz 頻寬有 30 ch 程度）與良好的基頻特性。

　　再者，隨著 FM 方式的 BS 調諧器等的普及，可以期待將來 FM 用家庭端末的低廉化，還有與光 AM 方式比較由於光傳送損失等較有利，故利用光 FM 方式作分配形光有線電視系統也正在實現。

⑶ 　光 VSB-AM 傳送方式　　光 VSB-AM 傳送方式是利用通常的同軸電纜電視網，將被傳送信號（把已 VSB-AM 調變之電視信號作頻率多工後之信號），以 LD 直接作強度調變的光傳送方式。可能是數十頻道的多工傳送，而為了每頻道的調變度變淺，特別要求發光元件是特級品，DFB-LD 的實用化同時導入為一般化已來臨。本方式是與既存的同軸電纜電視系統有較優良的親和性，另外機器構成比較單純而可以小形化，與同軸放大器一樣其構成也有可能是補助索 (messenger) 吊架形；故廣被適用於既存系統的擴張，或從接收點至中心的信號傳送等

。圖 4.78 是機架置放型 (rack mount type)，補助索吊架型的外觀，圖 4.79 所示是光發射部的內部構成例。另外表 4.35 所示是規格的一例。

(a) 機架置放型

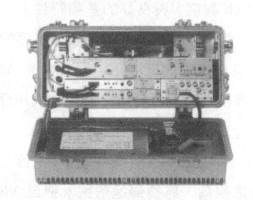

(b) 補助索吊架型

圖 **4.78** 光 VSB-AM 傳送裝置的外觀

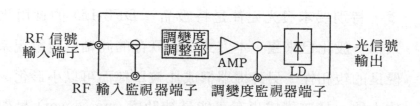

圖 **4.79** 光 AM 發射的內部構成例

表 **4.35**　光 VSB-AM 傳送裝置的規格例

項　　目		規　　格
傳送頻域（下行用）		50 ~ 450MHz
發光元件		DFB-LD(1.3 μm)
受光元件		pin-PD
RF 輸出入位準		85 + 5dB$_\mu$V
傳送特性	光發射接收間位準差 7.5dB	CNR	51 dB 以上
	影像信號	CSO	− 60 dB 以下
	40 ch 傳送時	CTB	− 65 dB 以下
		XM	− 60 dB 以下

　　表 4.35 是 40 ch 多工傳送時的特性規格，而作爲參考例子，由於頻道數的增減因而使失眞量爲固定，來調整調變的場合，光發射接收間位準差與 CN 比的關係如圖 4.80 所示。

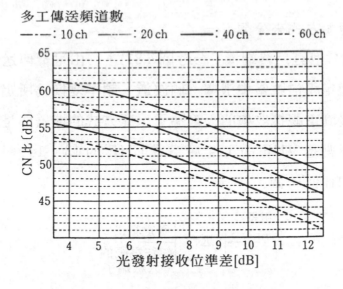

圖 **4.80**　光 VSB-AM 傳送裝置的特性例

（固定在 CSO＝ − 60dB，CTB＝ − 65dB，XM＝ − 60dB）

4.5　端末設備

4.5.1　訂戶終端機 (home terminal)

　　訂戶終端機是安裝在於訂戶住宅內，將電纜線傳送來的多頻道電視信號變換爲電視機可以接收的機器，也稱爲有線電視變頻器 (Cable TV Converter)。訂戶終端機是決定最終的接收畫質的重要機器。另外它實際上變成爲訂戶的手可以接觸得到的" 有線電視顏面"。因此在性能上當然是與家庭電氣製品同樣地設計 (design)，達到使用的方便性，安全性，所有觀點的設計都要考慮到。

1.　訂戶終端機的種類

　⑴　依變換方式來分類

　　　①　RF 型訂戶終端機 (參考圖 4.81)　　由電纜傳送進來的多頻道電視信號當中選擇一個波道，頻率變換爲所定的頻道才連接到電視接收機的天線端子，此方式的機器即是。輸出頻道通常是 VHF 的 3, 4 頻道或 UHF 的 13，14，15 頻道之中的任何一個。

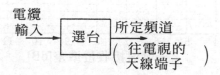

圖 4.81　RF 型訂戶終端機

② 基頻型 (base band type) 訂戶終端機 (參考圖 4.82) 　　同樣地選擇一個波道後,將中頻信號解調成影像及聲音信號才連接到電視接收機的 AV 端子,此方式的機器即是。

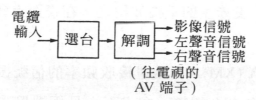

電纜輸入 → 選台 → 解調 → 影像信號 / 左聲音信號 / 右聲音信號 (往電視的 AV 端子)

圖 **4.82**　基頻型訂戶終端機

(2) 依中心系 (center) 有無關係的通信方式來分類。

① 標準型 (standard type) 訂戶終端機 　不依靠中心系的通信機能,僅靠訂戶操作者。

② 1 路 (one way) 定址化 (addressable) 訂戶終端機 　接受中心系來的控制信號,依此信號被控制的方式者。

③ 2 路 (two way) 定址化訂戶終端機 　中心系與訂戶終端機可以互相作訊息往來者。

2. 訂戶終端機的基本性能

訂戶終端機不論何種類型都被接在電視機或 VTR 的前級,訂戶終端機的基本性能是將它們組合對總合畫質有很大影響。以下是舉出訂戶終端機的基本性能中特別重要的幾項。

(1) 載波的位準 　訂戶終端機接收時載波的信號強度是範圍較廣者較好。

(2) CN 比或 SN 比 　RF 型訂戶終端機的場合是輸出頻道的載

波位準與雜音位準的有效值之差稱之。另外有關基頻型是影像信號與雜音位準之差稱之，它們是越大性態愈好。

(3) 交互調變失真 (1M2)　　複數的接收頻率相互間，主要由於電路的 2 次失真產生的干擾波稱之。在畫面上會出現規則的向下傾斜條紋。

(4) 串調變失真 (XM)　　希望接收頻率的信號振幅被其他頻率的信號振幅作 AM 調變，在畫面上是極端嚴重失真的場合，別的頻道的畫像會有稀薄的顯現。

(5) 反射波位準　　在輸入或輸出端由於阻抗不匹配而產生駐波的情況稱之，通常以回射 (return) 損失來表示。在回射損失標記場合是愈大表示反射波愈小。

表 4.36 所示摘自日本電子機械工業會 CATV 技術委員會的總合性能目標值，包含以上所列項目提供作為參考。訂戶終端機的基本性能若能滿足該表中目前目標值者就是優良品。

3. 1 WAY 定址化訂戶終端機

(1) 功能　　1 way (單向) 定址化訂戶終端機是接收中心系傳送過來的種種控制資料 (data)，能夠實現各種的功能。各訂戶終端機有固定的位址號碼 (address number)，此位址每個皆由中心側控制。

表 4.36　訂戶終端機參考標準性能值

項　　　　目			目前目標值	將來目標值	備　　考
載波的位準		[dBμV]	70(60～80)	70(60～80)	輸入容許值
頻道間位準	鄰　　接	[dB]	3	3	輸入容許值
	其　　他	[dB]	6	6	輸入容許值
Ｖ Ａ 比		[dB]	−13(−8～−15)	−13(−8～15)	輸入容許值
頻道內振幅 頻率特性	Ｒ Ｆ 輸 出	[dB]	±1.5	±1.0	−0.5～+4.5MHz
	Ｂ Ｂ 輸 出	[dB]	±2.0	±1.5	0.05～3.58MHz
Ｃ Ｎ 比	Ｒ Ｆ 輸 出	[dB]	56	58	
	Ｂ Ｂ 輸 出	[dB]	45(SN 比)	47(SN 比)	
Ｉ Ｍ 2		[dB]	−56	−60	
Ｘ Ｍ		[dB]	−53	−55	
Ｈ Ｍ (50/60 Hz)	Ｒ Ｆ 輸 出	[dB]	−55	−55	
	Ｂ Ｂ 輸 出	[dB]	*	*	
Ｃ Ｔ Ｂ		[dB]	−56	−60	
反射波位準	Ｒ Ｆ 輸 出	[dB]	輸入6 輸出10	輸入6 輸出10	以反射損失表現
	Ｂ Ｂ 輸 出	[dB]	輸入6　−	輸入6　−	
位準安定度	長 時 間	[JD]	3	2	24小時
	短 時 間	[dB]	2	2	1分鐘
頻道內 群延遲	Ｒ Ｆ 輸 出	[ns]	±30	+30	
	Ｂ Ｂ 輸 出	[ns]	±100	±100	
DG，DP	Ｒ Ｆ 輸 出		−	−	
	Ｂ Ｂ 輸 出		10% 10°	7% 7°	
920 kHz 差頻		[dB]	* −50	* −50	
圖場時間波形失真		[%]	* 5	* 3	
掃描線時間波形失真		[%]	* 10	* 5	
短時間波形失真		(K_p)	* 5	* 3	
色度/亮度延遲		[ns]	* 50	* 20	
聲音SN比	主	[dB]	40	40	
	副	[dB]	35	35	
信號對蜂 音比	主	[dB]	35	40	
	副	[dB]	29	34	
聲音蜂音拍差		[dB]	副 35	副 40	
立體分離度		[dB]	26	30	
聲音失真率	主	[dB]	1	1	
	副	[dB]	5	1	

* 記號是審議中的。

① **頻道授權 (channel authorize)**　在一般都市形有線電視所實施的收費廣播服務，依照訂戶的希望根據中心系來的控制資訊能夠許可或禁止訂戶終端機對收費頻道的收看。收費頻道是使非契約者不能收看而對影像加上擾碼 (scramble) 才送出。

② **擾頻解碼 (descramble)**　在上記收費頻道，當有接收契約者收到來自中心系的頻道授權之控制資訊時，在此時刻鎖碼被解除而准許收看。訂戶終端機將此動作稱為擾頻解碼。一般的擾頻是將同步信號壓縮，在擾頻解碼時是將正規的同步信號給予再生之方式，而此種方法可以考慮各式各樣的變化 (variation) 以防止盜看。

③ **告知機能**　從中心側可以對特定或全部的訂戶終端機告知或傳送緊急廣播。此場合一面令警鈴 (buzzer) 鳴叫，一面令頻道表示燈閃爍以促使訂戶注意，傳送此特定的廣播稱為告知機能。

④ **父母 (parental) 控制功能**　對未成年者有害的廣播，在通常狀態下使它無法收看，而利用預先由遙控器輸入分配的暗碼，使該廣播不能收看的機能稱之。密碼可以想辦法由遙控或中心系的控制資訊予以變更。

⑵ **電路構成以及外觀**　1 WAY 定址化訂戶終端機的電路構成例如圖 4.83 所示。

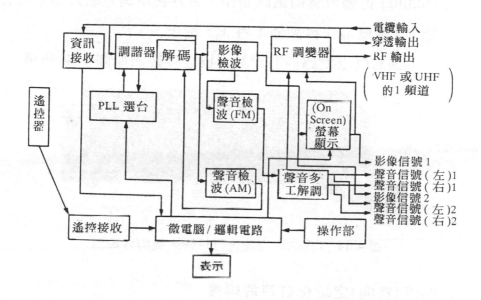

圖 **4.83**　1 WAY 定址化訂戶終端機電路構成

　　訂戶終端機的操作是以遙控器或本體的操作部來進行，微電腦／邏輯電路是依操作的內容（選台、音量調節除外）來決定全體的動作。另外從中心系的控制資訊是在資訊接收部變換成邏輯信號以後才送至微電腦作規定的處理。另一方面，由電纜輸入的多頻道電波是依照調諧器與 PLL 選台電路選擇到所希望頻道之選台後，利用影像檢波電路得到影像信號，還有利用聲音檢波 (FM) 以及聲音多工解調電路得到聲音信號。在本構成例是可以將 2 系統的影像，聲音信號輸出，而 1 系統是利用螢幕顯示 (on screen) 電路可以在畫面上疊加文字。圖中聲音檢波電路 (AM) 是擾頻解碼 (descramble) 時抽出必要的時序

(timing) 信號令解碼電路動作。另外在本例也將影像，聲音以及 RF 調變器作再調變才將 RF 輸出。

裝有以上電路的訂戶終端機之外觀例如圖 4.84 所示。

圖 4.84　1 WAY 定址化訂戶終端機的外觀圖

4.　2 WAY (雙向)定址化訂戶終端機

此方式的訂戶終端機是與中心系之間可以將資料相互地傳送，可以實現更多樣化的服務。例如收視率調查，訂戶意見收集等是由中心側利用輪詢式 (polling) 呼叫技術（順次點名呼叫每一終端機的方法）以把握每一終端機的狀態或是要求。另外如論片付費 (pay per view)，電視購物 (TV shopping) 等服務也是利用此技術。2 WAY 的場合，上行與下行需要有控制信號，通常將 10～35MHz 帶分配爲上行信號。另外在訂戶終端機需要有上行信號傳送用的發送部，在一般是利用 PSK(相位偏移調變：phase shift keying) 或是 FSK(頻率偏移調變： Frequency shift keying) 技術。

大規模 2 WAY 系統的技術困難點是在於將全部訂戶住宅來

的上行線相通而積集合流雜音的問題，變成系統設計上的一大課題。

5. **PCM 接收機**

數位音響 (Digital Audio) 代表的調變方式是 PCM (pulse-code modulation) 方式，利用 PCM 的接收機已開始普及。PCM 接收機與電視機相同地有 6MHz 頻帶，可以接收 4 頻道者已商品化而期待能普及。表 4.37 所示是代表的 PCM 接收機的方式諸元。

表 **4.37**　PCM 接收機諸元（例）

多工方式		以 FDM 方式作頻道多工
所要頻寬		以 4 頻道 6MHz
調變方式		4 相 DPSK
位元率 (bit rate)		2.048 Mb/s
每 1 頻道的	A 模式	立體音 2，單音 4
可能節目	B 模式	立體音 1，單音 2

4.5.2　室內分配系統與機器

1. **室內分配系統**

⑴　分配器　　在室內的分配是使用分配器，需要特別考慮電纜等的特性。分配器主要注意的是分配損失，遮蔽等項目。

分配損失一般在 2 分配時約有 4db 的損失。另外為了防止外部來的不要電波的飛入，使用金屬遮蔽較好。

⑵　電纜　　室內配線是使用同軸電纜，而其長度若超越 10 米 (m) 其衰減量就不能忽視。根據電纜的種類，頻率不同其衰減量並

不相同，大約考慮每 10m 有 2db 程度的衰減即可。另外在直接波較強的地區爲了避免直接波干擾，理想的方法是採用鋁箔處理的 5C-FB 型等電纜。

(3)　在室內配線的位準設計　　假定從保安器至訂戶終端機的同軸電纜長度爲 20m，在途中 1 個地方配置分配器爲典型例子，來考慮上記的說明，總共約產生 8db 的損失。若訂戶終端機的容許輸入爲 60～ 80dbμV，則保安器最低也要有 68dbμV 的位準。保安器輸出若不能滿足此需要或分配數更多的場合就需要所用室內放大器 (Booster) 等來加以補償。圖 4.85 所示是室內的系統圖例子。

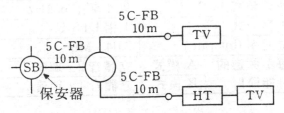

條件
　　2 分配器：分配損失 4dB
　　電纜：電纜損失 4dB/20m
　　至 HT 的位準降低 8dB

圖 4.85　室內的系統圖 (2 分配系統的例子)

2.　室內機器連接例

室內機器不用說就是電視，其它代表性機器還有 VTR，FM 調諧器，PCM 接收機等。FM 調諧器，PCM 接收機是訂戶終端機的貫穿 (through) 端子所連接的普通機器，若沒有的場合就

需要將電纜輸入作 2 分配。在本書有關訂戶終端機與電視機，

VTR 的連接例如圖 4.86 以及圖 4.87 的解說。

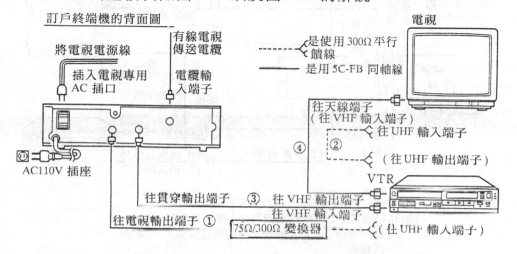

＊ 在本連接是設定於內部節目錄影的實施側

[例 1] 以連線①②（訂戶終端機輸出）作自主廣播 (13～60ch)
　　　　的收視時，以連線③（貫穿輸出）作再傳送廣播
　　　　(1～12ch) 的錄影。

[例 2] 以連線③④（貫穿輸出）作再傳送廣播 (1～12ch) 收視
　　　　時以連線①（訂戶終端機輸出）作自主廣播的錄影。

圖 **4.86**　訂戶終端機與電視、VTR 的連接例 (RF 型)
本連接是 AV 端子為 1 系統某電視機連接場合的例子
　　… 是表示 AV 連接，使用 AV 線。
　　── 是表示同軸連接，使用 5C-FB。

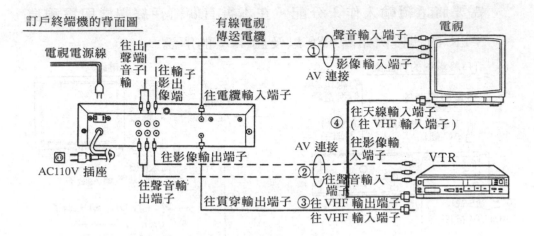

* 在本連接是於內部節目錄影的實施側
[例1] 以連線① (訂戶終端機輸出) 收視自主廣播 (13～ 60ch)
　　　時以連線③ (貫穿輸出) 作再傳送廣播 (1～ 12ch)
　　　的錄影。
[例2] 以連線③④ (貫穿輸出) 作再傳送廣播 (1～ 12ch) 的收
　　　視時以連線② (訂戶終端機輸出) 作自主廣播 (13～
　　　60ch) 的錄影。

圖 **4.87** 訂戶終端機與電視，VTR 的連接例 (基頻型)

4.5.3 有線電視與集合住宅的連接

1. 集合住宅的分配系統

　　集合住宅的分配系統是以從來的大樓共同接收 (或是共同收
視) 為設施，在建物的屋頂上設置共同的接收天線，將此信號加
以放大後分配至各住戶以形成一個獨立接收系統。

　　當初的分配方式是每次設計都採用配合建物的幹線分歧方式
，從 1960 年代初期配合建物的標準化而盛行採用串列組件 (unit)

方式，串列組件在集合住宅猶如分配系統的代名詞被一般化了。

傳送頻率範圍當初是在電視廣播的 VHF 帶，隨後策劃與 UHF 廣播併用之 V－U 共同化，進一步在目前為了因應衛星廣播，對於能夠傳送 BS-IF 帶的設施也開始被設置。

2.　有線電視其連接上的問題點

⑴　放大器的傳送頻帶　　集合住宅的分配系統所使用之分歧、分配器以及串列組件等的被動機器，有可能作為廣播頻帶外的中頻帶 (MID BAND) 或超高頻 (SUPER HIGH BAND) 的傳送，伹放大器在一般都使用電視廣播專用者。因此在與有線電視連接上，就必需要更換為包含中頻帶和超高頻帶的涵蓋有線電視全頻域之放大器。

⑵　對大樓內放大器的串接而失真惡化　　從頭端至集合住宅為止，幹線放大器以及其他各級串接 (cascade) 的放大器，由於放大器失真而使傳送信號品質惡化。

　　　將這些相加，在集合住宅內因為使用之室內放大器失真是相加，而使總合系統性能更加惡化。

　　　因為這樣每當使用室內放大器，就運用不易產生失真方式將輸出位準設定在比規定值還低數 db 程度，在端末位準不足場合，才考慮增設放大器。另外在大形的集合住宅也有連接至幹線分配放大器 (TDA) 的分配端子 (DA) 之情形。

⑶　在強電場地域之飛入對策　　因為同軸電纜內的傳送速度比空

間傳送速度還要慢，若有直接波飛入時，在主畫像的左側會產生鬼影，通常稱此為**前鬼影**。

　　對策是將檢知界限 DU 比 (Desired-Undesired ratio) 設定於 35db 以上，將電視輸入信號提高位準 (Level-Up)，將輸入端子使用遮蔽用的 " 飛入防止器 " 方法。另外在後面敘述的，每棟大樓獨自設置接收天線，若將電視再傳送的系統與有線電視分離，則直接波與它的時間差就變小，若有 25db 程度之 DU 比就能有良好的接收。尚且，對應於多頻道之訂戶終端機，一般由於隔離 (shield) 特性良好而不易受影響。

　　在有廣播電波的地區內傳送自主廣播時，會發生同一頻道差頻障礙。在此場合的檢知界限 DU 比，就大約需要 55db，在系統的規畫時刻就需要特別注意。

(4)　串列組件的隔離特性　　串列組件是將同軸電纜連接至輸入、輸出端子時，以歐姆帶 (Ohm bend) 將外導體固定，中心導體是以螺絲固定方式。因為如此在強電場地區的飛入干擾或合流雜音，或是電波洩漏的原因也要考慮到。

(5)　混合雜音的考慮　　在雙方向傳送的混合雜音是傳送路的接頭部的不完全連接，或訂戶的室內配線或機器的異常原因等場合較多。

　　訂戶住宅的場合是室內的設備簡化 (simple) 管理較容易，而在集合住宅大樓內的配線引入管理較困難。因此在現況下，以保安器為分界，集合住宅的當中是設置下行專用的系統作為

有關混合雜音的對策。在將來的技術開發，可以將集合住宅當
作一個方塊 (Block) 來管理，希望保安器的部份具有此機能。

3. 有線電視的連接例

作爲連接例現在以串列組件方式最多，如圖 4.88 所示。在此
例是在 11 層建築，各住戶內設計電視端子 2 個。另外，在大樓
內使用放大器是以室內分配放大器的 2 級串接而成。

其次將電視再傳送的信號與有線電視的信號，以分別的電纜
分開來傳送 2 系統方式的例子，如圖 4.89 所示。

此場合是以幹線分歧方式爲基本，因將幹線連通至管軸 (pipe
shift)，故電視再傳送的系統與有線電視的系統分開設置，而可以
將有線電視的加入、非加入的物理上區別以軸空間 (shift space)
來進行。另一方面，因爲再傳送的信號是獨自設置接收天線，故
有減少由於直接波產生的前鬼影障礙之優點 (merit)。

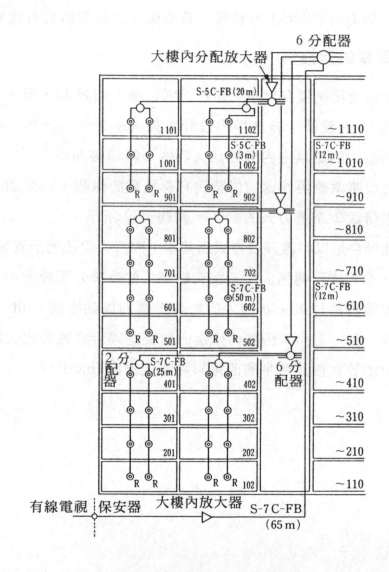

圖 4.88 串列組件方式的連接例

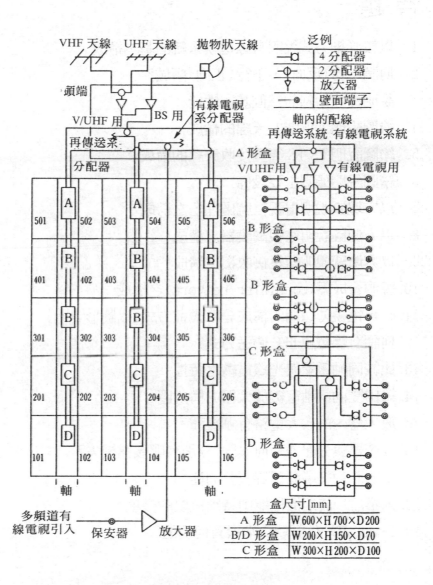

圖 **4.89**　2 系統方式的連接例

習 題

1. 以較詳細方式說明有線電視系統的基本構成

2. 何謂上行(反向)，下行(正向)頻域?

3. 說明接收天線的三個基本性能

4. 繪圖說明 VHF/UHF 天線的構成

5. 繪圖說明 CS/BS 衛星接收天線的構成

6. 繪圖說明頭端主要設備

7. 以方塊圖說明電視信號處理器之構成

8. 以方塊圖說明電視調變器之構成

9. 以方塊圖說明衛星接收機之構成

10. 說明合成器(combining network)之構成

11. 有線電視傳送網的構成分哪幾種方式(以圖形說明)

12. 何謂有線電視 HFC 傳送方式?

13. 比較同軸電纜與光纖電纜之特性

14. 繪出雙向同軸電纜放大器的構成圖

15. 放大器內的放大電路有哪幾種

16. 分歧器與分配器有何異同?分別有哪幾種損失?

17. 說明訂戶終端機(選台器)的種類

18. 列舉訂戶終端機性能中特別重要的幾項

19. 1-way 定址化訂戶終端機有何功能?

第五章

有線電視系統
的性能與信號
品質

5.1　性能基準

5.1.1　基準的必要性

　　有線電視是電視電波無法達到的地區而設立，當然，對於因建築物而變成接收障礙地區的人們而言，無可否認的有其存在的必要性。另外，經由地區有線電視台的自主廣播，期待對地域文化的貢獻，具有強烈的公共性。

　　另一方面，有線電視是屬於地域性的獨占事業，接收者即使對服務品質有所不滿，都不能隨便變更接收其他的有線電視。由於這種事情的發生，在日本為了有線電視的健全發展與為了保護收視者為目的，而制定有線電視廣播法（以下，簡稱有線電視法）。我國亦同樣制定有線電視法。

　　根據此有線電視法，在技術基準上規定了有線電視的相關性能。依照法律附帶有強制力的性能，此技術基準所定的性能是最低限必要的性能。因此，在都會區所設置的多頻道形有線電視設施，根據上記技術基準是用第 1 等級 (Rank) 程度，較高性能位準的"希望位準"為基準。

　　但是，近年來電視廣播畫質提高，影視器材的高畫質化，隨著大形電視的普及，接收者對畫質的要求更趨嚴格，對此基準的重新評價，其必要性成為被議論的話題，日本電子機械工業會 (EIAJ) 在 1993 年 3 月，訂定今後有線電視發展趨勢下之新目標性能，以下是參照外

國的基準，敍述有關性能基準的制定經緯與特徵。另外，綜合此基準
的內容，如附錄表 10 所示。

在我國（台灣）於民國 82 年 12 月由交通部訂定“有線電視系統
工程技術管理規則 (含總說明)”其中第四章工程技術列有相關的性能
基準如附錄表 1。

5.1.2　有線電視法的技術基準

1.　日本情況

有線電視法最初的用語定義是規定設施以及相關事務的諸事
項。有關設施事項是一定規模以上的設施 (501 戶以上) 設置業
者必須經由日本郵政大臣 (相當於我國交通部長) 的許可。在許
可的基準上是表示設施業者有確實設置，適確運用的技術能力，
在同法施行規則當中已訂定技術基準。

技術基準包含各都道府縣的電視台全部的廣播可以傳送的頻
道容量，一般電視機可使用之接收頻率配列，訂定頻率的容許偏
差，此外有關接收者一定的畫像品質相關的可接收信號品質項目
，不能妨礙通信等的洩漏電場強度的容許值等。

在此技術基準所定之設施性能，是依據 1972 年，電波技術
協會有線電視技術調查委員會所設定的 **“所要性能”**，以及 **“
希望性能”** 當中的 “所要性能” 爲基礎而加以制定的。所要性
能如下節所述，就是能夠得到容許限界 (評價 4 與 3 的境界) 的
畫質。

作為畫質容許界限的基準被採用理由是考慮到電視廣播電台的服務區域 (service area) ，以標準的接收設備接收時，得到容許界限的畫質時為依據被指定的電場強度。

此技術基準，以後，在郵政大臣的諮詢機關電氣通信技術審議會進行多頻道時代對應基準的檢討，1988 年基準的一部份被追加、修改。另外，在 1992 年追加高傳真的 FM 傳送的技術基準，關於 AM 傳送在 1993 年 6 月於電氣通信技術審議會的答詢中進行。

2. 我國情況

有線電視工程技術部分由交通部於民國 79 年 2 月承行政院核定"建立有線電視系統實施方案"成立專案小組，開始進行研究，於民國 80 年 6 月完成初稿，後經電信總局邀請業者代表座談集思廣益，而加以修訂，再經交通部邀集民意代表、消費者代表、相關業者代表及學者專家召開兩次公聽會後於 82 年 11 月 17日完成工程技術管理規則之訂定。

本規則主要在規範 CATV 系統之頭端，分配網路及訂戶終端之相關工程技術與標準，以保障訂戶終端之音訊、視訊品質。頭端部分主要部分是針對頭端訊號設備性能加以規範。而分配線網路部分，為避免電波洩漏影響飛航安全及保護網路、人員安全、對於電波洩漏及接地電阻亦有嚴謹之規定。

為使此規則之訂定具有客觀性及實務性，其內容主要參考美國及加拿大（因國內之電視屬北美 NTSC 系統）有線電視相關工程法規，部分參考英國及日本有關之規範。

本規則計分總則、系統設立、工程人員、工程技術、系統查驗、系統維護、罰則附則等八章，共四十五條，其要點分述如后：

一、總則：訂定本規則之依據、用辭定義。（第一條至第三條）。

二、系統設立：規定如何設立系統、系統執照之發照、換照、有效期間等事項。（第四條至第十一條）。

三、工程人員：明定系統工程人員均為專任，分為工程主管、工程師及技術員三類，並規定其職掌及任用資格。（第十二條至第十八條）。

四、工程技術：訂定信號品質、電波洩漏量限值、禁止使用之頻段、電視頻道之寬度、各頻道載波頻率、頻率穩定度、頻率響應、頻譜特性、各項測試能之設備、安全保護規定、設備接地之規定、使用衛星或微波電路之適用規則等等。（第十九條至第三十八條）。

五、系統查驗：明定系統查驗分工程查驗，自行查驗及臨時查驗三種，及其相關之規定，並提供參考測試方法。（第三十九條至第四十二條）。

六、系統維護：明定系統經營者應設置系統維護工作日誌、記載事項及保存年限等。（第四十三條）。

七、罰則：系統經營者違反本規則者依有線電視法相關罰則之規定處罰。（第四十四條）。

八、附則：本規則施行日期。（第四十五條）。

5.1.3　希望性能

相對於所要性能在容許界限（評價 4 與 3 的境界）所得畫質性能，希望性能是被定在得到干擾大體上不使人困擾程度的畫質（接近檢知界限的評價 4)。基準值由附錄表 10 看出，各項目都採用此所要性能還高數 db 程度之數值。但是，此性能基準是日本於 1972 年所設定者，CN 比等在現狀有感覺不太理想的項目，如多頻道設施的 CTB 干擾沒有規定的問題，故希望能重新訂定其性能。

5.1.4　EIAJ 的性能基準

日本電子機械工業會 CATV 技術委員會，為了迎接多媒體，多頻道時代的來臨，期待有線電視的發展在性能上能提高，已檢討性能的理想狀態，於 1993 年將它的結果綜合成技術報告，作為目標性能。在此基準上，系統性能的 **"當前目標性能"**，以及 **"將來目標性能"** 被設定。另外，關於系統構成之際必要的中心設備，傳送設備，端末設備相互間的介面條件之指針‧目標也被定為**區分性能**。當前目標性能如表 5.1 所示。

表 **5.1**　EIAJ-CATV 系統性能基準（當前目標性能）

項　目	系統性能值（保安器輸出）	區分性能	
		中心系	傳送系
載波的位準　[dB$_\mu$V]	78 (68 ~ 88)	—	—
ch 間　鄰接[dB]	3	1	2
位準差　其他[dB]	6	1	5
VA 比　[dB]	− 14 ~ − 9	− 14 ~ − 9	—
ch 內振幅頻率特性　[dB]	—	—	—
CN 比　[dB]	43	53	44
IM2　[dB]	− 55	—	− 55
XM　[dB]	− 46	—	− 46
HM(50/60Hz)　[dB]	− 54	− 60	− 58
CTB　[dB]	− 53	—	− 53
反射波位準　[dB]	附圖 1	附圖 2	
ch 內群延遲　[ns]	82.5	70	30
DG　[%]	5	5	—
DP　[°]	5	5	—
920kHz 差頻　[dB]	− 40	− 40	—
圖場時間波形失真　[%]	3	3	—
掃描線時間波形失真　[%]	3	3	—
短時間波形失真　(K_p)	3	3	—
色度 / 輝度延遲	40	30	20
聲音　主　[dB]	55	55	—
SN 比　副　[dB]	52	55	55
信號對蜂音比　[dB]	− 50	—	—
聲音對蜂音比　[dB]	− 40	—	—
立體分離度　[dB]	30	35	
聲音　主　[%]	2	2	—
失真率　副　[%]	2	2	—

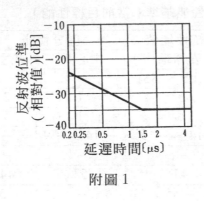
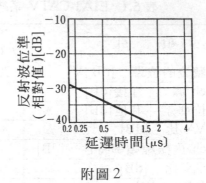

附圖 1　　　　　　　　　　　　附圖 2

5.1.5　美國的技術基準

　　美國的有線電視是始於 1948 年，根據 FCC (Federal Communica-
tion Committee：聯邦通信委員會) 全面的規則開始於 1966 年，技術
基準被施行是 1972 年。但是，此基準爲規則緩和政策的一環，於 1985
年關於信號品質項目被廢止。

　　在美國，設施的許可是根據地方自治體，獨立委員會等地方所定
組織來進行，這些機關希望制定獨自的基準的意向很強。另一方面，
有線電視的業界團體 NCTA (National Cable Television Assoication：
國家有線電視協會) 以全國一律的基準有其必要的立場，於 1988 年綜
整成性能的測定法，基準性能。FCC 的基準廢止以來，雙方進行商議
，於 1992 年達成協議 FCC 設立新的基準。此基準以及 NCTA 的基準
性能如次項所示，IEC 的基準如附錄表 9 所示。

　　FCC 新基準的特徵是 CN 比 1992 年 36dB，1993 年 40dB，1995 年
以後爲 43dB 呈階段性的強化，有關差動增益(DG: Differential Gain)，

差動相位(DP: Differential Phase)，**色度－輝度延遲時間差**等影像信號的特性被加到基準特性上。

5.1.6　IEC 的性能基準

IEC (International Electrotechnical Commission：國際電氣標準會議)是除了電氣通信網以及無線通信之外有關電氣技術全般的國際標準化機關。在專門委員會重複審議的規格案是根據會員團的投票來裁決，得到理事會的承認作爲規格被出版。但是不具強制力。

IEC 的有線電視規格是 1986 年，"電纜分配系統第 1 部：以30MHz～ 1GHz 動作的聲音以及電視信號的傳送爲主體的系統"公告(publication)728-1 所出版。此規格是規定有線電視的機器以及系統有關高頻信號的特性測定法，系統所要性能。在此規格，CTB，混信等的基準是採用評價曲線，系統來的洩漏是有關於不確定之機器來的洩漏測定法以及確定基準值等的特徵。

5.1.7　性能基準的適用地點

上記的性能基準都是規定有線電視設施的輸出端子的信號品質。將有線電視法設施的輸出端子定義爲"符合設施的端子，連接至接收設備的端點"稱爲**接收者端子**。在有線電視設施與接收者的設備（室內，大樓內設備）的連接點，因爲根據有線電氣通信法施行法令附有義務作**保安器**的設置，故保安器的輸出端子相當於接收者端子。

從接收者端子輸出的信號是經由室內的分配設備，訂戶終端機

(home terminal: HT) 等，供給到電視接收機。在其間，由於信號位準的降低產生若干品質的降低。上述諸基準，是假定為標準的室內設備，依它的特性估計其惡化成分，以規定性能。

但是，在集合住宅為分配數繁多，由於使用放大器，以基準的品質供給接收者端子時，電視接收機被供給的信號的品質會變成比基準還差的情況。在有線電視法主張保護接收者的權益，依此規定在集合住宅內的接收者有基準的品質保証的問題。

此現象的對應策略是①將集合住宅的**牆面端子**(大樓內分配系統的輸出端子)其基準當作接收者端子來用，②預估集合住宅的分配設備的惡化也考慮訂立性能基準的對策，而前者在有線電視的法律規定為室內設備有其困難，後者是集合住宅分配設備的規模，性能並不一定，若設定一個基準會有問題。根據此狀況，1990 年郵政省舉辦 "多頻道時代對應之 CATV 設施相關調查研討會"。此研討會，設定有線電視導入容易的分配設備模型，同時為了供給牆面端子所定信號品質，進行有線電視設施與集合住宅內分配設備與其有關性能分配的檢討。在此適用之性能基準為 "希望性能"，而現在，為了實現此基準線 (guidline) 的檢討已委託日本電子機械工業會以及日本 CATV 技術協會進行中。

5.2 系統性能與接收品質

5.2.1 有線電視的性能評價

對於有線電視，良好的畫像品質之服務與多樣化節目提供同樣地是獲得接收者滿足感的重要要素。但是，有關畫像品質卻因接收者的評價，因個個判斷不同而有差異。另外，為使畫像品質提高有必要將設施的性能提高，在一般建設經費也跟隨提高 (cost up)，對有線電視業者到底設施的性能要訂於何種程度也是苦惱的問題。因此，以大多數的接收者的滿足程度定為畫像品質的位準，而且，為了獲得該畫像品質應該把握何種程度的設施性能，對有線電視關係者來說是極為重要的事情。

5.2.2　主觀評價試驗

畫面好壞的判斷是基於人類主觀的印象，將此稱為**主觀評價**。與此相對的電氣性能的測定是假使任何人來測定都得到同一結果，因為它有再度出現性故稱為**客觀評價**。性能基準是基於科學方式求出主觀評價與客觀評價（電氣的性能）相關試驗的結果來設定。

在進行主觀評價試驗有必要作評價尺度（心理的尺度）的設定，在此尺度裡，一般以表5.2 所示的使用5 **階段評價**。

畫像品質惡化的主因有許多種，主觀評價試驗是對這些要因分別地求出物理量與評價的關係。在畫像的評價裡是根據全體的印象作總合評價，與分別對干擾的現象進行干擾分別評價。干擾種類通常有，隨機雜音 (random noise: N)，脈衝雜音 (P)，拍差干擾 (B)，閃爍 (Fluttering: F)，鬼影 (G) 等。

表 5.2　主觀評價的 5 階段評價尺度

5 階段評價	畫質音質的尺度 (quality scale)	干擾的尺度 (impairment scale)
5	非常好 (excellent)	不能察覺 (imperceptible)
4	好 (good)	能察覺但不在意 (perceptible but not annoying)
3	普通 (fair)	在意但不惱人的 (slightly annoying)
2	惡劣 (poor)	惱人的 (annoying)
1	非常惡劣 (bad)	非常惱人的 (very annoying)

(表中右側標註：檢知限、許容限、忍耐限)

　　畫像品質的評價，由於使用接收機，圖樣，視距離（從畫面至眼睛的距離），畫像的明亮度，反襯度 (contrast)，周圍的亮度等而有影響。評價試驗用的接收機一般儘可能是選用大多數被使用的爲標準。圖樣是以干擾最顯眼者，也有最不顯眼者。試驗中的條件爲了一定起見，通常使用靜止畫面。視距離等的**觀察條件**是被設定於標準的試驗條件。標準電視的標準觀看條件是以看不見掃描線之距離 6～ 8H (H爲畫面的縱長)，最近電視接收機的大形化跟隨著相對的視距離變小，一般接收者的視聽形態的變化有必要充分考慮其試驗條件的設定。

5.2.3　畫質惡化的主因

　　有線電視畫質不良的主因，除了有線電視設施本體內的主因以外，節目供給者，通信電路等的原因，廣播至接收間的障礙，有線電視設施與接收設備之連接所生問題也是主因。將這些有線電視設施與畫質惡化有關連的主因列於表 5.3。

表 5.3　招致畫質惡化主因

	原　因	症　狀
外部主因	節目供給側 中繼回線的不良 廣播接收畫質不良	 雪花 (snow noise) 差頻障礙 鬼影 脈衝雜音
內部主因	CN 比不良 串調變 相互調變 交流聲調變 反射	雪花 刷窗干擾 差頻條紋 閃爍 鬼影 (Ghost)，振鈴 (Ringing) 解像度不良
接收設備及其相互關係	位準不足 大樓內放大器的失真 直接波干擾 從其他的接收機來的反射 本地振盪干擾 鄰接頻道混信	雪花 差頻條紋 刷窗干擾 前鬼影（左鬼影） 差頻條紋 差頻條紋 差頻條紋

　　在廣播接收之間的障礙，有遠方播放台電波的混信，汽車的點火栓，輸配電礙子的放電等所生脈衝雜音，由於高樓建築物等的反射產生鬼影障礙。

　　對於內部主因，計有在幹線放大器等發生的隨意 (random) 雜音，由於放大器的非線性失真所致干擾[因於交互調變失真成分產生的單一頻率混信， CTS (Composite triple beat，複合 3 次失真) 干擾，串調變，交流聲調變等]。除此之外，由於機器內所使用濾波器或機器與電纜的連接點之反射所產生的直線失真 (由於振幅頻率特性，相位頻率特性的惡化所生波形失真) 而招致畫質惡化。

在端末側，計有由於往家庭的接收機直接飛入而產生之前 (左側) 鬼影(**直接波干擾**)，在集合住宅因大樓內分配設施的性能不充分所生問題。其他，由於設施與外部之相互連接所生問題，在設施之**端子間結合損失較小** (端子間分離度特性惡化) 場合，連接至其他端子之接收機產生不要信號或由於來自該機器所反射之信號恐怕會有畫質惡化的現象。

5.2.4　EIAJ 的主觀評價試驗

在日本技術基準，希望性能等之性能基準是根據在 1970 年左右所作主觀評價試驗的結果而設定的。其他，廣播的發送畫質，電視接收機的性能同時有顯著改善，接收者享受到的畫質大幅地提高。另外，電視接收機的大形化伴隨著觀看條件的變化，相對於接收者的畫質，其評價基準也有可能變化。

EIAJ 在 1990 年日本並無基準值的設定， CTB 以及基準與接收者主觀評價之間有些不同，有關 CN 比是以主觀評價試驗來進行，對 CN 比相關試驗結果如圖 5.1，對 CTB 相關試驗結果如圖 5.2 所示。

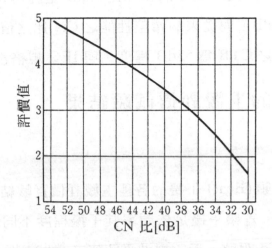

(EIAJ 將實驗資料取最小 2 次
方的平滑曲線)

圖 **5.1**　CN 比的評價值 (CTB= ∞)

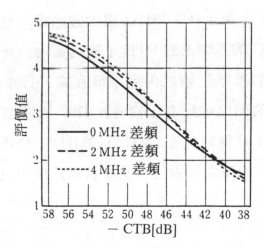

(EIAJ 將實驗資料取最小 2 次
方的平滑曲線)

圖 **5.2**　CTB 的評價值 ($C/N = 55$ dB)

由圖 5.1 得知，技術基準的 CN 比 38dB 是評價 3，相當於容許界限之 CN 比為 41dB，與從來的希望性能之 CN 比之值大略相等。另外相當於容許界限之 CTB 為 53dB 程度，與 IEC 規格沒有太大差別。

5.2.5　其他的主觀評價試驗結果

1.　差頻干擾

　　有關差頻 (Beat) 干擾的各種主觀評價實驗結果以及基準值如圖 5.3 所示。差頻干擾是依頻率其干擾程度不同。當頻率昇高時干擾變得較不明顯，而干擾波進入彩色信號頻帶時由於與彩色副載波的差頻而出現色條紋，再次干擾變得較明顯之傾向。表示干擾頻率與干擾之顯眼難易之關係曲線稱為**評價曲線**。在 IEC 和 CCIR 的基準上顯示在 2.5MHz 為山谷曲線，是根據評價曲線作成的。在 IEC 的基準上對 CTB 干擾也適用於此曲線。

　　在日本的基準是頻域內呈平坦直線。日本的評價試驗的結果是由上記的傾向可以看出沒有比 IEC 的基準更顯著的，即使 EIAJ 的 CTB 試驗結果在 0MHz，2MHz，4MHz 大致會有相同評價而有平坦的傾向。由這些曲線看出基準的決定方法是有困難之處。

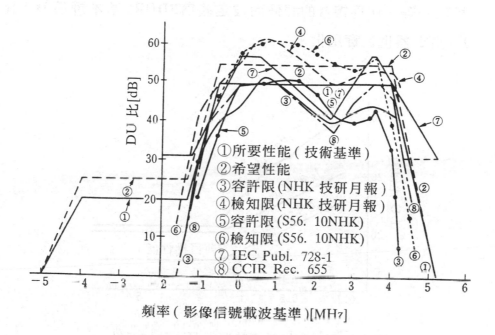

①所要性能（技術基準）
②希望性能
③容許限(NHK 技研月報）
④檢知限(NHK 技研月報）
⑤容許限(S56. 10NHK)
⑥檢知限(S56. 10NHK)
⑦IEC Publ. 728-1
⑧CCIR Rec. 655

頻率（影像信號載波基準）[MH₇]

圖 5.3　單一頻率混信干擾 DU 比的基準、檢知界限、容許界限的事例

2.　反射以及鬼影干擾

　　由於反射產生之障礙，有廣播接收所生鬼影 (ghost) 干擾與設施內由反射產生之障礙。由反射所生障礙是反射的延遲時間較小時較不顯著，時間較大時漸漸地變爲明顯，在某程度以上其明顯程度就成固定。圖 5.4 即表示此現象。

　　反射所生障礙，除了延遲時間，DU 比 (desired-undesired ratio，希望波與干擾波之振幅或功率比，或位準差) 以外，依據高頻的相位差，反射波的數量之不同干擾的程度有不同。有關接收廣播場合之鬼影干擾，還加進鬼影數，DU 比，延遲時間，相位差等，作為總合的評價而被定義為**PDUR**（**基本評價 DU 比**），測定器也被實用化。

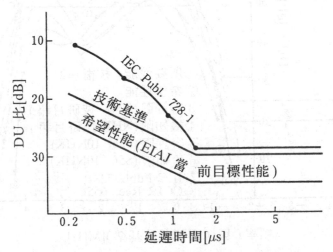

圖 5.4　對諸基準延遲時間與 DU 比的關係

　　反射的規定方法，在日本有以高頻信號之 DU 比為規定方式與以 IEC 性能基準所示解調後之影像信號之波形失真規定之方式。從以上說明得知，對畫像的干擾程度是以規定影像信號的方式，可以有較適切的評價，在有線電視系統設計上以高頻來規定較為便利。

5.3　接收者端子的信號品質

5.3.1　信號位準

　　信號的位準是信號大小的表示，是信號交接場合的最基本的介面 (interface) 條件。

　　VHF 段或 UHF 段的信號位準是以標準阻抗爲終端時的有效電壓來表示。在日本，有線電視標準電視廣播信號的位準是在規定阻抗 (75Ω) 爲終端場合，以同步波峰之載波電壓有效值取 1 μV 爲基準所表示之位準 (level)。

　　圖 5.5 所示是電視接收機的輸入信號位準對影像信號 SN 比的測定例。供給至接收機信號位準較低時因爲在接收機內部產生雜音而使信號品質惡化。另外，太高時在接收機內部產生串調變，相互調變等而產生惡化。因此，供給至接收機的信號位準有必要在上記的範圍內。因電視接收機的性能個個參差不齊，在廣播的有線電視的性能規格檢討之際，需參考市面發售的電視接收機的性能來設定標準的性能。

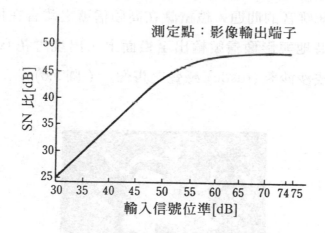

圖 5.5　電視接收機的 SN 比（例）

　　另外，於接收者端子上信號位準的基準要考慮到由於家庭內的分配設備而惡化。設計實際設施場合，必須要考慮到直接波干擾所致的惡化。還有，如都市形有線電視所示，區分幹線工程與引入・室內工

程作發工的案例 (case)，通常規定分接 (tap-off) 輸出，保安器輸出端子的位準必要設定於技術基準以上且保有某些餘裕。分接輸出位準，在強電場地區考慮上記的事情大多爲 75～ 80dB，而在沒有直接波干擾地域，也有設定於比它低 10dB 左右者。

5.3.2　CN 比

1.　CN 比的意義

　　信號通過放大器等的主動元件，在元件會產生隨機雜音 (random noise) 附加在輸出側而使雜音增加。特別是有線電視系統，因信號是經由多數的幹線放大器來分配，這些雜音被相加變成系統雜音的問題。被重疊在高頻信號之雜音在接收機被解調，因同時地與影像信號輸出至畫面上，出現雪花 (snow) 狀的雜訊，變成沙沙聲 (rustle) 感覺之畫像。（圖 5.6)

圖 5.6　CN 比惡化時的畫像例

　　影像信號，聲音信號等基頻 (Base Band) 信號的強度與雜音強度之比叫做 SN 比 (Signal to noise ratio)，高頻信號的載波與雜音的強度比稱爲 CN 比 (Carrier to noise ratio)。電視影像信號之 SN 比是被定義爲影像信號之最亮與最暗之間的電壓 (peak to peak) 值 (參考圖 3.21) 與雜音電壓有效值之比，高頻信號之 CN 比是被定義爲載波功率與信號頻域所含雜音功率之比或是影像載波位準與雜音位準 (都是以 dB 表示) 之差。

在有線電視系統爲了處理高頻信號，將雜音相關性能以 CN 比來表示。隨機雜音之頻率性與信號一樣，雜音的功率是與頻寬成比例。在我國，標準電視方式的**雜音頻寬**被定爲 4MHz，在衛星廣播方式是以 27MHz 的頻寬來表示。

附帶說明，標準電視方式之 CN 比與 SN 比的關係如次式所列，以 dB 表示時相差 6～7dB。

$$S/N \ (\text{dB}) = 10 \log \left[\left(\frac{m^2}{2} \right) (C/N) \left(\frac{B}{B_0} \right) \right]$$

其中，m：影像調變度 (0.625)，B_o：接收機的頻寬[MHz]

(3～4MHz)

B：基準頻寬 (4 MHz)

2. 雜音指數

表示放大器的性能之指數，其中一個爲雜音指數 (noise figure)。雜音指數 NF 被定義爲放大器的輸入側之 CN 比 $(C/N)_i$ 與輸出側之 CN 比 $(C/N)_o$ 之比。

$$NF = \frac{(C/N)_i}{(C/N)_o} = \frac{\dfrac{C_i}{N_i}}{\dfrac{C_o}{N_o}} \qquad (5.2)$$

其中，C_i：輸入側的載波功率，N_i：輸入側的雜音功率

$\quad\quad\quad$ C_o：輸出側的載波功率，N_o：輸出側的雜音功率

其中輸入側的雜音 N_i 是由於信號源的電阻成分產生的熱雜音，標準電視的場合是下列之公式。

$$N_i = KTB = 1.58 \times 10^{-14} \ [\text{W}]$$

其中，K：波茲曼的常數 (1.38×10^{-23}) [J/K]

$\quad\quad\quad$ T：電阻體的絕對溫度（在常溫 290K）

$\quad\quad\quad$ B：頻寬 4MHz

將 (5.2) 式變形則

$$NF = \frac{C_i}{C_o} \cdot \frac{N_o}{N_i} = \frac{N_o}{G \cdot N_i} \qquad (5.3)$$

其中，G：放大器的功率增益

將 (5.3) 式可以變形成下列所示。

$$\frac{N_o}{G} = NFN_i = N_i + (NF - 1) \ N_i$$

NFN_i 是圖 5.7 所示的熱雜音 N_i 附加放大器內部產生雜音 $(NF - 1) \cdot N_i$ 者，輸出雜音 N_o 是可以考慮爲將該雜音放大 G 倍

者。

其中，信號以及雜音電壓的有效值以 dB_μ 來表示。

e_i 〔dB〕$= 20 \log(C_i \times 75 \times 10^{12})$ 〔dB μ〕

KTB 〔dB〕$= 20 \log(1.58 \times 10^{-14} \times 75 \times 10^{12})$

$= 0.9$ 〔dB μ〕　　　　(1.1 μV)

CN 比以次式來表示。

$(C/N)_o$〔dB〕$= e_i$〔dB〕$- 0.9 - NF$〔dB〕　　　　　(5.4)

其中，

F〔dB〕$= 10 \log NF$〔dB〕

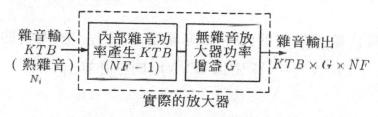

圖 5.7　放大器的雜音功率與雜音指數 F

3.　使用放大器場合之 CN 比之計算法

(1)　輸入信號包含雜音的場合　　在圖 5.8，取 C_i 為輸入信號功率 $(C/N)_i$ 為 CN 比，NF 為放大器的雜音指數，於是被輸入至放大器的雜音功率為 $C_i/(C/N)_i$，在放大器因加上 $KTB(NF_1 - 1)$，故輸出 CN 比 $(C/N)_o$ 變成為

$$(C/N)_o = \cfrac{C_i}{\cfrac{C_i}{(C/N)_i} + KTB(NF_1-1)}$$

(5.5)

$$= \cfrac{1}{\cfrac{1}{(C/N)_i} + \cfrac{KTB(NF_1-1)}{C_i}}$$

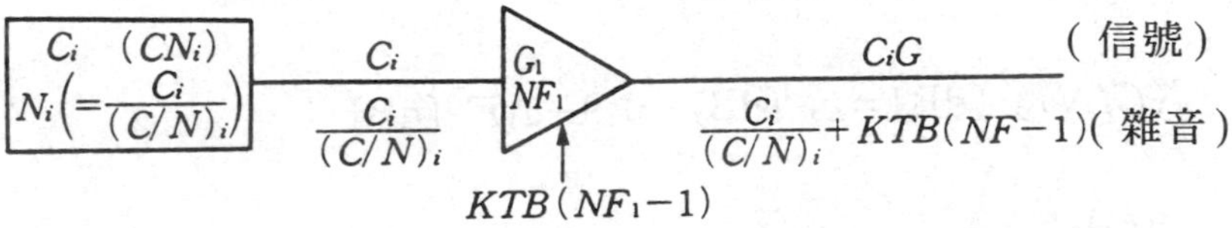

圖 5.8 對輸入信號包含雜音場合的 CN 比

若將此輸入信號的 CN 比定義爲 $(C/N)_1$，放大器的 CN 比 $\{C_i/KTB(NF_1-1)\}$ 定爲 $(C/N)_2$ 則可計算出

$$(C/N)_o = \cfrac{1}{\cfrac{1}{(C/N)_1} + \cfrac{1}{(C/N)_2}}$$

(5.6)

⑵　2 台放大器直接連接的場合　　在圖 5.9 將雜音指數 NF_1，增益 G_1 的放大器與雜音指數 NF_2，增益 G_2 的放大器直接連接的場合，因放大器 1 的輸出雜音 $KTBG_1NF_1$ 加至放大器 2 而其內部產生雜音 $KTB(NF_2-1)$，故 2 級放大器輸出雜音 N_o 爲 $KTB\{G_1NF_1+(NF_2-1)\}G_2$，輸出信號 C_o 爲 $G_1G_2C_i$，故輸出 CN 比 $(C/N)_o$ 變爲

$$(C/N)_o = \frac{C_i}{KTB\left(NF_1 + \dfrac{NF_2 - 1}{G_1}\right)} \qquad (5.7)$$

此式是與利用公式 (5.6) 將放大器 1 的 CN 比 $(C/N)_1 (C_i/KTBNF_1)$ 與放大器 2 的 CN 比 $(C/N)_2 \{G_1 C_i/KTB(NF_2 - 1)\}$ 的合成計算是有同樣的結果。

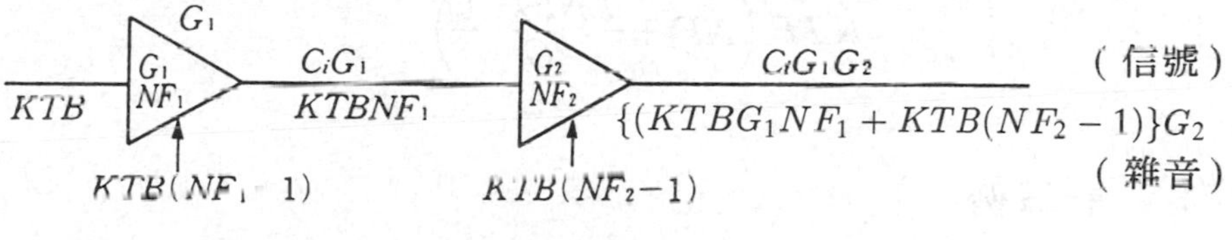

圖 **5.9** 將放大器 2 台直接連接時的 CN 比

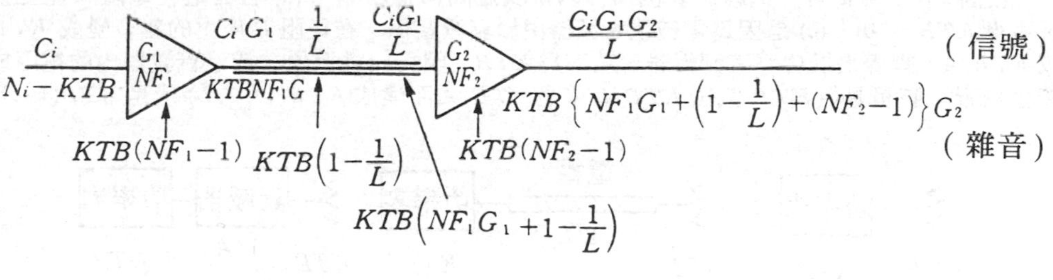

圖 **5.10** 以電纜爲介質連接時

⑶　以有損失電纜爲介質 2 台放大器連接場合　　在圖 5.10 放大器 1 的 CN 比 $(C/N)_1$ 是與前項 (2) 相同，若電纜的損失爲 L，放大器 2 的 CN 比 $(C/N)_2$ 是在放大器 2 的輸入端之信號爲

$G_1 G_i / L$，雜音是在電纜發生雜音 $\{KTB(1-1/L)\}^*$ 與放大器2

的雜音 $\{KTB(NF_2-1)\}$ 相加者，故變成

$$(C/N)_2 = \frac{\dfrac{C_1 G_1}{L}}{KTB\left\{\left(1-\dfrac{1}{L}\right)+(NF_2-1)\right\}}$$

根據式 (5.6) 輸出 CN 比 $(C/N)_o$ 變成次序式所示。

$$(C/N)_o = \frac{C_i}{KTB\left(NF_1+\dfrac{LNF_2-1}{G}\right)} \tag{5.8}$$

(4) **計算例**

① 在頭端 (Head End)，對雜音指數 10dB 之接收放大器加上

---

*在圖 5.11，令電阻、電纜、衰減器，功率表之間都是匹配。 (a) 若測定在電阻 R 產生熱雜音可得 KTB。 (b)，(c) 是因為電纜或衰減器由於衰減關係，在電阻 R 產生的雜音變成 KTB/L 或 KTB/A，實際上以功率表測得雜音功率為 KTB。因為此電纜內，或是衰減器內的電阻成分產生雜音，該量是從 KTB 減去 KTB/L 或是 KTB/A 而變成 $KTB(1-1/L)$ 或是 $KTB(1-1/A)$。

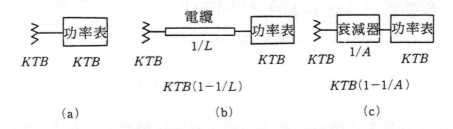

圖 5.11 因電纜，衰減器等所生雜音

70dB$_\mu$ 之天線輸出信號場合之 CN 比，根據 (5.4) 得

$$(C/N)_o[\text{dB}] = 70 - 0.9 - 10 = 59.1\text{dB}$$

② 位準 70dB$_\mu$，CN 比 45dB 之信號被輸出到接收者端子，連接雜音指數爲 12dB 之訂戶終端機 (HT) 場合 (圖 5.8) 之 CN 比爲

$(C/N)_1$ 〔dB〕$= 45$ dB

$(C/N)_2$ 〔dB〕$= 70 - 0.9 - 10 \log(10^{12/10} - 1)$

$\qquad\qquad = 70 - 0.9 - 11.7 = 57.4$ dB

$(C/N)_o$ 〔dB〕$= 10 \log \dfrac{1}{\dfrac{1}{10^{45/10}} + \dfrac{1}{10^{57.4/10}}}$

$\qquad\qquad = 44.8$ dB

③ 天線輸出信號位準爲 60dB$_\mu$ 時，在雜音指數 10dB 之接收放大器之前面插入雜音指數 4dB，增益 20dB 之前置放大器場合 (圖 5.9) 之 CN 比爲：

$(C/N)_1$ 〔dB〕$= 60 - 0.9 - 4 = 55.1$ dB

$(C/N)_2$ 〔dB〕$= (60 + 20) - 0.9 - 10 \log(10^{10/10} - 1)$

$\qquad\qquad = 80 - 0.9 - 1.8 = 69.6$ dB

$(C/N)_o$ 〔dB〕$= 10 \log \dfrac{1}{\dfrac{1}{10^{55.1/10}} + \dfrac{1}{10^{77.3/10}}}$

$\qquad\qquad = 55.1$ dB

④ 與③同樣的條件下，在強波器 (Booster) 與接收放大器之間
插入損失 5dB 之電纜場合（圖 5.11），其 CN 比爲：

$(C/N)_1$ 〔dB〕$= 60 - 0.9 - 4 = 55.1$ dB

$(C/N)_2$ 〔dB〕$= (60 + 20 - 5) - 0.9 - 10 \log\{(1 - 1/10^{5/10}) + (10^{10/10} - 1)\}$

$\qquad = 74.1 - 9.7 = 64.4$

$(C/N)_o$ 〔dB〕$= 10 \log \dfrac{1}{\dfrac{1}{10^{55.1/10}} + \dfrac{1}{10^{64.2/10}}}$

$\qquad = 54.6$ dB

5.3.3 放大器的非線性失眞

一般，使用放大器可以得到輸入信號好幾倍的輸出信號。輸入信
號電壓 e_i 與輸出信號電壓 e_o 之關係爲，雙方的振幅完全地成正比例
關係，爲下列所示直線性的表示式

$$e_o = K e_i \qquad\qquad (5.9)$$

其中，K：比例常數（電壓增益）

但是，實際的放大器，輸入信號與輸出信號的關係，嚴格說來爲
非線性。此非線性是電晶體等的放大電路元件所特有的，完全無此特
性是很困難。

非線性場合，輸入信號與輸出信號的關係，如下式所示。

$$e_o = K_1 e_i + K_2 e_i^2 + K_3 e_i^3 + \cdots \cdots \tag{5.10}$$

其中，K_1，K_2，K_3，$\cdots$：放大器的特性所示係數對此放大器輸入 $c_i = A \sin \omega l$ 的信號時，輸出信號為

$$e_o = \frac{K_2 A^2}{2} + \left(K_1 A + \frac{3 K_3 A^3}{4} \right) \sin \omega t - \frac{K_2 A^2}{2} \cos 2\omega t$$
$$- \frac{K_3 A^3}{4} \sin 3\omega t + \cdots \tag{5.11}$$

其中第 1 項是直流成分，第 2 項是基木波。第 3，第 4 項具有基本波旳整數倍之頻率成分，稱為諧波。

放大器輸入 2 個波的信號時，如下列所示，除了各自信號的諧波以外，還出現二個基本波頻率的和及差，基本波頻率與諧波頻率之和及差，諧波相互間的頻率和及差。這樣了，對非線性電路加上複數個信號時，從相互的頻率關係產生之頻率成分 (諧波以外的成分)，稱此顯現之現象為交互調變 (inter modulation: IM)。在這中間，由於 e_i 之 2 次項所產生之失真稱 2 次失真，由於 3 次項所生失真稱為 3 次失真。實際的放大器也產生 4 次以上的成分，但因位準很小而忽略不計，通常只表示至 3 次為止。

有關這些成分以頻率關係整理出下列各項

2 次失真	諧波	$2f_1$,	$2f_2$
	交互調變成分（和差成分）	$f_1 \pm f_2$,	
3 次失真	諧波	$3f_1$,	$3f_2$
	交互調變成分	$2f_1 \pm f_2$,	$2f_2 \pm f_1$

　　圖 5.12 是將頻率 f_1 與 f_2 的信號單一波加上時，與 2 波同時加入時所示之各頻率成分。但是同時加上場合是 2 次的成分與 3 次的成分分開表示，通常，在放大器內 2 次，3 次成分同時存在，故兩方的失真成分同時出現。

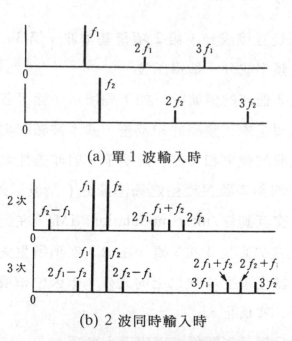

(a) 單 1 波輸入時

(b) 2 波同時輸入時

圖 5.12　放大器的失真成分

　　3 個波被輸入場合，除了每 2 波的組合共 6 個以外，還加上 3 波頻率的和以及差的成分。將頻率為 f_1，f_2，f_3 的信號輸入時的失真頻率關係如下列所示。

2 次失真	諧波	$2f_1$,	$2f_2$	$2f_3$
	交互調變成分	$f_1 \pm f_2$,	$f_2 \pm f_3$,	$f_3 \pm f_1$
3 次失真	諧波	$3f_1$,	$3f_2$	$3f_3$
	交互調變成分	$2f_1 \pm f_2$, $2f_1 \pm f_3$,	$2f_2 \pm f_3$, $2f_2 \pm f_1$,	$2f_3 \pm f_1$ $2f_3 \pm f_2$
	3 波的和差成分	$f_1 \pm f_2 \pm f_3$,		

表 5.4 是 3 波的信號 ($e_i = A\cos\omega_a t + B\cos\omega_b t + C\cos\omega_c t$) 被輸入時，輸出信號 ($e_o = a_1 e_i + a_2 e_i^2 + a_3 e_i^3 + ...$)的各失真成分整理成(5.11)式所示的每一項。

表 5.4　由於 3 信號波所生 2 次以及 3 次失真

	$a_1 e_i$	$a_2 e_i^2$	$a_3 e_i^3$
直流成分		$1/2 \cdot a_2 (A^2 + B^2 + C^2)$	
基本波成分	$a_1 A \cos\omega_a t$ $+ a_1 B \cos\omega_b t$ $+ a_1 C \cos\omega_c t$		$3/4 \cdot a_3 A (A^2 + 2B^2 + 2C^2) \cos\omega_a t$ $+3/4 \cdot a_3 B (B^2 + 2C^2 + 2A^2) \cos\omega_b t$ $+3/4 \cdot a_3 C (C^2 + 2A^2 + 2B^2) \cos\omega_c t$
2 次失真成分	2 次諧波 交互調變成分	$1/2 \cdot a_2 (A^2 \cos 2\omega_a t + B^2 \cos 2\omega_b t + C^2 \cos 2\omega_c t)$ $+ a_2 AB \ [\cos(\omega_a + \omega_b) t + \cos(\omega_a - \omega_b) t]$ $+ a_2 BC \ [\cos(\omega_b + \omega_c) t + \cos(\omega_b - \omega_c) t]$ $+ a_2 AC \ [\cos(\omega_a + \omega_c) t + \cos(\omega_a - \omega_c) t]$	串調變
3 次失真成分		3 次諧波 三次拍差	$1/4 \cdot a_3 (A^3 \cos 3\omega_a t + B^3 \cos 3\omega_b t + C^3 \cos 3\omega_c t)$ $+3/4 \cdot a^3 \begin{cases} A^2 B \ [\cos(2\omega_a + \omega_b) t + \cos(2\omega_a - \omega_b) t] \\ A^2 C \ [\cos(2\omega_a + \omega_c) t + \cos(2\omega_a - \omega_c) t] \\ B^2 A \ [\cos(2\omega_b + \omega_a) t + \cos(2\omega_b - \omega_a) t] \\ B^2 C \ [\cos(2\omega_b + \omega_c) t + \cos(2\omega_b - \omega_c) t] \\ C^2 A \ [\cos(2\omega_c + \omega_a) t + \cos(2\omega_c - \omega_a) t] \\ C^2 B \ [\cos(2\omega_c + \omega_b) t + \cos(2\omega_c - \omega_b) t] \end{cases}$ $+3/2 \cdot a_3 ABC [\cos(\omega_a + \omega_b + \omega_c) t + \cos(\omega_a + \omega_b - \omega_c) t$ $+\cos(\omega_a - \omega_b + \omega_c) t + \cos(\omega_a - \omega_b - \omega_c) t]$

在基本波的係數中，包含其他信號振幅有關係項 (例如 ω_1 的波之

係數有 $2B^2$，$2C^2$)，並附帶其他振幅調變波之調變。稱此現象爲串調變 (cross modulation: XM)。

5.3.4　交互調變

　　根據交互調變所產生之失真成分當中，稱其 2 次失真爲 IM_2，稱 3 次失真爲 IM_3，其中將 3 波間的和差成分稱爲三次拍差 (Triple Beat)。IM_2，IM_3 也有被使用爲載波與 2 次失真，載波與 3 次失真之 DU 比者。

　　從表 5.4 得知，2 次失真成分是與輸入信號振幅的 2 次方成正比例，3 次失真成分是與 3 次方成比例。因此，觀測失真場合，將失真信號之位準試著提高，降低看看，如此可以看出爲幾次之失真。

　　交互調變成分若落入希望信號之頻率內則產生混信干擾。畫面上的症狀是依混入影像頻帶之頻率而異。頻率在數十 Hz 以下的場合，畫面是呈現閃爍 (flicker) 現象，若比此頻率還高時則變成條狀模樣。假若干擾信號之頻率爲一定則條紋爲安定，而頻率若變化則條絞就隨之變化，因此，在聲音載波有關之交互調變成分場合，條紋會隨著聲音信號而變動。

　　根據有線電視設施之交互調變，干擾的代表性例子如下列所示。

　　【 IM_2 干擾例 】　　IM_2 (Second order Intermodulation) 是兩個影像載波之和或差成分落入其他頻道的頻域內與其影像載波產生 1.25MHz 之差頻干擾 (如圖 5.13(a))。此差頻干擾信號大多落在離載波 ±1.25MHz 處 (如圖 5.13(b))。爲改善此 2 次諧波之干擾，在放大器

使用雙端輸入之推挽式放大，因兩輸入相位差180° 而將諧波抵消，就
能完全抑制。

(a) 交互調變干擾產生之畫面

$$91.25 \quad + \quad 103.25 \quad = \quad 194.5 \text{ MHz}$$

（載波1）　　　　（載波2）　　　　(ch 10 的頻率)

（與 VHF 高頻段 ch 10 載波頻率 193.25MHz
相差 1.25MHz）

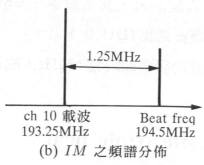

(b) *IM* 之頻譜分佈

圖 **5.13**

【 IM_3 干擾例 】　　　　IM_3 (Triple beat Intermodulation) 是某頻道放大器的信號輸入位準過高時,信號的三次失真對別的頻道造成干擾。

如上記表5.4 所列, 2 次交互調變失真是 2 信號頻率的和或差之頻率所造成,若最低頻率與最高頻率之比在 2 倍以內,則頻帶內並不會落入失真成分。但是,在有線電視設施,為了將 50〜 450MHz(或 550MHz 或更高) 之間的電視信號放大,在較高頻域範圍上,低頻域頻道信號頻率之和,其失真會落入頻域內,而在較低頻域上,高頻域頻道,其信號頻率之差的失真就會落入此頻域內。然而靠近頻域端點之頻道,由於複數之組合,變成有相同頻率之失真落入。但是,因各頻道頻率有不同的偏差,此失真成分就變成是一點點頻率差異成分之集合體。因為這樣不會有很漂亮之條紋模樣,變成雜音狀的干擾。稱這樣的 IM_2 集合體為 CSO (Composite Second Order beat:二次合成拍差比)。 CSO 在頻道容大量愈大,其值愈差。 CSO 與 IM_2, IM_3 同樣地也被用於載波與干擾波之比 (DU 比) 者。

3 次失真因為電視頻道之頻率間隔為 6MHz,故以 6MHz 間隔出現,落入載波頻率之附近。

5.3.5　CTB(Composite triple beat:三次合成拍比)

都市形有線電視設施因為達到數十頻道的傳送,故由放大器所產生交互調變失真之數量就變得極為多。特別是 3 次交互調變當中

$f_1 + f_2 - f_3$ 的組合所產生之失真如圖 5.14 所示，大致是與頻道的 2 次方成正比例增加，因此在多數頻道設施中此種失真就會完全支配干擾情況。

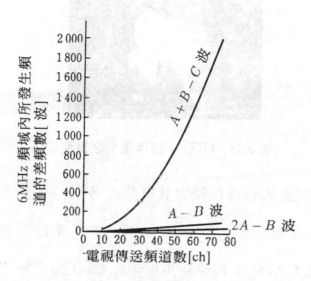

圖 5.14　由於電視傳送頻道數所生差頻數之一例

　　前面已說明過，因載波頻率伴隨著各種偏差，這些失真成分是數十 KHz 範圍當中具有隨機 (Random) 頻率信號之集合體。此失真成分的集合體稱為 CTB。CTB 也被用為複合 3 次失真的 DU 比。而 CTB 大多落在影像載波 ±30kHz 之間。

　　由於 CTB 在畫面上的症狀因載波頻率關係而有不同，但都呈現類似 CN 比低下之症狀（圖 5.15）。

圖 5.15　CTB 干擾所產生之畫面

CSO 在 N 個放大器串聯時之計算公式爲：

CSO＝(CSO) 單一放大器＋ 10 logN　其中 N 爲同型放大器個數

目前我國在 CATV 工程管理規則所定 CSO 需大於 53dB。

而 CTB N 個同型放大器串聯之公式爲：

CTB＝(CTB) 單一放大器＋ 20 logN

我國目前暫定之國家規範將三次及二次合成拍差，統稱爲載波合成拍差比，其值需大於 53dB。

5.3.6　串調變

圖 5.16 所示是串調變所產生的波形以及串調變的定義。此亦有以 XM 來表示者。

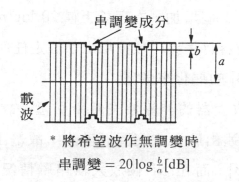

＊將希望波作無調變時

$$串調變 = 20 \log \frac{b}{a} [\mathrm{dB}]$$

圖 5.16　串調變的定義

　　串調變是影像載波的振幅在最大同步信號與遮沒信號期間出現白色線條的畫面 (圖 5.17)。通常，在接收頻道距影像載波 ±15.75kHz 處出現。而別的影像信號的同步信號是與接收頻道的同步信號頻率不一致，故時間上跟隨別的同步信號在畫面上左右移動。此現象與汽車用雨刷刷窗之動作極爲相似，故稱爲刷窗 (wind wiper) 干擾。

圖 5.17　串調變所產生之畫面 (wind wipper 刷窗干擾)

在傳送頻道數為 n 時，若與接收頻道以外的調變完全同步場合，串調變成分是以 $n-1$ 個增加，在理論上僅 $20 \log(n-1)$[dB] 惡化而已。實際上因調變內容有差異，故實用上都假定任何頻道皆不同步，而以 $10 \log(n-1)$[dB] 的惡化來處理。

串調變是因為放大器的非線性失真所引起，故根據輸出位準而變化。在 5.3.3 節所述由於 3 次失真而產生，故輸出位準提高 α[dB] 則串調變惡化 2α[dB]。而在 N 個放大器串聯情況，其計算公式為 $XM = XM($ 單一放大器 $) - 20\log_{10}^{N}$。

5.3.7　交流聲調變 (Hum modulation)

在影像信號傳送場合，於傳送路的放大器上由於交流電源而使傳送信號被調變的現象稱為交流聲調變 (hum modulation: HM)。將 Hum 調變所生之調變波形以及調變度的定義以圖 5.18 表示。此 Hum 調變度也有人稱為 HM。

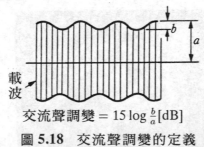

交流聲調變 $= 15 \log \frac{b}{a}$[dB]

圖 5.18　交流聲調變的定義

Hum 調變的發生場合，因 Hum 調變成分是與垂直同步頻率相近，由於它的差頻而使畫面有若隱若現 (閃爍干擾) 之現象產生。 Hum 調變主要是由放大器的電源電路所產生，分接頭 (tap-off) 的電流通過

用抗流圈 (choke-coil) 由於磁飽和也會產生 Hum 調變故需注意。

最近電源電路也有使用開關式隱壓 (switching regulator) 方式，除了商用電源產生的 Hum 調變之外也要注意開關式雜音 (switching noise) 的發生。

5.3.8　反射

在有線電視設施的傳送路徑由於使用同軸電纜，機器是被設計成與同軸電纜的阻抗相匹配。但是，要涉及到全頻帶都完全的匹配是很困難，由於在連接點的不匹配即產生反射。

圖 5.19(a) 是在信號源，線路，負載之間對幹線為匹配的狀態，從此系統取出最大的功率 $P_o = E^2/4R$ 供給負載。圖 (b) 是線路與負載之間不匹配的場合，對負載僅供給 P' 的功率，它與最大功率之差 $P'' = (P_o - P')$ 被反射至電源側，以信號源內的電阻來消耗此功率。

輸入電壓與反射電壓之比稱為**反射係數**，反射係數以 dB 來表示的稱為**反射損失** (return loss: RL)。在線路上進行波與反射波干涉，產生**駐波**(Standing wave)。駐波的電壓最大值與最小值之比 (V_{max}/V_{min}) 稱為**電壓駐波比**(voltage standing wave ratio: VSWR)。

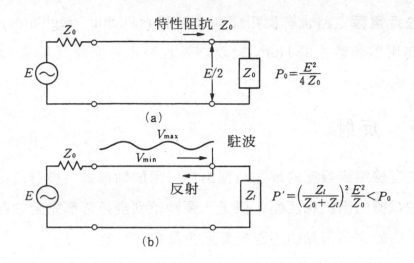

圖 5.19　由於不匹配所生反射

取特性阻抗爲 Z_o，負載阻抗爲 Z_l，反射係數爲 ρ，反射衰減量爲 RL，電壓駐波比 S 的關係如 (5.15) 所示。

$$\rho = \left| \frac{Z_l - Z_0}{Z_l + Z_0} \right| \tag{5.12}$$

$$RL = -20 \log \rho \ \text{(dB)} \tag{5.13}$$

$$S = \frac{1 + \rho}{1 - \rho} \tag{5.14}$$

$$\begin{aligned} &= \frac{Z_l}{Z_0} \quad Z_l > Z_0 \quad 時 \\ &= \frac{Z_0}{Z_l} \quad Z_0 < Z_l \quad 時 \end{aligned} \tag{5.15}$$

在實際的線路上，反射是如圖 5.20 所示在同軸電纜的兩端產生，在負載側反射的信號再度被反射到電源側。直接供給到負載之信號與反射信號的 DU 比是由同區間的電纜損失為 L，以及電源側，負載側的反射衰減量分別為 RL_s， RL_r(都是 dB) 之和所構成。

$$D/U = RL_s + 2L + RL_r \qquad (5.16)$$

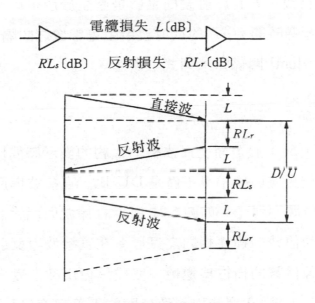

圖 5.20　電纜兩端的反射

另外，若電纜的長度為 ℓ[m]，電纜的波長縮短率 η 為 0.9，則直接波與反射波其間的延遲時間為 τ，即變成下式所示。

$$\tau = \frac{2l}{\eta c} = \frac{l}{135} \quad [\mu s] \qquad (5.17)$$

其中，c：光速 3×10^8m/s

直接波與反射波所合成的頻率特性產生紋波 (ripple)。它的音調

(pitch) 若取爲 Δf(MHz)，則 Δf 如次式所示。

$$\Delta f \ (\text{MHz}) = \frac{l}{\tau \ (\mu \text{s})}$$

$$= \frac{135}{l} \ (\text{MHz}) \tag{5.18}$$

　　標準電視信號，若有反射波則鬼影是產生於產畫面上正像的右側。正像與由於延遲時間 $\tau(\mu s)$ 的反射波所生鬼影像之間隔若爲 d，則它與畫面的橫寬 w[cm] 關係如下列式子所示。

$$d \fallingdotseq \frac{\tau \times w}{50} \ (\text{cm}) \tag{5.19}$$

　　其中，50：於畫面上掃描線的大約的表示時間[μs]

　　根據反射波對畫面的干擾不僅是 DU 比，直接波與反射波的相位差，由於延遲時間而變化。如圖 5.21 所示直接波與反射波的相位若爲同相則變成影像信號的極性相同之鬼影。在直接波與反射波的相位爲逆相場合，影像信號的極性爲逆轉，變成黑白反轉之鬼影。此狀態最爲顯眼，而相位差爲 90 度時對影像信號的干擾程度爲最小。

　　根據反射波的延遲時間，干擾的程度也會變化。延遲時間在 300ns 以上時可以看到二重像，而在延遲時間較小時干擾程度較小。延遲時間變大跟隨著干擾的程度變大，而在某程度以上的延遲時間則干擾程度就變爲一定。性能基準線所表示的曲線就是像這樣子。

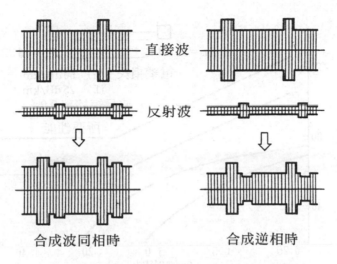

直接波

反射波

合成波同相時　　　　　　合成逆相時

圖 5.21　延遲時間較大有鬼影時的波形

　　圖 5.22 是將電纜長度對反射延遲時間以及 DU 比的計算例，與反射相關性能基準合併表示。因為在現狀的機器性能可以確保反射衰減量為 15dB，故電纜損失的較大狀態，較小狀態在技術基準，希望性能兩項都可以同時清楚表示。

　　分配線，引入線如圖 5.23 所示，由於分接頭 (tap-off) 也產生反射。還有，家庭的電視接收機在不加電源時，或在沒有調諧至電視頻道時是接近完全反射狀態，故這些也是加上反射信號。為了減輕分配線，引入線的反射，就希望選用放大器，分接頭 (tap-off)，保安器等 VSWR 特性較好的機器，同時選用端子間結合損失較大的分接頭。

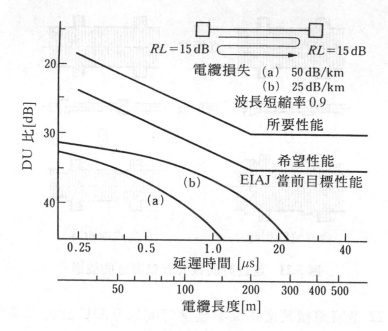

圖 5.22 性能基準與在電纜兩端的反射計算例

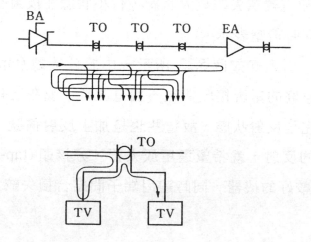

圖 5.23 由於分配線,引入線所生反射

習 題

1. 說明電視性能評價的五階段尺度

2. 說明電視畫面惡化的主因

3. 電視接收機之 SN 比與輸入信號位準有何關係?SN 比與 CN 比有何關係?

4. 何謂 NF(雜音指數)?其中 N_i 如何求得?

5. 試導出放大器的非線性失真，其輸入信號與輸出信號的關係式

6. 試導出與三信號波形成之串調變與交互調變成份

7. 串調變、交流聲調變與交互調變之 CSO、CTB 在畫面上有何差別?

8. 反射係數與駐波比之關係為何? 在畫面上有何影響?

第六章

有線電視系統的設計基礎

6.1 頻率排列

多頻道的電視信號要根據何種的頻率排列來傳送，不僅要考慮差頻干擾對傳送品質的影響和頻域的有效利用之問題，還要依大多數機器的設計條件而定。這種頻率排列在有線電視系統是特別重要的要素，是由標準的使用頻率排列來決定。

在此，就有關技術基準所決定的頻率排列來說明。

6.1.1 技術基準的頻率排列

技術基準的頻率排列是基於①地上的廣播波是載波頻率不能變，②傳送信號是標準方式的電視信號，③端末是電視接收機與訂戶終端機的雙方連接，之前提條件，以使從接收機來的本地振盪干擾，多頻道傳送時之失真干擾，鄰接波道干擾以及直接波干擾為最少，並且，從分配頻道數是最多等觀點來決定，如圖 6.1 所示是日本標準電視廣播之載波頻率排列。（註：我國 CATV 載波的頻率分配與日本相差 1 ch，參考附錄表 5)。

技術基準的頻率排列是以下所示事項經檢討，審議而決定的。

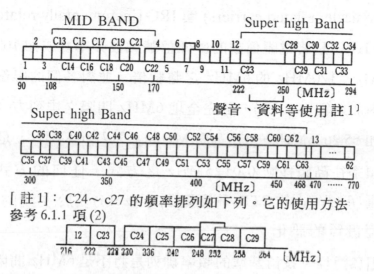

圖 **6.1**　於標準電視廣播方式載波的頻率排列（日規頻道）

1.　分配頻道數與多頻道傳送時之差頻干擾

此頻率排列是由能夠分配頻道數爲最多，而且，能夠減輕下列所示差頻干擾來決定的。

在有線電視設施多頻道信號傳送場合，特別留意的干擾爲 CTB 干擾。CTB 干擾是由於幹線放大器的非線性所生複合 3 次失真，主要是 $f_1 + f_2 - f_3$ 的組合所生之失真，頻道內發生失真波的個數是與頻率排列有關係。頻率排列爲 6MHz 間隔被排列的場合，其失真波是在電視頻域內影像信號載波頻率 f_v 的附近 ($f_v \pm$ 0 MHz) 產生，若沒有被排列場合是在各種的頻率 ($f_v \pm$ 0 MHz，$f_v + 2$ MHz，$f_v + 4$ MHz 等處) 發生。

　　為減輕多頻道信號傳送時的 CTB 干擾，頻率排列法有 HRC (harmonically related carriers) 與 IRC (incrementally related carriers)。 HRC 是將電視信號的影像信號載波頻率變成如 108MHz，114MHz，120MHz 的 6MHz 之整數倍，並對各個的影像信號載波頻率加以鎖定 (lock)，是完全地 6MHz 間隔之排列方式。 IRC 排列如 55.2625MHz，175.2625MHz， 217.2625MHz，是將標準載波頻率往高頻移動 0.0125MHz 之方式，任何的方式都使 3 次失真 ($f_1+f_2-f_3$) 之 CTB 干擾變為零 (zero)，於主觀的評價能夠減輕畫質的惡化。

　　因為這樣，技術基準的頻率排列是將不是 6MHz 間隔排列的廣播波道如 4～7 等除外，根據 IRC 排列可以減輕 CTB 干擾之排列方式。

2. 本地振盪干擾

　　電視接收機，通常，採用外差式 (upper local) 根據單一差頻 (single super) 方式變成中間影像信號載波頻率 58.75MHz(台灣為 45.75MHz)。因此，本地振盪頻率在接收波道 1 場合為 150MHz，頻道 3 是 162MHz，頻道 4～7 為 230MHz 到 248MHz，頻道 8～12 為 252MHz 到 276MHz 的 6MHz 間隔，與接收頻帶重疊。（註：台灣頻道之本地振盪是上述頻率減 13MHz）

　　因此，若本地振盪頻率若有洩漏時，則接收中頻段 (MID Band) 以及超高頻段 (Super high band) 時，有其他訂戶者的干擾。為了避免此現象，本地振盪頻率儘可能地排列在頻道的境界內。但是，對於不能滿足此條件的頻道，它的使用方法由以下的技術基準來決定。

⑴　關於頻道 C24，C25，C26，(C27)，從既存的廣播波（頻道 4～7) 的排列關係，爲了使其本地振盪頻率不在此境界內，而作爲 FM 收音機或是 PCM 音樂廣播等的資料 (data) 信號的傳送。但是，在 300MHz 傳送系統，其傳送頻道容量就減少，若欲將頻道 C24，C25，C26，(C27) 使用爲電視信號傳送用，爲了避免本地振盪干擾，而將頻道 C24，C25，C26，(C27)＋2MHz 偏移來作排列。

⑵　令頻道 C14，C15，C16 對頻道 4，5，6 不產本地振盪干擾。因爲如此，訂戶終端機希望能採用雙超外差式 (double super-heterodyne) 方式。但是，採用單外差 (single super) 方式場合，必需要確保分接頭 (tap-off) 的端子間分離度爲 25 dB，接收機的輸入位準爲 65dBμV，希望信號對干擾信號比 (DU 比) 爲 55dB 以上，本地振盪洩漏量在 35dBμV 以下。

3. 鄰接波道干擾

一般電視接收機，若下側鄰接波道的頻率間隔比 6MHz 更離開變成 8MHz 時，則下側鄰接波道的聲音載波就變成差頻干擾。而這個現象可能是電視接收機在中頻電路的下側鄰接波道的聲音陷波器因爲離開其設定頻率。因爲此緣故在波道 4 的下側所排列波道 C22 就要將間隔空出。因此，頻道 C21 與 C22 因爲產生要對應地也有 2MHz 的空隙。

4.　直接波干擾

　　有線電視的訂戶在接收電纜送來的電視信號場合，若是與地上廣播波相同頻道則地上廣播波的電波直接飛進訂戶的電視接收機，產生干擾現象。

　　干擾的內容是有線電視的載波頻率與地上廣播波的載波頻率相同。而且，影像信號的內容相同場合則產生鬼影，而載波頻率不同場合變成與影像無關係的差頻。鬼影干擾與差干擾的主觀評價，一般因差頻干擾方面較嚴格，故載波頻率不同場合端末機必需要有嚴格直接波干擾的排除能力。因此，地上廣播波的某頻道是要地上波與有線電視的載波頻率一致。

6.1.2　頻道稱呼與頻率排列

1.　下行方向

　　圖 6.1 所示頻率排列的頻道號碼，是地上廣播波與有線電視的區別，在訂戶終端機頻道表示是根據使用場合的親和性與容易操作性（頻道設定時的混亂等），容易記憶（數字的連續性）等因素而有下列所示的統一方式。

　　中頻段 (MID Band)，超高頻段 (Super high Band) 的頻道號碼，是接續 VHF 地上波的頻道號碼，中頻段定為 C13～ C22，超高頻段定為 C23～ C63。還有，關於數字的前面的 C 是代表有線

高頻段定為 C23～ C63。還有，關於數字的前面的 C 是代表有線
電視頻道 (CATV Channel) 的 C。

2.　上行方向

　　上行方向的頻率排列是根據外部電波的混入，引示 (pilot) 信
號頻率的使用事例，分波器的群延遲特性等條件，被標準化如圖
6.2 所示。

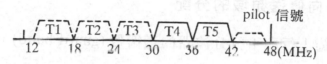

圖 **6.2**　上行傳送的頻率排列標準化（日本頻道）

　　頻道號碼是附上 " Two way" 的 T，從低頻側開始被決定為
T_1～ T_5。其中，在一般情況下頻道 T_4，T_5 是對電視信號的傳送
，30MHz 以下的頻域是對訂戶服務沒有直接關係的資料信號等
的傳送，另外，42～ 48MHz 的頻域是對訂戶服務有直接關係的
資料信號等的傳送而使用的。

6.1.3　上行、下行傳送頻率

　　有線電視系統是以 1 條同軸電纜利用頻率分割方式，分成上行方
向與下行方向，作雙方向傳送系統。伴隨多頻道，雙方向有線電視的
發展，對上行、下行的傳送頻域以及頻率排列作適切決定是很重要的
事情。

傳送頻帶要考慮地上廣播波的再發射服務頻道 (service channel) 或分波器的群延遲等特性，而作以下的分配。

1.　下行方向傳送的分配

地上 FM 收音機廣播波（日本為 76～86MHz)，以及地上電視廣播波 (90～108MHz，170～222MHz) 能以市面上所賣的接收機來接收，此頻域是 70MHz 以上。

2.　上行方向傳送頻域的分配

考慮上行與下行分波器的護衛帶 (guard band)，而取 50MHz 以下。（註：我國取 35MHz 以下）

6.1.4　分割頻帶 (split band)

對上行、下行傳送用頻率被分割之低域群與高域群，是為了防止迴圈 (loop) 結合而設計護衛帶 (guard band)。此護衛帶是作上行與下行使用頻域區分，故稱呼為**分割頻帶**(split band)。

在日本的分割頻帶，通常是前項所述的上行、下行的傳送頻域的分開用，使用圖 6.3 所示之型式 A(分割頻帶 50～70MHz)。型式 B 是將上行迴線的電視傳送頻道數增大的方法，被檢討考慮的方式。

另外，在美國考慮通信方面的利用，如圖 6.4 所示是包含上行寬頻域分割的方式。

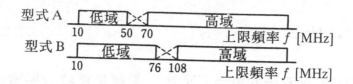

圖 6.3 日本雙方向傳送路的頻域分割例

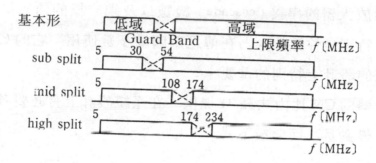

圖 6.4 根據頻域分割作雙方向傳送的構成（美國）

6.2 系統性能與設計的基礎

作爲性能基準的系統性能，主要是以在訂戶端子的信號品質來決定。另一方面，有線電線系統因爲是由中心系（接收系與頭端系），傳送系以及端末系所構成，故在訂戶端子上的性能值是各系的累積值。

因此，將必要的系統性能對各系作適切地性能分配，同時以滿足分配值方式來設計是很重要的。另外，特別是傳送系因爲是由許多的幹線放大器所構成，故作爲傳送系的諸性能有必要把握幹線放大器單體的諸性能及其關連性。

在此，對各系的系統性能的分配方法，就從系統性能與機器單體性能的關係開始，來敍述設計上的留意點等的系統設計基礎。還有，個個性能的意義，畫質上的關連性等是在第 5 章已提示。

6.2.1 CN 比

決定有線電線系統的總合 CN 比，主要是接收天線輸出位準，前置放大器的雜音指數，幹線傳送路的傳送位準與幹線放大器的雜音指數，幹線放大器的串接 (cascade) 級數以及端末機的輸入位準與雜音指數等。特別是幹線放大器在傳送系因為多數使用，它的 CN 比的檢討在系統的設計上特別的重要。

放大器的 CN 比由式 (5.3) 提供，在系統設計上有必要考慮輸入位準偏差、變動量，而變成下式。

$$C/N = C_i - N_o - NF - VF$$
$$= C_i - 0.9 - NF - VF \quad [\text{dB}]$$

(6.1)

其中，C_i：輸入位準$[\text{dB}\mu\text{V}]$，N_o：熱雜音 $\doteqdot 0.9\text{dB}\mu\text{V}$

NF：雜音指數$[\text{dB}]$

VF：輸入位準偏差、變動量$[\text{dB}]$

亦即，CN 比是由輸入主放大器的信號位準與該放大器的雜音指數等來決定。

熱雜音因為是由功率和相加，故系統全體的總合 CN 比是接收系的 CN 比 A[dB]，頭端 (HE) 系的 CN 比 B[dB]，傳送系的 CN 比 C[dB]，端末的 CN 比 D[dB] 相加而成，由下式求得。

$$C/N = 10 \log \frac{1}{\frac{1}{10^{A/10}} + \frac{1}{10^{B/10}} + \frac{1}{10^{C/10}} + \frac{1}{10^{D/10}}} \quad \text{(dB)}$$

$$(6.2)$$

在系統設計上，有必要從所要總合 CN 比進行對各系之性能分配。

假設，以下所示的分配，對每個系統檢討看看。

總合 CN 比：42dB ── 接收系 CN 比：53.0 dB
　　　　　　　　── HE 系 CN 比：55.0 dB
　　　　　　　　── 傳送系 CN 比：43.5 dB
　　　　　　　　── 端末系 CN 比：50.0 dB

1. 接收系 CN 比

於接收天線設置地點的 CN 比，是由下式求得。

$$C/N = (E + G_a + 20 \log L_e - L + V) - NF - 0.9 - VFm \quad \text{(dB)}$$

$$(6.3)$$

其中，E：電場強度[dBμV/m]，G_a：天線增益[dB]

L_e：天線有效長[m]，L：饋電線損失[dB]

V：從天線信號輸出電壓的開放值往終端值的

換算值 ($-$ 6dB)

NF：前置放大器的雜音指數[dB]

VF_m：衰落界限 (fading margin) [dB]

為了確保接收點的 CN 比在 53dB 以上，就必要約 67dBμV/m 以上的電場強度（其中，$G_a = 8$dB，$20 \log L_e = -6.4$dB(在頻率

200MHz 時)， $L=1\text{dB}$， $NF=3\text{dB}$， $VF_m=5\text{dB}$ 的場合)。

2. 頭端系的 CN 比

頭端系的 CN 比主要由電視信號處理器 (TV Signal Processor) 決定，若電視信號處理器的信號接收位準爲 C_i，則由公式 (6.1) 可求出。

爲了確保頭端系的 CN 比在 55dB 以上，電視信號處理器的輸入位準必需要約 70dBμV 以上，（其中，電視信號處理器的 $NF=9\text{dB}$， $VF=5\text{dB}$ 的場合)。

3. 傳送系的 CN 比

傳送系，通常，包含光傳送系統大致分爲幹線、連絡線系與同軸分配網，進一步，同軸分配網一般由幹線系與分歧、分配系所構成。分歧、分配系是爲了分配信號，它有下列特徵：①傳送距離較短，②因爲分歧放大器的輸出位準較高，輸入位準也較高，③串級 (cascade) 的級數較少爲 1 級或 2 級等的特徵。因爲如此，分歧、分配系可能獲得比較高的 CN 比。因此，傳送系的 CN 比大致是由幹線、連絡線系與同軸分配網當中級數較多的幹線所決定。兩者的 CN 比是如下列所示的方法可以求得。

在幹線放大器的輸入位準決定上，爲了確保所要的 CN 比即使各幹線放大器的輸入位準爲最小場合，也有必要考慮後述的同軸電纜損失之溫度變動或頻率特性等，輸入位準的偏差、變動量等。

幹線放大器連接 N 級場合的 CN 比由下式所求出

$$(C/N)_o = 10 \log \left[\cfrac{1}{\cfrac{1}{10^{\frac{(C/N)_1}{10}}} + \cfrac{1}{10^{\frac{(C/N)_2}{10}}} + \cdots + \cfrac{1}{10^{\frac{(C/N)_N}{10}}}} \right] \text{(dB)} \qquad (6.4)$$

其中，$(C/N)_1, (C/N)_2, \cdots, (C/N)_N$ ：各幹線放大器的

CN 比[dB]

電纜損失完全被均衡，各幹線放大器的輸入位準與雜音指數
相同場合的 CN 比可以由下列公式求出

$$(C/N)_o = (C/N)_1 - 10 \log (N) \quad \text{(dB)} \qquad (6.5)$$

電纜損失沒有完全被均衡場合，串級連接時的等效不均的輸
入位準偏差、變動量為 VFI_a 時，則 (6.5) 式變成下面公式。

$$(C/N)_o = C_i - NF - 0.9 - 10 \log (N) - (VFIa) \quad \text{(dB)} \qquad (6.6)$$

串級級數變為 N 級時，若傳送系的等效平均輸入位準偏差
、變動量在每一幹線的位準偏差、變動量為 d_i[dB] 時，各幹線放
大器的輸入位準偏差、變動量（特別是由於溫度變化產生之變動
量）可以看成是隨串級級數變成為 $d_i, 2d_i, 3d_i, \cdots, Nd_i$ 的增加，
由下列公式可以求出

$$VFIa = 10 \log \left[\frac{10^{d_i/10} + 10^{2d_i/10} + \cdots + 10^{Nd_i/10}}{N} \right] \quad \text{(dB)} \qquad (6.7)$$

在 20 級串級連接的傳送系，若幹線放大器的雜音指數為

10dB，等效平均輸入位準偏差、變動量爲 2.5dB 場合，爲了要確保 CN 比爲 43.5dB 以上，則如下列公式所示最低輸入位準必需要約 70dBμV 以上。

$$C_i = 43.5 + 10 + 0.9 + 2.5 + 10 \log 20 = 69.9 \text{ dB } \mu V$$

對幹線距離較長（約 10Km 以上）系統要延長擴大時，在放大器的串級級數較多場合，爲了要確保所要性能建議採用光傳送系統。

4.　端末系的 CN 比

端末系的 CN 比是由送往端末機（訂戶終端機或是電視接收機）的輸入位準與端末機的雜音指數求出。

爲了確保 CN 比在 50dB 以上，包含從送出點至端末機爲止的位準偏差、變動量，送往端末機的最低輸入位準至少必需要約 64dB 以上。

$$C_i = 50 + 8 + 0.9 + 5 = 63.9 \text{ dB } \mu V$$

其中，端末機的雜音指數＝ 8dB，位準偏差、變動量＝ 5dB

往集合住宅等連接的場合，由於強波器 (booster) 而增加惡化故要求更嚴格的值。爲了此緣故，包含系統的性能分配，或是系統的構成方法等必需要重新估算。

6.2.2　非線性失眞

1.　傳送系的失眞

在多頻道信號傳送的有線電線系統，會產生如第 5 章所述的放大器的非直線失眞 (主要是 2 次與 3 次失眞)。由於此失眞產生的干擾，有差頻干擾 (CSO, CTB) 以及串調變干擾 (XM) ，它的大部分是由於多頻道信號在多段幹線之傳送系產生。

⑴　串級級數與失眞　　幹線放大器被串接成 N 級場合的失眞成分是以各級發生的失眞累積而成。因爲這樣長距離，多級幹線傳送場合累積量就大增，故有必要包含傳送位準作系統設計。

在一般幹線放大器被連接成 N 級時的 CSO 是當作功率和來計算，可以如次式所示求出。

$$(CSO)_o = -10\log\left[10\frac{-(CSO)_1}{10}+10\frac{-(CSO)_2}{10}+\cdots10\frac{-(CSO)_N}{10}\right] \text{ [dB]} \quad (6.8)$$

其中，$(COS)_1, (CSO)_2,\cdots,(CSO)_N$：幹線放大器單體的 CSO[dB]

另外，相同 CTB 以及 XM 是當作電壓和來計算可以如次式所求出

$$(CTB)_o = -20\log\left[10\frac{-(CTB)_1}{20}+10\frac{-(CTB)_2}{20}+\cdots10\frac{-(CTB)_N}{20}\right] \text{ [dB]} \quad (6.9)$$

在此，$(CTB)_1, (CTB)_2,\cdots,(CTB)_N$：幹線放大器單體的 CTB[dB]

$$(XM)_o = -20\log\left[10\frac{-(XM)_1}{20}+10\frac{-(XM)_2}{20}+\cdots10\frac{-(XM)_N}{20}\right] \text{ [dB]} \quad (6.10)$$

在此，$(XM)_1, (XM)_2,\cdots,(XM)_N$：幹線放大器單體的 XM[dB]

若幹線放大器單體的 CSO, CTB, XM 相同，N 級串級連接時的等效平均輸出位準偏差、變動量爲 VFO_a 時，則 $(CSO)_o, (CTB)_o, (XM_o)$ 可以分別如下列式子求出。

$$(CSO)_o = (CSO)_1 - 10\log(N) - (VFOa) \quad [\text{dB}] \tag{6.11}$$

$$(CTB)_o = (CTB)_1 - 20\log(N) - (VFOa) \times 2 \quad [\text{dB}] \tag{6.12}$$

$$(XM)_o = (XM)_1 - 20\log(N) - (VFOa) \times 2 \quad [\text{dB}] \tag{6.13}$$

串級級數若爲 N，其傳送系的等效平均輸出位準偏差、變動量是設每一幹線的位準偏差、變動量爲 d_o[dB] 時，各幹線放大器的輸出位準偏差可以考慮是隨串級級數作 $d_o, 2d_o, 3d_o, \cdots, Nd_o$ 而增加，可以由下列式子求出。

$$VFOa = 10\log\left[\frac{10^{d_o/10} + 10^{2d_o/10} + \cdots + 10^{Nd_o/10}}{N}\right] \quad [\text{dB}] \tag{6.14}$$

串級級數相對於 CTB 的實測例如圖 6.5 所示。CTB 是以大略電壓和相加而變成之資料。

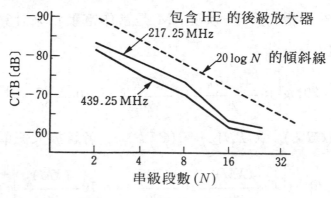

圖 **6.5** 串級級數與 CTB

⑵　傳送頻道與失真　　失真成分是由於放大器的非線性而產生已在前項說明，造成差頻干擾之 2 次失真主要是 $f_1 \pm f_2$ 波，3 次失真是 $f_1 \pm f_2 \pm f_3$ 波造成干擾，傳送頻道數增加時因爲組合數增加，故干擾的情況就變大。多頻道傳送的場合，特別成問題的是被稱爲 CTB 干擾以 $f_1 + f_2 - f_3$ 的形式而產生之複合 3 次失真，在電視頻道內產生的失真波數，在頻道數約爲 30 頻道以上的場合，大約是以頻道數的 2 次方比例增大。

對於某載波頻率附近發生的失真波數，其失真位準的合成量，因爲頻率的參差不齊以及相位的偏移，一般是以功率和求出。亦即，某頻道頻城內的載波頻率附近 1000 個的失真波與相同位準發生場合 1 個的比較，其失真位準高出 30dB，干擾的情況大增。

58 頻道傳送時的各電視頻道內發生的 CSO 干擾的失真波數如圖 6.6 所示，$f_1 + f_2$　f_3 形的 CTB 干擾之失真波數如圖 6.7 所示。從此圖表看出 CSO 干擾，在頻道 C22～6(差頻頻率 2.75MHz) 最嚴重 (− 1.25MHz 因爲是頻道的交界處，干擾不易出現)，CTB 干擾得知是在頻道 C30～ C35(差頻頻率 ± 0MHz) 最嚴重。

這些干擾在端末是決定畫像品質主要原因，在多頻道傳送系統，特別是 CTB 干擾是決定系統規模主要原因。

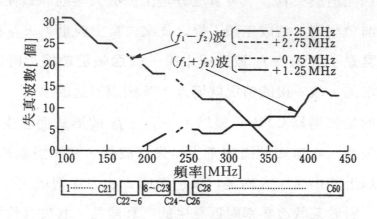

圖 6.6　CSO 干擾的失真波數與頻道排列

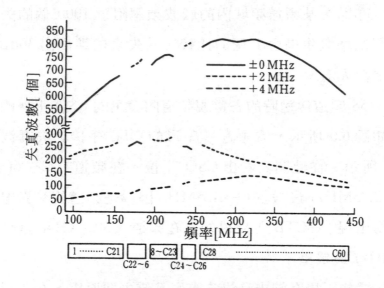

圖 6.7　CTB 干擾的失真波數與頻道排列

　　因為此緣故 CTB 干擾在同軸傳送的幹線系與分歧、分配系性能分配場合，不僅單獨地根據幹線放大器的個數以比例分

配，對於必需要高輸出位準的分歧、分配系之放大器而言，還
要平衡分配輸出位準，必需考慮幹線系與分歧、分配系的平
衡。（規格分配例在 6.4.3 節記述）

2.　中心系的失眞

在非線性失眞中，除了前述以外，還會在中心系頭端的電
視信號處理器等處產生彩色差頻干擾。此干擾是根據一個的頻道
內之影像信號載波 (F_v) 與聲音信號載波 (F_a) 以及色信號副載波
(F_s)，如式 (6.15) 所示結合而產生失眞，變成 920kHz 之彩色差
頻干擾。

$$F_v \pm F_a \pm F_s = F_v \pm 920 \text{ k Hz} \tag{6.15}$$

此彩色差頻干擾，是由聲音信號載波以及色信號載波的差頻
所產生，其位準比 CTB 干擾場合變成對象之各影像信號載波位
準 (F_v) 還要低，由於幹線放大器產生量是在可忽略的程度，故
傳送系的累積可以不用考慮。

6.2.3　電源交流聲 (hum) 調變

有線電線系統的幹線放大器用直流電源，是來自商用電源，經變
壓後爲 AC 60V 或是 30V，以同軸電纜爲介質供電後將 AC 電源整流
而得。

因爲此緣故，在直流輸出包含商用頻率之紋波 (ripple)。此紋波成
分，例如，加到 AGC 等電路會將信號調變變成交流聲調變干擾。

　　電源交流聲調變的相加是在商用電源的相位相同場合變成電壓相加，而在一般供電點的數量很多，從 3 相電源隨機地 (random) 得到單相 110V，因此電壓不是相加。 N 級串接場合的電源交流聲調變設為 $(HM)_o$，若放大器 1 台的交流聲調變若為 $(HM)_1$，則由經驗的方法以下式可求出。

$$(MH)_o = (HM)_1 - 15\log(N) \quad [\text{dB}] \tag{6.16}$$

6.2.4　傳送系的系統性能

　　在有線電線系統構成的中心系，傳送系，端末系當中，特別是傳送系對系統的性能影響最大。因此，對該系統設計特別地重要，另外，還有傳送系特有的考慮。在此就有關傳送系的系統設計來詳細解說。

1.　傳送距離與傳送特性

　　在同軸傳送由於幹線放大器的串級連接而產生有關之 CN 比與失真特性之惡化，已經敍述過，同軸傳送是傳送距離對特性惡化影響最大，在長距離傳送場合，有必要對傳送方式加以檢討。同軸傳送與 VSB-AM 光傳送的傳送距離對 CN 比，CTB 的特性例如圖 6.8 所示。

　　由此特性例可以瞭解傳送距離約 5Km 以上的性能是 VSB-AM 光傳送的方式較優異，在長距離傳送系統若採用光傳送性能可以改善很多。

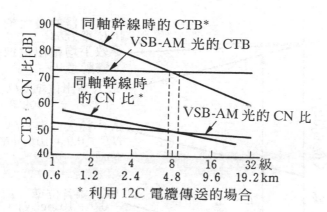

圖 **6.8**　傳送距離對 CN 比，CTB 的特性例

2.　輸出入位準

　　由前述，從幹線放大器產生的熱雜音以及非線性失真，是由串級連接的幹線放大器所累積。另外，CN 比，CSO，CTB 是根據加至各幹線放大器的信號位準來決定。亦即，由幹線放大器單體的雜音指數，CSO，CTB 以及傳送系的所要 CN 比，CSO，CTB 來決定，圖 6.9 所示串級級數 (N) 對於幹線放大器的所要輸出入位準，可以由次式決定。

　　最小輸入位準＝所要 $C/N + NF + 0.9 + 10 \log(N)$

$$+ VFI_a \ [\text{dB}\mu\text{V}]$$

　　最大輸出位準＝各放大器的最大輸出位準

$$(C_{o\max}) - 10\log(N) - VFO_a \ [\text{dB}\mu\text{V}]$$

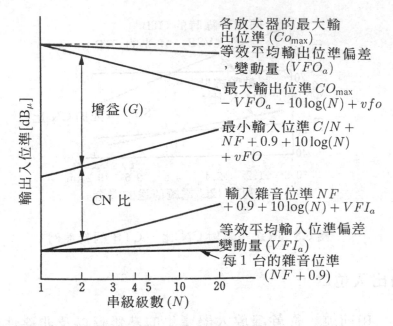

各放大器的最大輸
出位準 (Co_{max})
等效不均輸出位準偏差
，變動量 (VFO_a)

最大輸出位準 CO_{max}
$- VFO_a - 10\log(N) + vfo$

最小輸入位準 $C/N +$
$NF + 0.9 + 10\log(N)$
$+ vFO$

輸入雜音位準 NF
$+ 0.9 + 10\log(N) + VFI_a$

等效平均輸入位準偏差
變動量 (VFI_a)
每 1 台的雜音位準
($NF + 0.9$)

圖 **6.9** 串級級數與輸出入位準

N 串級連接時的 CSO 以及 CTB 干擾是分別以 (6.11) 式以及 (6.12) 式所示的 $10\log(N)$ 與 $20\log(N)$ 減少。另一方面，CSO 成分[dB] 是信號輸出位準變化[dB] 的 2 倍，CTB 成分[dB] 是信號輸出位準變化[dB] 的 3 倍變化。例如，將信號輸出位準提高 1dB 則 CSO 成分提高 2dB，CTB 成分提高 3dB，因此具有輸出位準與失真成分比之 CSO，CTB，分別惡化 1dB 與 2dB。因此，包括 CSO，CTB 在內，假若將串級級數 (N) 對信號輸出位準取 $10\log(N)$ 的比例下降，則 CSO 以及 CTB 可以得到與使用 1 台時相同值。

3.　同軸電纜損失與溫度變動

同軸電纜的電氣特性，可以利用次式求出

衰減常數　　　$(\alpha) = \dfrac{360.5}{Z_g}(\dfrac{x_1}{a} + \dfrac{x_2}{b})\sqrt{f} + 90.9\sqrt{(g_r)} \cdot \tan\delta \cdot f$　[dB]　　(6.17)

特性阻抗　　　$(Z_g) = \dfrac{138.1}{\sqrt{(\varepsilon_r)}} \log \dfrac{b}{a} (\Omega)$　　　　　　　　　(6.18)

在此，

f：頻率[MHz]　　ε_r：絕緣體的有效比介電率

a：中心導體外徑[mm]　　b：外部導體內徑[mm]

$\tan\delta$：絕緣體的有效介電率

x_1：中心導體的導電率係數 $\sqrt{(\rho_1/\rho_o)}$

x_2：外部導體的導電率係數 $\sqrt{(\rho_2/\rho_o)}$

ρ_1：中心導體的電阻率[nΩ·cm]

ρ_2：外部導體的電阻率[nΩ·cm]

衰減常數由 (6.17) 式得知，是與 $\sqrt{f}$ 成比例的導體電阻，以及損失與 f 成比例，由於電導 (conductance) 所造成的所謂介電損 (dielectric loss) 所組成。

一般，在 VHF 帶的衰減量，與 $\sqrt{f}$ 成比例的導體損失比起與 f 成比例的介質損失要大很多。因此，衰減量大致上與頻率的平方根成比例增加。另外，在溫度變化場合，在衰減常數之式子中，大體上的變化是依照中心導體與外部導體的電阻率 (固有電阻)ρ_1，ρ_2 來變化，銅，鋁的場合，因它的溫度係數大約0.4%/℃故 $\sqrt{\rho}$ 的溫度係數約為 0.2%/℃。因此，同軸電纜損失的溫度變動為 0.2%/℃變化。

　　　溫度變化的範圍，以平均的氣溫－10～＋40℃考量時，由於直射日光使溫度上昇部分，約20℃爲考慮時對電纜溫度考量爲－10～＋60℃之範圍變化。亦即，電纜衰減量根據溫度作±7%變化。

4.　自動增益控制

　　　如前述，假設電纜的溫度作±35℃變化，則電纜損失爲±7%變化。例如，電纜損失在22dB的傳送區間約有±1.6dB變化。

　　　幹線放大器的串級級數變多場合，它的變動量爲累積性，變成非常大的信號位準變動，CN比以及失真特性就惡化。

　　　爲了補償此位準變動，使用自動增益控制(automatic gain control: AGC)，由於使用AGC，同軸電纜因溫度造成損失變動得以補償，由於位準變動可以改善CN比以及差頻干擾。

5.　傾斜 (tilt)

　　　同軸電纜的損失頻率特性是具有 $\sqrt{f}$ 特性，頻率愈高損失愈大，幹線放大器的輸入位準是頻率愈高位準變愈低。因此，CN比亦是頻率高的頻道特性惡化。爲了補償此特性，高頻側的電視頻道有必要傳送較高位準。

　　　相對於此種幹線放大器的輸出位準。加上傾斜的頻率特性，稱爲傾斜(tilt)。

　　　傾斜如圖6.10所示在幹線放大器的輸入，傳送信號在全頻域都爲平坦，因此，在幹線放大器的輸出是在傳送頻道的最高、最低頻率頻道間加上相當於線路損失差的傾斜位準為全傾斜 (full tilt) 與加上相當於線路損失差的一半之傾斜位準稱為半傾斜 (half tilt)。

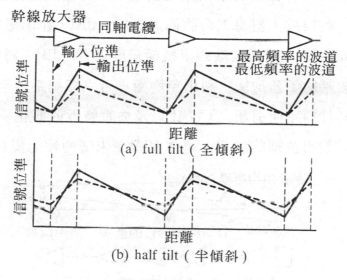

圖 **6.10**　full tilt 與 half tilt

通常，是有半傾斜或是接近於半傾斜者被使用者較多。

6.　振幅頻率特性偏差與均衡（等化）

幹線放大器的頻率增益特性是具有與同軸電纜的頻率衰減特性相反的特性，要完全補償同軸電纜的損失是困難的。因此，串級級數變多時因而每 1 幹線固定的振幅頻率特性偏差累積後，在末端的幹線放大器就變成較大偏差。這不僅是信號的頻率特性與位準特性的惡化，CN 比以及失真特性也惡化。此改善對策有預均衡與清理 (mop up) 均衡二種。

(1) 預均衡　　將來自頭端至幹線系的末端放大器爲止所累積振幅頻率特性偏差的 $\frac{1}{2}$，預先在頭端給予均衡（利用送出位準均衡至 $\frac{1}{2}$），在幹線系的中間點使振幅頻率特性成無偏差的方法。

　　幹線放大器每 1 台的偏差設爲 $d[\text{dB}]$，在串級級數爲 N 時，如圖 6.11 所示末端的累積偏差度爲 $Nd[\text{dB}]$。將此 $\frac{1}{2}$ 即 $Nd/2$ 在頭端給予預均衡。利用預均衡，可以抑制系統全體的振幅頻率特性偏差所引起之 CN 比以及失真特性的惡化。此種預均衡僅是送出位準的調整，可以謀求在末端的性能提昇。

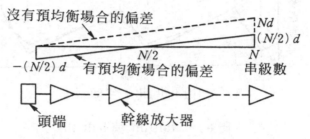

圖 **6.11**　由於預均衡方式之偏差

(2) 清理 (mop) 均衡　　利用幹線傳送，在振幅頻率特性偏差累積至某程度時才給予均衡的方法稱爲清理 (mop up) 均衡。通常，mop up 均衡器被使用於幹線系，每數個幹線插入 1 台均衡器。

　　在 mop up 均衡器中，均衡固定偏差的固定均衡器，對傳送頻域內具有數部分 (section) 可調整均衡器，有手動 (manual) 可變均衡器以及利用引示 (pilot) 信號組裝 AGC 均衡電路之 AGC 均衡器。

利用預均衡與 mop up 均衡的組合，來改善偏差的方法如圖 6.12 所示。

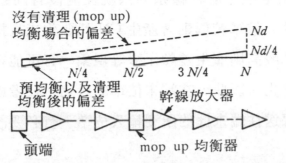

圖 6.12　利用預均衡與 mop up 均衡之偏差例

關於各幹線放大器發生位準偏差是相同時的失真特性以及 CN 比，沒有均衡場合與均衡後場合的計算例，如圖 6.13 所示。

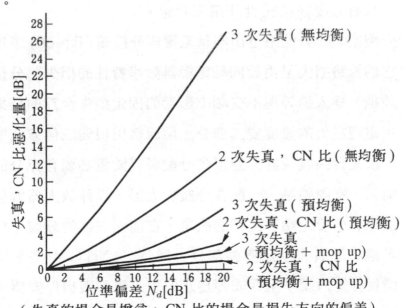

（失真的場合是增益，CN 比的場合是損失方向的偏差）

圖 6.13　由於位準偏差而產生失真，CN 比惡化與利用均衡改善例

7. 端末位準

傳送系當中即使幹線系的系統性能沒有問題場合，若送往端末機的輸入位準較低則會產生 CN 比惡化或直接波干擾，相反地輸入位準較高則產生差頻干擾等現象，有可能在分歧、分配系的畫質會惡化。因此，在端末位準的設定，要考慮下列所述事項，能夠確保送往端末機的所要輸入位準，有必要設計分歧、分配系。

(1) 分歧系　　分歧放大器以及延伸放大器，通常，對電纜損失之溫度變動補償，沒有 AGC 機能者較多。因此，由於分歧線的溫度變動所生的損失變動部分，端末位準的變動也是依照這樣，故有必要在系統設計預先考慮。

(2) 分配系　　分配系是由同軸電纜與分接頭 (Tap-off) 等所構成。它的線路損失是由於同軸電纜具頻率特性的損失，分接頭的分歧損，插入損等與不受頻率影響的固定損失合算的結果。進一步電纜損失的溫度變動部分，照原樣出現變成信號位準的變動，故配合系統設計，對損失分配與變動量必要有充分的考慮。

(3) 引入‧室內線系　　配合分歧放大器，延伸放大器的信號輸出位準與分接頭端子位準的設定，在前面敍述的分歧、分配系需考慮各種損失以及變動部分，同時，對圖 6.14 例子所示，考慮從分接頭端子至保安器為止的引入線長與自保安器至端末機為止的室內配線系統，有必要確保所要端末機位準。

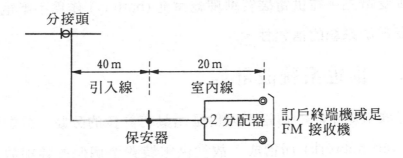

圖 **6.14**　引入・室內線之例

6.3　電源供給

6.3.1　供電方式

　　傳送系的幹線放大器所需電源，大多數利用遠方供電方式重疊在信號傳送用的同軸電纜上來供電。因此，由於同軸電纜的電阻成分而消耗功率。

　　另一方面，幹線放大器的消耗功率是隨著多頻道化而有增加傾向，供電電流增加的結果，在同軸電纜被消耗的功率增加，供電效率就降低。爲了改善此現象，在多頻道傳送系統，通常，將供電電壓提高至 AC60V 而降低供電電流，使電纜電阻產生電壓降減少而提高供電效率。

　　還有，伴隨著系統的大規模，多頻道化，供電的配電系統在中心、傳送系與訂戶系相異場合很多，由於停電等因素而增加停止信號播送次數需要加以考慮。因此，利用供電容量的大容量化 (900VA 等)

以減少受電點，在供電裝置準備乾電池 (battery) 作爲不斷電系統等，以提高電源系統的信賴性。

6.3.2　供電系統設計

有線電線系統的傳送系因爲是由具有許多的分歧、分配點之樹狀網路 (tree network) 所構成，故從供電裝置至個個的幹線放大器爲止的電纜電阻其電壓降變爲不同。因此每個幹線放大器受電電壓也不相同。

另外，一般幹線放大器的消耗功率具有相對於所加電壓而變化的特性。因此，對於各幹線放大器的標示電壓明白標示消耗功率，用供電裝置的送出電壓與電纜電阻可以算出各幹線放大器的所加電壓或供電可能的幹線放大器台數，對供電系統設計是很重要的。

同軸電纜的特性例如表 6.1 所示。

表 6.1　同軸電纜的特性例

項　　　目		17C 電纜	12C 電纜	8C 電纜
直流導體電阻 Ω/loop km		1.8	3.7	6.8
絕緣電阻		1000MΩ－ km 以上		
耐電壓		AC110V 1 分鐘		
特性阻抗		75 Ω		
衰減量[dB/km]	10MHz	4.7	7.2	9.7
	50MHz	10.8	16.3	21.9
	100MHz	15.5	23.3	31.3
	300MHz	28.1	41.6	55.5
	450MHz	35.3	51.8	68.8

進行這樣的供電系統設計爲了正確，而且要更有效率，使用計算

機作模擬 (simulation) 是最有效的方法。以下介紹使用計算機作供電
設計模擬的例子。

　　首先，將供電系統設計必要的資料（幹線放大器的輸入電壓相對
之消耗電流，同軸電纜的迴路電阻等）輸入至計算機，根據指定供電
系統的電路構成來計算。計算是依照電路構成，由被指定末端的幹線
放大器的電壓從最小動作電壓開始，在供電點取指定電壓‧電流作判
定值，順次地增加末端的電壓之方法。

　　計算例如圖 6.15 所示。在計算例中電纜的迴路電阻為 3.7Ω/km，
供電裝置 (PS) 的供電送出電壓為 58.4V 時，被連接至末端的延伸放大
器 (EA) 的標示電壓變成 46.1V，另外，可能供電的幹線放大器台數為
15 台，供電裝置的負載電流變為 7.52A。

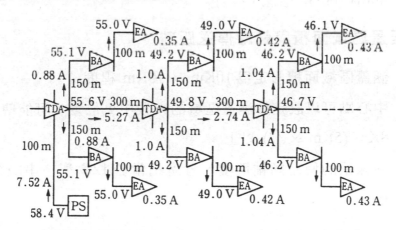

・電纜的迴路電阻：3.7Ω/km
・供電裝置的輸出電壓、容量：AC60V，900VA
・供電點的判定電壓、電流：AC58.5V，10A 以下

圖 6.15　供電計算例

6.4　系統設計例

6.4.1　系統設計條件

1.　傳送頻道數

作爲都市形 450MHz 多頻道系統，傳送頻道爲 54ch (ch7，C13，C24～ C27 除外)。

2.　系統性能

以總合評價 4 以上爲目標，$C/N \geq 42\text{dB}$，$CTB \leq -53\text{dB}$，$XM \leq -46\text{dB}$，$CSO \leq -55\text{dB}$，$HM \leq -54\text{dB}$ (50Hz 地區)，-40dB (60Hz 地區)。

3.　涵蓋區域面積與幹線傳送距離

⑴　涵蓋區域面積假定爲 10Km × 10Km 程度。

⑵　中心點可以設定於涵蓋區域的大致中央位置，可能傳送距離在 8Km (5Km × $\sqrt{2}$) 以上。

⑶　幹線系的使用同軸電纜，考慮相當於 12C 型，串級級數爲 20 級。

4.　保安器輸出位準

保安器輸出位準是端末機的所要輸入位準，考慮室內系的分配損失以及電纜損失，輸出位準在 72dBμV 以上。

6.4.2 系統構成

系統的基本構成如圖 6.16 所示，幹線系 (TA， TDA， TBA) 的串級級數為 20 級，分歧、分配系 (BA) 由 1 級所構成。

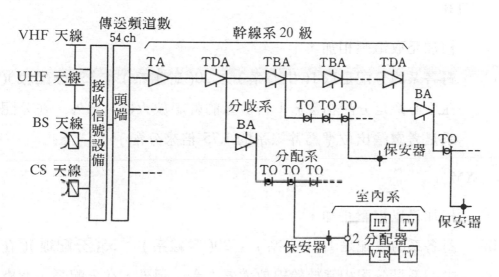

圖 6.16 系統基本構成圖

6.4.3 系統性能的分配

系統性能分為中心系，幹線系，分配系，對各系作如下之分配。

而在此所示性能分配或 6.4.4 項所示機器的所要性能等的數值是為了具體說明系統設計的方法而表示的數值。在實際的系統設計上，必要有它的規模，構成等的適合之性能分配和機器的所要性能。

1. CN 比

⑴ 相加是以功率相加。

(2)　對各系的分配是取 3(中心系)：20(幹線系)：2(分配系)(分配的數值是以幹線放大器等效的串級級數來表示。在中心系是分配相當於 3 台幹線放大器的份量)。

2.　CTB

(1)　相加是取電壓相加。

(2)　對各系的分配是取 1(中心系)：20(幹線系)：35(分配線)(在中心系是分配相當於 1 台份量的幹線放大器。另外，在分配系是考慮輸出位準爲幹線系的 1.75 倍來分配)。

3.　XM

(1)　相加是以電壓相加。

(2)　對各系的分配是 1(中心系)：20(幹線系)：35(分配線)(在中心系是分配相當於幹線放大器 1 台。另外，在分配系，考慮輸出位準爲幹線系的 1.75 倍來分配)。

4.　CSO

(1)　相加是功率相加。

(2)　對各系的分配是 1(中心系)：20(幹線系)：35(分配線)(在中心系是分配相當於幹線放大器 1 台之份量。另外，在分配系是考慮輸出位準爲幹線系的 1.75 倍來分配)。

5.　HM

(1)　取 3/2 倍相加。

⑵　對各系的分配是 20(中心系)：20(幹線系)：1(分配線)(在中心系是考慮電視信號處理器的 AGC 動作範圍等，分配相當於幹線系的份量。另外，在分配系是分配幹線放大器 1 台份量)。

根據這些原則，各系被分配的性能如表 6.2 所示。

表 6.2　系統性能分配

項　目		總合	中心系	幹線系	分配系
信號對雜音比 (CN 比)	[dB]	42	51	43	53
複合 3 次失真 (CTB)	[dB]	− 53	− 88	− 62	57
串調變 (XM)	[dB]	− 46	− 81	− 55	− 50
複合 2 次失真 (CSO)	[dB]	− 55	− 73	− 60	− 57
電源交流聲調變 (HM)	[dB]	− 54	− 59	− 59	− 78

6.4.4　機器所要的性能與輸出入位準

1.　中心系

⑴　CN 比的性能分配　　將中心系分配到的 C/N＝ 51dB 如下列所示分配至接收系與頭端系的信號處理器。

$$\text{中心系：51dB} \begin{cases} \overset{3}{\diagup}\ \text{接收系：53.2dB} \\ \underset{2}{\diagdown}\ \text{HE 系：55.0dB} \end{cases}$$

⑵　天線輸出位準　　取前置放大器的雜音指數爲 3dB，衰落 (fading) 所引起的位準變動 (VF_m) 爲 5dB，則所要天線輸出位準約爲 $62\mathrm{dB}_\mu\mathrm{V}$ 以上。

$$所要天線輸出位準＝所要\ C/N＋前置放大器的\ NF$$
$$＋(VFm)＋0.9\ 〔dB\,\mu V〕$$
$$＝53.2＋3＋5＋0.9＝62.1\ 〔dB\,\mu V〕 \tag{6.19}$$

(3) 天線增益　　接收電場強度爲 $65dB\mu V/m$ 場合，爲了獲得天線輸出爲 $62dB\mu V$ 則必要的天線增益爲 $10.4dB$ 以上（其中，頻率 $200MHz$，供電線損失爲 $1dB$ 時）。

$$所要天線增益＝所要天線輸出位準－電場強度－\{20\log(\lambda/\pi)$$
$$－6－供電線損失\}\ [dB] \tag{6.20}$$
$$＝62－65－(-6.4－6－1)＝10.4\ 〔dB〕$$

其中，λ：接收波的波長[m]

(4) 電視信號處理器 $(TV－SP)$ 的輸入位準

① TV-SP 的雜音指數爲 $10dB$，衰落減所引起之位準變動 (VF_m) 爲 $5dB$，則 TV-SP 的所要輸入位準約 $71dB\mu V$ 以上。

$$所要輸入位準＝所要\ C/N＋(TV－SP的\,NF)$$
$$＋(VFm)＋0.9\ 〔dB\,\mu V〕 \tag{6.21}$$
$$＝55＋10＋5＋0.9＝70.9\ 〔dB\,\mu V〕$$

② 在區域外電波接收，接收電場強度較弱場合是提高前置放大器以後的位準，有必要顧慮電視信號處理器的熱雜音是不能相加。

2. 幹線系

(1) 輸入位準　　幹線放大器的雜音指數爲 $10dB$，20 級串級連接時的等效平均輸入位準偏差・變動量 (VFI_a) 爲 2.5dB，則幹線放大器的所要輸入位準在 69.4dBμV 以上。

$$所要輸入位準＝所要 C/N + NF + 0.9 + 10\log(N)$$

$$+ (VFI_a) \; [\text{dB} \, \mu\text{V}] \tag{6.22}$$

$$= 43 + 10 + 0.9 + 10 \log 20 + 2.5 = 69.4 \; [\text{dB} \, \mu\text{V}]$$

(2)　失真性能　　20 級串級連接時的等效平均輸出位準偏差・變動量 (VFO_a) 爲 1dB 時，則幹線放大器單體的所要 CTB，XM，CSO 分別如次式所示。

$$所要 \text{CTB} = 幹線系的所要 \text{CTB} - 20\log(N)$$

$$- (VFO_a) \times 2 \; [\text{dB}]$$

$$= -62 - 20 \log 20 - 1 \times 2 = -90 \; [\text{dB}] \tag{6.23}$$

$$所要 \text{XM} = 幹線系的所要 \text{XM} - 20\log(N)$$

$$- (VFO_a) \times 2 \; [\text{dB}]$$

$$= -55 - 20 \log 20 - 1 \times 2 = -83 \; [\text{dB}] \tag{6.24}$$

$$所要 \text{CSO} = 幹線系的所要 \text{CSO} - 10\log(N)$$

$$- (VFO_a) \; [\text{dB}]$$

$$= -60 - 10 \log 20 - 1 = -74 \; [\text{dB}] \tag{6.25}$$

(3)　輸出位準　　幹線放大器的單體最大輸出位準 ($C_{\max}$) 爲 110 dBμV。

（ 此時的 CTB$= -54$dB，CSO$= -60$dB) 則運用可能輸出位準，由次式根據 CTB 被限制爲 92dB$_\mu$V。

$$輸出位準 (根據 \text{CTB}) = 幹線放大器 C_{\max} - (C_{\max} 時的 \text{CTB}$$

$$-幹線放大器單體的所要 CTB)/2 \ [dB\mu V] \quad (6.26)$$

$$=110-(-54+90)/2=92 \ [dB\,\mu V]$$

$$輸出位準 (根據 CSO)=幹線放大器 \ C_{max}-\ (C_{max} \ 時的 \ CSO$$

$$-幹線放大器單體的所要 \ CSO)[dB\mu V]$$

$$=110-(-60+74)=96 \ [dB\,\mu V] \quad (6.27)$$

⑷　HM　　幹線放大器單體的所要 HM 爲 − 78.5dB 以下。

$$所要 HM=幹線系的所要 HM-15\ log(N)$$

$$=-59-15\ log\ 20=-78.5 \ [dB]$$

3.　分配系

⑴　輸入位準　　分歧放大器的雜音指數爲 10dB，分歧放大器的輸入位準偏差‧變動量 (VFI) 爲 3dB 時，則分歧放大器的所要輸入位準爲，根據次式是在 66.9dBμV 以上。

$$所要輸入位準=所要 \ C/N+NF+0.9+VFI \ [dB\mu V]$$

$$\quad (6.28)$$

$$=53+10+0.9+3=66.9 \ [dB\,\mu V]$$

⑵　失真性能　　在分歧放大器的輸出取位準偏差‧變動量 (VFO) 爲 2dB 時，則分歧放大器單體的所要 CTB，XM，CSO，分別如次式所示。

$$所要 CTB=分配系的所要 CTB-\ (VFO) \times 2 \ [dB]$$

$$=-57-(2\times2)=-61 \ [dB] \quad (6.29)$$

$$所要 XM=分配系的所要 XM-\ (VFO) \times 2 \ [dB]$$

$$=-50-(2\times2)=-54 \ [dB] \quad (6.30)$$

所要 CSO＝分配系的所要 CSO－ (VFO) [dB]

$$=-57-2=-59 \; \text{(dB)} \tag{6.31}$$

⑶　輸出位準　　分歧放大器的最大輸出位準為 $113\text{dB}\mu\text{V}$（此時的 CTB＝－ 54dB，CSO＝－ 57dB) 時，則運用可能輸出位準，由次式根據 CTB 被限制為 $109.5\text{dB}\mu\text{V}$。

輸出位準（根據 CTB)＝分歧放大器 $C_{\max}$－($C_{\max}$ 時的 CTB

－分歧放大器單體的所要 CTB)/2 $[\text{dB}\mu\text{V}]$

$$=113-(-54+61)/2=109.5 \; \text{(dB}\,\mu\text{V)} \tag{6.32}$$

輸出位準（根據 CSO)＝分歧放大器 $C_{\max}$－($C_{\max}$ 時的 CSO

－分歧放大器單體的所要 CSO)$[\text{dB}\mu\text{V}]$

$$=113-(-57+59)=111 \; \text{(dB}\,\mu\text{V)} \tag{6.33}$$

6.4.5　幹線傳送距離

前面敍述過，幹線放大器的所要輸入位準為 $70\text{dB}\mu\text{V}$，輸出位準為 $92\text{dB}\mu\text{V}$。根據此數值，幹線放大器的增益為 22dB，可能補償 $22\text{dB}\times 20$ 級＝ 440dB 的電纜損失，使用 12C 超高發泡的同軸電纜（在 52dB/km， 450MHz) 場合，可能傳送距離為 440/52＝ 8.46，亦即約 8.5Km。

6.4.6　保安器輸出位準

為了能算出分歧放大器的運用可能輸出位準為 $109.5\text{dB}\mu\text{V}$，在下列的條件下為了確保保安器輸出位準 $72\text{dB}\mu\text{V}$，則它的分配・引入線系的例子如圖 6.17，6.18 所示。

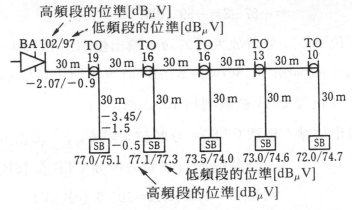

圖 6.17 端子密度較高時的分配・引入線系之例

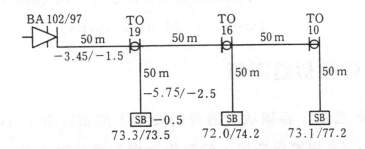

圖 6.18 端子密度比較低時的分配・引入線系之例

[爲了實例設計之條件]

1.　BA 輸出位準

102/97dBμV，在 4 分歧輸出（若 4 分歧的損失約 7.5dB，則前述的 109.5dBμV 以 4 分歧輸出則可能有 102/97dBμV 的設定）

2. 分配電纜

取 8C 高發泡鋁同軸電纜,電纜損失每 1Km 為 69dB (450MHz) /30dB (90MHz)。

3. 引入電纜

取 5C 高發泡薄片外皮 (laminate sheath) 同軸電纜,電纜損失每 1Km 為 115dB (450MHz)/50dB (90MHz)。

4. TO 的插入損失

$$19\text{dB 形 4 分歧 TO} \rightarrow 0.8\text{dB}$$
$$16\text{dB 形 4 分歧 TO} \rightarrow 1.5\text{dB}$$
$$13\text{dB 形 4 分歧 TO} \rightarrow 2.0\text{dB}$$
$$10\text{dB 形 4 分歧 TO} \rightarrow 3.9\text{dB}$$

5. SB 的通過損失:0.5dB

圖 6.17 是訂戶端子密度較高場合(約 1 端子 /200～250m^2)分接頭 (top-off) 端子有可能連接分歧放大器 1 台到約 80 端子為止。圖 6.18 是加入者端子密度比較低的場合(約 1 端子 /600～700m^2),連接端子數約為 48 端子。此端子數是不包含偏差・變動之值,若考慮偏差・變動,則變成約 50～60 端子與 30～40 端子程度。

作端子密度較低的設計場合,對分配電纜使用 12C 型則分接頭的連接數可以增加 2～3 成的程度。

6.5 光纜幹線傳輸系統的設計

6.5.1 HFC 光纖網路設計原則

1. 光波長的選擇

　　在進行光纖網路設計時，首先應確定光的波長。在光纖傳輸的三個波長中，由於 850nm 波長損耗較大，不宜在有線電視系統中使用。1310nm 波長損耗較低，色散最小，價格也較便宜，目前各國有線電視系統中用得最多。1550nm 波長損耗最少，而且可以採用光纖放大器進行中繼放大，可以傳輸更遠的距離；但其色散較大，前些年價格較貴，技術也不太成熟，應用受到限制。近年來，1550nm 技術逐漸成熟，價格有所下降，應用也逐漸廣泛。就目前而言，當傳輸距離小於 35 公里，覆蓋範圍較小時，採用 1310nm 技術具有較高的性能價格比。當傳輸距離遠，覆蓋距離大時，若採用 1310nm 技術，需加裝中繼放大器，不但會增加成本，也會降低傳輸性能，這時，採用 1550nm 技術反而成本更合算。

　　當然，採用 1310nm 還是 1550nm 技術，成本並不是唯一考慮的因素，特別是在進行多功能應用時，還應考慮系統的可靠性，組網的靈活性等。一般來說，採用 1310nm 技術時系統使用的光發射機台數較多，系統的可靠性和組網的靈活性都要好一些。另外，從可靠性角度考慮，頭端系統的設備都應有備份機，在備份機資金投入上，採用多台小功率的發射機較為合算。所以在進行網路設計時，應考慮成本、可靠性、靈活性、擴展性等多種因素，以優化設計方案。

2.　確定光纖網路頻帶寬度

　　光纖傳輸技術顯著的優勢是傳輸頻帶寬，考慮到有線電視能與信息高速線路接軌，網路的頻寬至少應為 550MHz，對於大中城市的網路應使用 750MHz 或 1000MHz 的系統。雙向傳輸網路正向和反向頻帶應按照國家制定的標準劃分。目前電信總局提出的頻帶劃分：5～42MHz 為有線電視上行頻帶，50～550MHz 為有線電視下行頻帶，550～750MHz 為數據業務傳輸或數位電視頻道使用；750MHz～1000MHz 用於未來通信。事實上，上限頻帶寬度的確定對光纖傳輸網路來講，主要取決於光發射機的工作帶寬。所以網路設計對光發射機選用應優先採用上限頻率為 750MHz 者，這樣可使網路的容量一步到位。

3.　光纖芯線用量的選擇

　　在系統設計時，預算中的光纜投資並不大，但是系統建設好後要再增設光纜，則投資會加大；而且 16 芯較 12 芯、12 芯較 8 芯光纜在價格上相差不大。因此，在系統設計時，應考慮在每個光接收點處至少預留 1～2 根光纖。例如，若用一根光纖傳輸下行信號，一根傳輸上行信號，一根傳輸資料信號，加上預留的 1～2 根，則在一個光節點處至少應安排四芯光纜。當設計中有幾個光節點在同一方向時，為架設方便，隨著距頭端的距離不同，可將最遠點的光節所用光纖包含在次遠的光纜中。例如，有三個光節點依次分佈在同一方向上，則可將每個光節點設定為 4 芯光纖,在設置光纜時,可在頭端至第一光節點間用 12 芯,在第一光節點至第二光節點間用 8 芯光纜,在第二光節點至第三光節點間用 4 芯光纜,這樣可以多纖共纜,以節省投資。光節點與光纖芯數如圖 6.19 所示。

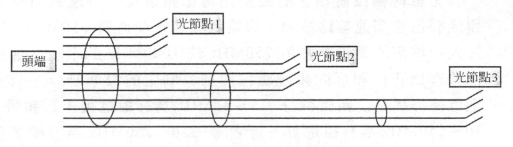

圖 6.19　光節點與光纖芯數

4.　光纜網結構和光節點佈局

有線電視的最終發展方向是要實現雙向傳輸和發展互動式業務,所以樹狀結構已不適合這一形勢的要求,不應採用。目前最流行的是星形 FTF(Fiber to the Feeder)結構,這種光纖到節點的結構,具有很高的價格優勢,並具有結構靈活,很容易升級到 FTLA(Fiber to the Last Activity;光纖到最後一個有源體),達到光分配一次到位的優點,所以建議新建及改造的系統採用 FTF 結構模式。

根據用戶的居住情況適當劃分區塊,整排樓房取 2000 戶為一小區塊,特別密集的地區取 5000 戶為一小區塊,住戶稀疏地區和平房住戶取 1000 戶為一小區塊,每一個小區塊設置一個光節點。光節點的設置考慮與光纜路由協調一致。以便於系統網路的分期、分批、分區實施建設。每個光節點的服務區，一般以半徑不超過 1 公里的範圍為宜，即不用加更多的幹線放大器就能覆蓋，並為今後的發展，縮小服務區範圍建立基礎。

5.　光纜路由的選取

　　光纜路由的選取，除了遵守前面網路規劃中的基本原則外，在自癒形環形網中，還應儘量考慮環形網中兩支路的平衡(等距)，以便於設計安排光發射、光接收設備。

6.　光纖鏈路設計功率餘裕量

　　光纖傳輸雖然具有低損耗的優點，但光纖傳輸鏈路所允許的光損耗範圍是有限的。一般 AM 光發射機輸出功率都很小，只有 4～16mW，光纖傳輸鏈路的光損耗通常為 10～14dB，而光發射機成本又比較高，所以每 1dB 的成本都相當高，同時每 1dB 折算到傳輸距離上，對 1310nm 光纖是 2.5 公里，對 1550nm 光纖是 4 公里。可見每 1dB 的光損耗具有很高的經濟效益，因而在設計光鏈路損耗和進行光功率分配時，一定要精打細算。通常在光鏈路設計時，應預留 0.5～1dB 的餘裕量。

7.　HFC 網路設計指標分配

　　HFC 有線電視網路系統的指標分配是系統計中一件非常重要的工作，設計前必須統籌考慮，然後依據指標分配進行設計。

　　合理分配指標可以優化整個系統性能價格比，達到預期的設計目標，指標分配的主要依據是“有線電視系統工程技術規範”。

　　在 HFC 有線電視網中，光纖網路只是其中一部份，其指標應依據網路總體的要求，不可要求太低，以致於顯現不出光纖傳輸的優越性；也不要要求太高，以致於工程造價太高或根本無法實現。

　　一個完整的 HFC 有線電視網路由頭端、光纖網、電纜網和分配網組成。這幾部份的指標可根據需要和可能適當搭配，使用戶端的指標達到工程技術規範的要求。其主要指標是 $C/N \geq 43\text{dB}$，複合二次拍差 $CSO \geq 53\text{dB}$ 和複合三次拍差 $\geq 53\text{dB}$。

　　對於載波雜訊比(C/N)性能，就頭端來說是一個設備選型的問題，而不是通過改變其工作狀態來調整，故 C/N 比指標分配的恰當與否主要是由光纖網、電纜網和分配網所占比例決定。分配原則是，在達到相同的傳輸品質的前提下，儘量選擇造價最低的分配方案。由於雜訊是相位不相關信號，雜訊的疊加屬於功率相加，所以系統的 C/N 值疊加依據常用的對數關係。

　　對於多頻道系統射頻信號的非線性失真通常是複合二次拍差 CSO 和複合三次拍差 CTB 指標來衡量。在電纜傳輸系統中，多個相同放大器串接時，其非線性失真產物的相位是相關的，因而 CTB 指標是依電壓相加的，它依據 $20 \log x$ 的規律。在光纖系統中，因 DFB 雷射的 VSB-AM 光纖傳輸設備，其產生 CTB、CSO 非線性失真的原理與幹線放大器中的放大模組產生對應失真的原理不同；當這兩種不同性質的設備串接時，其 CTB 指標應按 $15 \log x$ 的規律疊加。

　　下面是依據國家有關標準，結合光纖、同軸電纜混合應用的不同特點，給予下表(表 6.3)的指標分配例以供參考。在實際系統中需要根據網路具體情況反覆驗算，以使整個指標最終能滿足國家要求。

表 **6.3**　指標分配例

項目	國家 /dB	設計值 /dB	指標分配 公式	頭端 分配系數		光纜傳輸部 分分配系數		電纜傳輸部 分分配系數		機上盒(用 戶)分配系數	
				比例 K	dB	比例 K	dB	比例 K	dB	比例 K	dB
$\dfrac{C}{N}$	≥43	≥44	44-10lgK	0.5/10	57	2/10	51	4/10	48	3.5/10	48.6
CTB	54	55	55-10lgK	1/10	65	1/10	65	5/10	58	3/10	60.2
CSO	54	55	55-10lgK	1/10	65	3/10	60.2	3/10	60.2	3/10	60.2

6.5.2　系統設計基本方法與步驟

1.　確定光節點位置

　　光纖有線電視傳輸網路的設計，首先要對該系統的覆蓋範圍、地理情況、用戶數、用戶分佈、原有桿路、發展規劃等方面進行詳細的研究和勘察，以掌握第一手資料，並以此作為設計的依據。在進行實地觀察之後，按照用戶的分佈情況把整個系統內的全部用戶劃分為若干個居住區，並綜合考慮供電、維護和安全，以及升級改造等因素，在每一個區選擇一個合適的位置(最好放在該區的中心地點)，作為光節點。在光節點通過光接收機將光信號轉變為電信號，再用電纜傳輸到用戶，覆蓋全區，在選定光節點時要注意三點：一是從接收點引出的電纜分配系統的服務半徑應小於 2 公里，以保證傳輸品質；二是按照服務項目的多少和用戶的集中程度劃分區域,選定光節點;三是考慮光纜的走向,使其路徑最短,電纜傳輸部份最簡捷,易於施工和維護。

2. 確定光纜路由及選擇光纜

　　光節點選定後,應按照本系統服務區的地理情況和原有桿路情況確定光纜走向。在不同地段,要根據不同的實際情況確定光纜的施工方案,例如架空、直埋、管道敷設、水下敷設等。不論是確定光纜路由,還是確定不同的施工方式,都要滿足投資少、品質高和施工方便、易於維護的要求,同時還應考慮適應本系統未來的發展規劃。

　　各光節點至頭端的距離應根據規劃的施工路線進行實地測量,在所測長度的基礎上再增加 5%～10%的餘裕量,作為訂購光纜的依據,光纜幹線長—餘裕量大(10%),幹線短—餘裕量小。光纜的配線箱要特別注意接頭位置,應設在易於操作的地方。

　　在 HFC 系統中,由於光纜工程部份施工量大,技術要求高,一旦線路確定並實施完成後,應有多年的穩定期,所以對光纜的選用應認真慎重。要選擇高性能、高品質的傳輸光纜,如在 1310nm 波長時,光纜總損耗應 ≤0.35dB/km。光纖中間接頭損耗 ≤0.05dB,光節點損耗 ≤0.05dB,機械拉力損耗 ≤0.25dB,而且要有一定的耐拉力和彎曲力。對於地埋敷設,必須選用地埋鎧裝光纜,主要考慮它的張力、壓力等。用於寒冷地方的光纜,應考慮光纜的溫度特性等。

3. 確定網路結構

　　根據地理環境和光節點的分佈情況，科學合理地選擇網路結構，對一系統來說是至關重要的。常用的光纖傳輸幹線和電纜傳輸幹線的結構大致相同，可分為星形網、樹狀分歧網和星樹結合網。

(1)　星形網　　星形網是頭端的光發射機輸出採用 1：N 分光器分成 N 條幹線，每條幹線均採用單獨的光纜對某一光節點進行傳輸。這種網型頭端至光節點間的光傳輸不再經過分光器。星形網具有分光器少、可靠性高、傳輸品質好、維護方便、易於實現雙向傳輸等優點，因而為世界所推崇。其缺點是比其餘兩種網採用較多光纜。

(2)　樹狀分歧網　　樹狀分歧網從頭端至光節點之間首先採用一根光纜輸出，然後採用分光器分成若干支路，其中的部份支路至部份光節點，另一部份支路傳輸一段距離以後再經分光器至部份光節點。這種網路型態的優點是節省光纜，缺點是光功率損耗大、可靠性差、雜訊和非線性失真較大，不易實現雙向傳輸。

(3)　星樹結合網　　這種網型是前兩種網型的組合，即在一個光纖傳輸系統中，頭端至各節點既有星形連接又有樹狀分歧連接。

　　以上三種網型在設計過程中，可根據實際情況靈活採用。

4.　瞭解光設備有關技術資料

　　在光鏈路設計中，最主要的是根據系統設計性能選用光發射機。各個光發射機生產廠家都有各自光發射機鏈路性能及 C/N 曲線，收集掌握這類鏈路性能及 C/N 曲線對設計和選型都會帶來極大的方便。這裡需要說明兩點：其一，有些廠家給予的參數是允許最差情況的，有的是給予典型情況的，允許最差情況性能是在最差情況下都能保證的參數值，典型情況性能是允許最差情況下，性能加上 1dB。例如，C/N 在最差情況下為 50dB，那麼典型情況下的 C/N＝50+1＝51dB。CSO、CTB 同樣如此；其二，廠家給予的光發射機鏈路性能是指該廠家光發射機／光接收機配接組成鏈路的性能。由於各廠家光接收機的動態範圍不一樣，所以給予的光接收機鏈路參數，都是在指定光接收功率條件下的數值。同時，這些參數還與系統加載頻道數(或者說它的光調變度)有關係。對於這些，廠家都會加以說明，在應用時應予注意。

AM 光纖傳輸系統鏈路性能是衡量光發射端性能好壞的最重要因素。它反映了在各個不同的線路損耗情況下系統的傳輸容量和 C/N、CSO、CTB 等性能。它不僅與光發射機的輸出功率有關，而且與雷射的調變深度有關，受到雷射線性度和預失真電路品質的限制。在輸出同樣光功率的情況下，不同廠家或同一廠家不同型號的光發射機，在保證同樣的傳輸頻道和性能指標之下，由於調變深度不同，其傳輸距離也不同。因此各廠家均按系統鏈路性能將光發射機分為不同的檔次，其價格也不相同。

各廠家給予的光發射機參數是對不同傳輸頻道而言的，為了將各種光發射機進行比較，需要將不同頻道下的系統鏈路性能指標折算成相同頻道下的指標再進行比較。

假設系統的頻道數為 N_1，在線路損耗為 L_1(dB)時的截波雜訊比為 $(C/N)_1$，則在頻道數為 N_2 時，在同樣的線路損耗下的截波雜訊比 $(C/N)_2$ 為

$$(C/N)_2 = (\frac{C}{N})_1 + 10\log(\frac{N_1}{N_2}) \qquad\qquad (6.34)$$

而在頻道數為 N_2，要保持載波雜訊比 $(C/N)_1$ 不變，允許線路損耗 L_2 為

$$L_2 = L_1 + 10\log(\frac{N_1}{N_2}) \qquad\qquad (6.35)$$

5.　確定光接收機輸入光功率(dBm)

　　確定光接收機輸入光功率有兩種方法：一種是計算法；另一種是查產品的參數表或查曲線圖法。

　　第一種方法是根據 C/N 分配指標和調變係數計算光接收機輸入功率。由於各種光接收機的設計都有較寬的動態範圍(6～9dBm)，並且靈敏度各不一樣(－9dBm，－6dBm)，對於一級光纖傳輸系統，輸入光接收功率可取值－3dBm，對於二級光纖傳輸系統，為保證載波雜訊比，輸入光接收功率可取0dBm。

　　第二種方法是選取光接收機型號後，根據廠家給予的光鏈路性能參數表或光鏈路特性曲線、在滿足系統指標分配的 C/N 指標條件下，確定輸入光功率。光接收機輸入光功率越大，載波雜訊比越好，頻道數越多，載波雜比越小。但是，非線性失真指標 CSO、CTB 又受限於光發射機輸入位準，還和頻道數有關。因此應綜合考慮，給予折中。一般常規計算，取光接收機輸入功率為 0dBm。

6.　選擇光發射機的光功率分配形式

　　HFC 傳輸網路在光纖傳輸部份一般都以星形為主，在光節點數量和位置確定後，從頭端到每一個光節點都有若干條光纖通路，因此光發射輸出端需要有若干光分路器來對這若干個光節點進行功率分配。根據光功率分配原則，即到達每個光節點的光接收功率相同這一要求下，按系統光纖線路的多少和長短預定若干台光發射機，粗略地分成若干組。常用的光分路器有兩類：一類是以 1×2 或 $1 \times n$ 標準型產品為代表的光分路器；另一類是可根據需要設計出各種分光比例的 $1 \times n$ 路光分路器，交工廠加工。後一類分光器的應用較為方便，通常使用較多。

　　下面介紹一個比較準確的計算光纖分路器分光比的方法。如圖 6.20 所示，假設光纜網路有一台光功率較大的發射機，能帶動 n 條支路的光節點，每條支路光纖長度為 D_i km，光纖損耗為 α(db/km)。

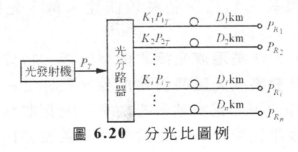

圖 6.20 分光比圖例

　　為簡便起見，先假若光分路是沒有附加損耗的理想元件，在計算出分光比之後，再加上附加損耗便得到每條支路的光損耗。根據光纖損耗的定義有：

$$
\left.
\begin{aligned}
P_{R_1} &= P_1 10^{\frac{-\alpha D_1}{10}} \\
P_{R_2} &= P_2 10^{\frac{-\alpha D_2}{10}} \\
&\cdots \\
P_{R_n} &= P_n 10^{\frac{-\alpha D_n}{10}}
\end{aligned}
\right\}
\tag{6.36}
$$

根據分光比的定義有：

$$
\left.
\begin{aligned}
K_1 &= \frac{P_1}{P_T} = \frac{P_1}{P_1 + P_2 + \cdots + P_n} \\
K_2 &- \frac{P_2}{P_T} = \frac{P_1}{P_1 + P_2 + \cdots + P_n} \\
&\cdots \\
K_n &= \frac{P_n}{P_T} = \frac{P_n}{P_1 + P_2 + \cdots + P_n}
\end{aligned}
\right\}
\tag{6.37}
$$

式中： P_T －光發射機光功率；

　　　P_1、$P_2\cdots$、P_n －光分路器各支路輸出光功率；

　　　K_1、$K_2\cdots$、K_n －光分路器各支路的分光比；

　　　P_{R_1}、$P_{R_2}\cdots$、P_{R_n} －各支路光接收機的輸入光功率。

一般整體網路設計載波雜訊比都有一決定值，即各條光鏈路的 CNR 值都相同，若各光節點都採用同一型號光接收機，則有：$P_{R_1} = P_{R_2} \cdots = P_{R_n}$ 根據分光比的定義可以得出

$$
\left.\begin{aligned}
K_1 &= \frac{10^{\frac{\alpha D_1}{10}}}{\sum\limits_{i=1}^{n} 10^{\frac{\alpha D_i}{10}}} \\[2em]
K_2 &= \frac{10^{\frac{\alpha D_2}{10}}}{\sum\limits_{i=1}^{n} 10^{\frac{\alpha D_i}{10}}} \\[1em]
&\cdots \\[1em]
K_n &= \frac{10^{\frac{\alpha D_n}{10}}}{\sum\limits_{i=1}^{n} 10^{\frac{\alpha D_i}{10}}}
\end{aligned}\right\} \tag{6.38}
$$

7. 計算光鏈路損耗及光發射機功率

　　光纜鏈路的總損耗包括光連接器損耗、光纖損耗、光纖熔接損耗、光分路器分支損耗、光分路器附加損耗，另外還需加上系統設計餘裕量。其計算公式為：

　　允許光鏈路損耗＝光纖損耗(αD)＋光分路器損耗(10 log 分光比)＋接頭損耗(0.5dB/副)＋系統餘裕量(0.5～1dB)＋附加損耗(dB)

　　式中：α－光纖衰減係數，

　　　　　　對於 1310nm，$\alpha = 0.4\text{dB/km}$；

　　　　　　對於 1550nm，$\alpha = 0.25\text{dB/km}$(包括熔接損耗)；

　　　　　　D－光纖長度(km)。

　　依此即可確定光發射機的輸出光功率 P_T；

　　P_T＝光接收機輸入光功率＋各分路光鏈路損耗

　　根據計算出的光發射機輸出功率和系統對載波雜訊比的
要求，查廠家光發射機鏈路指標參數表，選擇光發射機的型
號。

　　若系統大、光節點多、分路長度較短，可分成若干組，
分別用上述公式進行計算，確定一定數量的光發射機以滿足
整個系統的光功率分配。

8.　光設備選型注意事項

　　光鏈路設備應選用技術先進、功能合適和性能可靠的產
品。同時還應考慮設計是否配套和兼容；升級發展的餘地是
否大，以及各設備之間的安裝連接和維護是否方便等因素。
另外產品的價格也是重要的因素。總之應選用性能好、價格
合理的產品。

(1)　光發射機的選擇　　光發射機的帶寬應與傳輸系統的帶寬
　　相匹配，即 750MHz 帶寬系統應選用帶寬為 750MHz 的發
　　射機。設計時在滿足光纖傳輸路徑技術指標的前提下，應
　　儘量選擇輸出功率小一些的光發射機，一方面可以使造價
　　降低，另一方面使可靠度大大提高。在頭端需要設置多台
　　光發射機時，儘量選用同一廠家、同一型號的，這不僅便
　　於安裝和使用，更重要的是便於備份和維修。

　　　光發射機的輸出功率的標示並不是一個重要的指標，只
是一個參數，重要的指標是光傳輸鏈路的損耗，只有相同的
鏈路損耗才有相同的傳輸距離。光發射機輸出光功率因 DFB
雷射的光電特性不同而有所差異。在相同鏈路損耗的情況
下，不同廠家甚至同一廠家的鏈路損耗，因存在有檔次上的
差異，而可能有較大差異，故選型時應予注意。

　　光發射機的線性度指標，一般是在無分光器的情況下給予的，即按鏈路損耗列出從發射端到接收端的 C/N 值。如果在傳輸鏈路中設置了一個二分路器，一般增加 C/N 值 0.8～1dB；如果設置一個四分路器，C/N 值可增加 1.6～2dB。這是因為光分路器雖然增加了光鏈路的衰減，但並沒有增加光纖輸出的 C/N 值。對於沒有光分路器的遠距離傳輸，選擇光發射機時要特別慎重。

　　在選擇光發射機時，要充分考慮光調變係數 m 與傳輸頻道 N 對系統指標的影響。m 定義為

$$m = \frac{I_{P-P}/2}{I_o} \tag{6.39}$$

　　式中：I_{P-P} － 輸入雷射的調變信號電流的峰對峰值；

　　　　　I_o － 雷射的基準電流。

　　對一個確定的雷射來說，I_o 是固定的，當 I_{P-P} 變化時，m 值將變化。當 m 值較小時，光調變在線性段進行，當 m 值增大到一定值後，調變信號進入臨界區和飽和區，將產生嚴重的非線性失真，致使 CTB、CSO 指標急劇下降，但 C/N 指標都因 I_{P-P} 值的增加有所改善。由於各頻道電視信號的疊加具有隨機性，因此，當傳輸頻道數 N 較少時，各頻道電視信號進入非線性區的機率較少。隨著 N 的增大，各頻道信號進入非線性區的機率也增加。因此，m 的增加和 N 的增加都將使非線性指標下降。實際上，系統的非線性指標由 m^2N 來確定。另一方面，當 N 值減小時，為保證雷射有充分的驅動功率，必須增大 m 值，即增加輸入位準。射頻輸入位準與 N 的關係由公式(6.40)決定

$$U_{IN_2} = U_{IN_1} - 10 \log \frac{N_2}{N_1} \tag{6.40}$$

在雙向傳輸的系統中，應結合反向傳輸的內容選擇反向光發射機。反向光發射機分為反向傳輸電視和反向傳輸數據兩種。反向傳輸一路電視時可選用 FP(Fabry-Perot)雷射的光發射機(光功率 500μW)，反向傳輸 1～4 路電視時可選用 DFB(Distributed Feed Back)雷射的反向發射機(光功率 2～3mW)，它比正向光發射機的光功率要低。反向傳輸數據時可選用反向數據光發射(光功率 200～400μW)，對這種光發射機輸出功率的要求更低一些。反向傳輸電視的發射機可同時傳輸數據，而反向傳輸數據的光發射機不能用於傳輸電視。

表 6.4 給予飛利浦發射機的性能參數，供參考。

表 **6.4** 飛利浦 700-TX 1310nmCATV 光發射機性能參數表

項目	單位	性能參數						備註
頻率範圍	MHz	45～750						
反射損耗	dB	≥16						
光波長	nm	1310±20						
光反射損耗	dB	≥45						
射頻輸入範圍	dBμV	70～80						數據輸入－10dB
光輸出功率	mW	4	6	8	10	12	14	±1Mw
光鏈路損耗	dB	4	6	9	10	11	16	光鏈路 $\frac{C}{N}$ 為 50dB
光鏈路頻率響應	dB	±1.0						
光鏈路 $\frac{C}{N}$	dB	54						與光接收機相反，77 路 NTSC 頻道，4.5% 調變度，0dBm 接收
光鏈路 $\frac{C}{CTB}$	dB	≥65						
光鏈路 $\frac{C}{CSO}$	dB	≥62						
射頻監測位准	dB	－20±1.5						相對於雷射輸入
供電電壓	V	AC 110/220，60/50 VAC，Hz						
		DC-24						
工作溫度	℃	0～40						

⑵　光接收機的選擇　　光接收機的工作帶寬應與光發射機、傳輸系統帶寬相匹配,即光發射機的帶寬為 750MHz,光接收機的帶寬也應為 750MHz。

　　光接收機分室內型和防雨室外型兩種,可根據需要進行選擇。防雨室外型的安裝與防雨型幹線放大器的安裝一樣,也很方便。在購買防雨室外型光接收機時,一定要注意購買配套的尾纖或尾纜,否則無法使用。室外型光接收機的供電方法也有兩種,一種直接由市電 110V 饋電,另一種由交流 60V 饋電,它可以與電纜分配網路上的放大器共用一組電源,使用很方便。

　　作為光節點使用的光接收站的光接收機,不僅能接收下行的光信號,同時內部還設置有上行的光發射模組,適用於雙向光纖傳輸系統。這種光接收站還設置有狀態監控模組,可以對接收模組和 RF 放大器的工作狀態進行監測,及時把測量數據從反向通道傳輸給頭端,以便對接收端機進行維護和管理,適用於具有網路管理中心的系統。

　　光接收機輸入光功率的動態範圍一般較大,有 $-9\sim 0$dBm、$-6\sim 0$dBm 和 $-3\sim +3$dBm 等。輸入光功率一般取該動態範圍的中間值,例如:動態範圍為 $-6\sim 0$dBm,取輸入光功率為 -3dBm;動態範圍為 $-3\sim +3$dBm,取 0dBm 的光功率,不應大於 $+2$dBm,否則應加光衰減器。光接收機輸入光功率增加 1dB,可使系統的載波雜訊比提高 1dB,因此,提高傳輸鏈路輸入光接收機的光功率可提高系統的載波雜訊比。

　　HFC 光纖傳輸系統中,光接收機輸出 RF 信號有兩種形式:一種為高位準輸出,大於 100dBμV;一種為低位準輸出,

典型值為 $80 \sim 85\text{dB}\mu\text{V}$，由於光纖傳輸特性基本不受環境條件的影響，因此光接收機無需自動增益控制就能穩定可靠地工作，此時輸出端的 RF 信號位準與實際光纖的傳輸損失有關。光纖傳輸損耗變化 1dB，輸出位準變化 2dB，而不是 1dB。其原因是，光強度調變的信號使用寬帶平方律檢測器解調，其檢波電流與功率成正比。

　　光節點出來的信號一般要驅動幾條電纜分配網路，所以選用高位準輸出的光接收機可直接連接電纜分配網路，但對於低位準輸出的光接收機，應在其後再加一級放大，提高位準再進行分配。

6.5.3　光纖網路設計實例

　　在 HFC 光纖網路設計中，關鍵是比較精確地計算出分光比、分光損耗、光鏈路損耗並確定光發射功率。以下介紹的設計實例，供讀者參考。

　　某地區管理中心轄區面積 700km^2，萬餘戶職工分別居住在中心機關和下屬 7 個主要單位和家屬區。該單位現有中心機關、6 區、1 處共 8 個相對獨立的有線電視站，頭端設在中心機關，與其他單位之間透過光纜傳輸實現中心有線電視聯網，目前該單位的通信桿路、各區(處)之間的距離和各有線電視站的住置和用戶分佈如圖 6.21 所示。

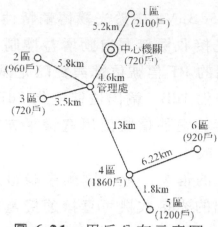

圖 6.21 用戶分布示意圖

　　根據以上實際情況，按照用戶居住區劃分，該中心有線電視系統的光纖傳輸網路設置 7 個光節點，頭端設在中心機關。由於管理區內有 20 餘個村鎮，為了施工方便，光纜網路與現有通信線路同桿架設。按每個光節點占用 4 芯光纜設計，其中 1 芯下傳電視，1 芯回傳電視，另外 2 芯備用或用於其他通信。按照以上纜芯配置，各區段光纜芯數選擇如下：中心機關至 1 區採用 4 芯光纜，中心機關至管理處採用 16 芯光纜，其中管理處單獨占用 4 芯；另外在管理管設置一進二出的分光器，該分光器用 4 芯，分光器兩個輸出支路均採用 4 芯光纜分別連至 2 區和 3 區；其餘 8 芯光纜繼續下傳，即管理處至 4 區採用 8 芯光纜，其中 4 區單獨占用 4 芯，另外設置一進二出分光器占用 4 芯，分光器兩輸出支路採用 4 芯光纜分別連至 5 區和 6 區。根據以上所述，光纜傳輸網路如圖 6.22 所示。圖中 T_1、T_2 為光發射機，放置於中心機關；A_1、A_2、A_3 為分光器，A_1 為一進四出分光器，A_2、A_3 為一進二出分光器，各節點均安裝光接收機一台。

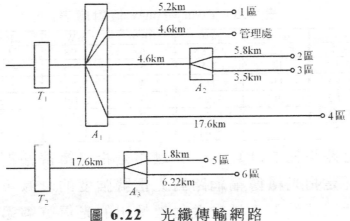

圖 **6.22**　光纖傳輸網路

1.　光鏈路損耗的計算

(1)　光功率單位介紹　　在光纖傳輸的工程設計中，光功率單位採用 mW，由於 mW 在計算中數量級很大，為了計算方便，以 mW 為參考功率用分貝值表示，記作 dBm，其表達式如下：

$$1dBm = 10 \log(\frac{P}{0.01}) \tag{6.41}$$

式中：P－光功率(W)。

mW 和 dBm 的換算式計算

$$1mW = 10^{\frac{1dBm}{10}} \tag{6.42}$$

為方便讀者查閱，表 6.5 列出了部份 dBm 和 mW 之間的對應關係表。

表 **6.5** dBm 與 mW 值對應表

dBm	mW	dBm	mW	dBm	mW	dBm	mW
18	63.1	12	15.85	6	3.98	0	1
17	50.12	11	12.59	5	3.16	−1	0.79
16	39.81	10	10	4	2.51	−2	0.63
15	31.62	9	7.94	3	2.00	−3	0.5
14	25.12	8	6.31	2	1.58	−4	0.40
13	19.95	7	5.01	1	1.26	−5	0.32

(2) 光鏈路損耗的計算　　光鏈路是指光纖傳輸網路，光鏈路損耗是指光纖傳輸網路對光信號強度的衰減，光鏈路損耗包括三部份：一是光發射機輸出的光信號經過一定距離的傳輸後，其傳輸介質亦即光纜，對光信號強度產生的衰減；二是光纖網路中的各種接頭，例如機械接頭、光纜連接的熔接點對光信號的衰減；三是網路中部份器件對光信號產生的衰減，例如分光器的分光損耗和插入損耗。

光鏈路損耗按式(6.43)計算：

$$Z = Z_s + Z_r + Z_f + Z_c \tag{6.43}$$

式中：Z－光鏈路損耗；

$\quad\quad z_s$－光纖衰減；

$\quad\quad z_r$－熔接點和插頭損耗；

$\quad\quad z_f$－分光器損耗；

$\quad\quad z_c$－分光器插入損耗；

光纖衰減是光纖對所傳輸光信號的衰減，其衰減值為

$$Z_s = \alpha D$$

式中：D－光纖長度；

$\quad\quad \alpha$－光衰減係數，規定為給定波長時每 1 公里光纖對信號的衰減值，α 值由光纖生產廠家提供。在設

計中當信號波長為 1310nm 時，取 $\alpha = 0.35$dB/km，當光信號波長為 1550nm 時，取 0.25dB/km。

光纖和光纖之間大都採光熔接方法連接；每個熔接點對光信號的衰減約為 0.1dB，熔點多少與傳輸距離和每盤光纖長度有關。每盤光纖長度一般為 2km，據此可知光纖傳輸網中每個支路的熔接點數量。插頭損耗是指設備和光纜、設備和設備之間的機械連接頭對光信號產生的衰減，按每個接頭 0.5dB 計算。

分光器類似於電纜傳輸網路中的分歧器、分配器。其作用是按照各支路光信號衰減量的大小為各個支路分配合適的光功率。例如，光纜較長的支路分配較多的光功率，光纜較短的支路分配較少的光功率。通過分光器對光信號的合理分配，可以使各個光節點的光接收機都能獲得要求的光功率，以保證信號傳輸品質，稱分光器對各支路光功率分配的比例為分光比。不同的分光比對光信號產生不同的損耗，這種損耗叫做光損耗。表 6.6 列出了不同分光比時的分光損耗。表中功率差是為一進二出分光器的兩輸出端之間分光損耗的功率差值。對於一進多出的分光器各支路間的功率差可按表中不同分光比對應的分光損耗值計算。

表 6.6　分光器分光損耗表

分光比/%	分光損耗/dB	功率差/dB	分光比/%	分光損耗/dB	功率差/dB
5	0.6	14.3	30	2.0	4
95	14.9		70	6.0	
10	0.9	10.4	35	2.4	2.9
90	11.3		65	5.3	
15	1.1	8.2	40	2.8	1.9
85	9.3		60	4.7	
20	1.4	6.5	45	3.3	0.9
80	7.9		55	4.2	
25	1.7	5.1	50	3.5	0
75	6.8		50	3.5	

　　　　分光器把輸入端的光信號按照預定的分光比對各支路進行分配時，光信號不可能百分之百的被分配，即光信號通過分光器時除分光損耗之外，還有分光器本身對光信號產生的損耗，這種損耗稱為分光器插入損耗。插入損耗為 $0.5 \sim 0.7\text{dB}$。設計中插入損耗值按 0.5dB 計算，或參閱生產廠家提供的數據。

2.　計算分光器分光比

　　　　分光比按以下步驟進行計算：

(1)　計算各支路的損耗。

(2)　在保證接收端的光接收機具有足夠的輸入功率(-3dB)的前提下，根據各支路的損耗計算每一個支路從分光器得到的光功率。

(3)　計算分光比。

　　　　下面以圖 6.22 所示的管理中心光纖傳輸網路為例，計算 A_1、A_2、A_3 三個分光器的分光比。分光器 A_2 設在管理處，管理處至 3 區支路光網長度為 3.5km，熔接點 1 個，光連接器(機械接頭)2 個，光信號損耗為

$$Z_3 = 0.35 \times 3.5 + 0.1 + 0.5 \times 2 = 2.33\text{dB}$$

　　　　管理處至 2 區支路光纖長度為 5.8km，熔接點 2 個，光連接器 2 個，光信號損耗為

$$Z_2 = 0.35 \times 5.8 + 0.1 \times 2 + 0.5 \times 2 = 3.23(\text{dB})$$

　　　　應保證光接收端光接收機的輸入功率為 -3dB。以上兩支路從分光器 A_2 得到的光功率為

$$P_3 = 10^{\frac{2.33-3}{10}} = 0.86(\text{mW})$$

$$P_2 = 10^{\frac{3.23-3}{10}} = 1.05(\text{mW})$$

A_2 的分光比為

$$K_3 = \frac{0.86}{0.86+1.05} = 45\%$$

$$K_2 = \frac{1.05}{0.86+1.05} = 55\%$$

下面計算分光器 A_3 的分光比。

4 區至 5 區光纜長度 1.8km，無熔接點，機械接頭 2 個，該支路光損耗為

$$Z_5 = 0.35 \times 1.8 + 0.5 \times 2 = 1.63(\text{dB})$$

4 區至 6 區光纜長度 6.22km，熔點接頭 3 個，機械接頭 2 個，光損耗為

$$Z_6 = 0.35 \times 6.22 + 0.1 \times 3 + 0.5 \times 2 = 3.48(\text{dB})$$

應保證光接收端光接接收機的輸入功率為 -3dB。以上兩支路從分光器 A_3 得到的光功率分別為

$$P_5 = 10^{\frac{1.63-3}{10}} = 0.73(\text{mW})$$

$$P_6 = 10^{\frac{3.48-3}{10}} = 1.12(\text{mW})$$

A_3 的分光比為

$$K_5 = \frac{0.73}{0.73+1.12} = 39.5\% \approx 40\%$$

$$K_6 = \frac{1.12}{0.73+1.12} = 60.5\% \approx 60\%$$

以上計算分光比的方法適用於一進二出和一進多出各種分光器。對於一進二出分光器的分光比也可以採用下面的簡單方法進行計算。

本例中分光器 A_2 和 A_3 均為一進二出分光器，這種分光器的分光比可以根據兩支路光功率損耗之差再查閱表 6.6 取得其接近值即可確定。例如前面計算得管理處至 2 區和 3 區兩支路的光功率損耗分別為 $Z_3=3.23\text{dB}$、$Z_3=2.33\text{dB}$，故兩支路功耗差為 0.9dB。查表 6.6 可知，兩支路功耗差 0.9dB 時所對應的分光比為 55% 和 45%。分光器 A_3 至 5 區和 6 區兩支路的功率差為 $3.48-1.63=1.85(\text{dB})$，查表 6.6 可知，對應於功率差為 1.9dB 的分光比為 40% 和 60%。以上兩計算方法的結果相同，後者對一進二出分光器大為簡便，但是這種方法對於一進多出分光器來說並不簡便。

下面計算分光器 A_1 的分光比。分光器 A_1 只有 4 個支路，屬於一進多出分光器，各支路的損耗如下：

$$Z_1 = 0.35 \times 5.2 + 0.1 \times 2 + 0.5 \times 2 = 3.02(\text{dB})$$

中心機關至管理處的支路損耗：

$$Z_g = 0.35 \times 4.6 + 0.1 \times 2 + 0.5 \times 2 = 2.81(\text{dB})$$

中心機關至 4 區的支路損耗：

$$Z_4 = 0.35 \times (13 + 4.6) + 0.1 \times 8 + 0.5 \times 2 = 7.96(\text{dB})$$

考慮到接收端保證接收機輸入功率 -3dB，則 1 區、管理處、4 區 3 個支路從分器 A_1 所得到的光功率分別為

$$P_1 = 10^{\frac{3.02-3}{10}} = 1(\text{mW})$$

$$P_g = 10^{\frac{2.81-3}{10}} = 0.95(\text{mW})$$

$$P_4 = 10^{\frac{7.96-3}{10}} = 3.13(\text{mW})$$

中心機關至 2 區、3 區支路的功率損耗可按以下方法計算。

A_1 至 A_2 之間光纜點接頭 2 個，機械接頭 2 個，分光器插入損耗為 0.5dB，故 A_1 至 A_2 之間的光損耗為

$$Z_{A_2} = 0.35 \times 4.6 + 0.1 \times 2 + 0.5 + 0.5 \times 2 = 3.31(\text{dB})$$

前面已經計算 2 區、3 區從分光器得到的光功率分別為 1.05mW 和 0.86mW，故兩支路從分光器 A_1 得到的功率為

$$P_{A_2} = 10^{\frac{3.31}{10}} + 0.86 + 1.05 = 4.05(\text{mW})$$

根據以上 4 個支路的計算，其總損耗為

$$1 + 0.95 + 3.13 + 4.05 = 9.13(\text{mW})$$

故分光器 A_1 的分光比為

$$F_1 = \frac{1}{9.13} = 10.95\% \text{取 } 10\%$$

$$F_2 = \frac{0.95}{9.13} = 10.4\% \text{取 } 10\%$$

$$F_3 = \frac{3.13}{9.13} = 34.3\% \text{取 } 35\%$$

$$F_5 = \frac{4.05}{9.13} = 44\% \text{取 } 45\%$$

3.　光發射機輸出功率的選擇

光發射機輸出功率根據各支路功率損耗的總和來確定。光發射機輸出端直接與分光器相連時，還應考慮分光器的插入損耗 0.5dB，約 1mW，另外生產廠家提供的光發射機輸出功率是在某一工作頻率時確定的，在實際設計中，還要根據

是 550MHz 還是 750MHz 系統進行查閱。T_1、T_2 兩台發射機放置於中心機關。

根據以上所述本例中兩台光發射機的最小輸出功率如下:

光發射機下的輸出功率為

$$P_{T_1} = 9.13 + 1 = 10.13(\text{mW})$$

光發射機 T_2 輸出功率的確定方法如下:

5 區、6 區兩支路從分光器 A_3 得到的光功率為

$$0.73 + 1.12 = 1.85(\text{mW})$$

T_2 至 A_3 之間的功率損耗為

$$0.35 \times (4.6 + 13) + 0.1 \times 8 + 0.5 \times 2 = 7.96(\text{dB})$$

考慮到分光器 A_3 的插入損耗為 0.5dB,光發射機 T_2 的最小輸出功率為

$$P_{T_2} = 10^{\frac{7.96 + 0.5}{10}} + 1.85 = 8.86(\text{mW})$$

由於光發射機的輸出功率可在一定範圍內調整(出廠時確定),加上本例在計算光鏈路損耗中均有部份餘裕量,故可選擇與上述光發射機輸出功率計算值接近的產品,例如光發射機 T_1 輸出功率可選擇大於 10mW 或等於 10mW 的產品,光發射機 T_2 可選擇輸出功率為 9mW 的產品。

全部設計計算完成後,應將各分光器、熔接點、光接收機、光發射機、各種連接頭的位置、型號、芯數、長度、輸入功率、輸出功率、光纖芯數、光纜長度等參數標在路由圖上,作為施工和調整的技術資料,以保證系統的傳輸品質符合設計要求。

習 題

1. 在 20 級串接的傳送系，若幹線放大器之 NF 為 10db，VF 為 2.5db，求 CN 比為 44db 時之 C_i

2. 列出 N 及串接時之 CN 比、CSO、CTB、XM 之公式

3. 計算下圖之供電電壓(圖 1)

4. 計算下圖各訂戶之接收信號位準(圖 2)

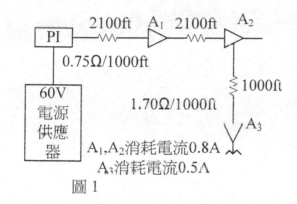

圖 1

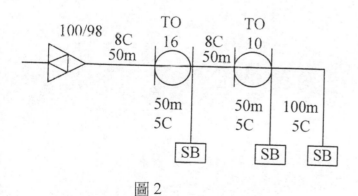

圖 2

第七章

系統・機器性能的測定

7.1 概要

有線電視系統處理信號的頻率範圍很廣 (10～450MHz)，而且要求很高的動態範圍 (Dynamic Range)。因此，需要非常嚴格的系統量測 (System check)，個個機器，無論是從頭端開始至訂戶端為止的系統全體的信號量測是很重要的。

在本章，作為測量的基礎是學習電場強度與端子電壓的測試，測量時的注意點，與系統量測所必需的一般的測定器，測量方法的說明。而且，測量方法是根據日本電子機械工業會 (CATV 技術委員會作成) 所發行的 EIAJ 規格 ET-2301 [CATV 系統・機器測量方法]。

7.1.1 測量的基礎

1. 電場強度與端子電壓

天線的感應電壓 (E_a) 是電場強度 (E) 與天線增益 (G) 以及天線的有效長 (ℓ_e) 之和所求出。

$$E_a = E + G + l_e$$
$$= E + G + 20 \log (\lambda/\pi)$$

其中，ℓ_e ：天線有效長 $20\log(\lambda/\pi)$，λ ：信號波長[m]

$\quad E_a$ ：天線的感應電壓　開路波峯值[dBμV]

$\quad E$ ：電場強度　開路波峯值[dBμV]

$\quad G$ ：天線增益　　[dB]

例　　接收頻率 100MHz，電場強度 90dBμV/m，天線增益 8dB 的場合的感應電壓 (E_a) 是

$$E_a = 90 + 8 + 20 \log \{(300/100)/\pi\}$$
$$= 90 + 8 - 0.4 \fallingdotseq 97.6 \, dB\,\mu V$$

一般，信號端子電壓依規定是以終端波峯值來表示，從開路波峯值換算爲終端波峯值是加 $-$ 6dB。因此，終端波峯值 (E_{aL}) 是

$$E_{aL} = 97.6 - 6 = 91.6 \, dB\,\mu V$$

2.　位準調整與阻抗匹配

在測定場合，被測定物與使用測定器的輸入、輸出位準必需要配合。爲了輸入、輸出位準配合，位準衰減場合是使用衰減器，放大場合使用放大器來調整信號位準。

阻抗的不匹配是利用阻抗變換來組合得到匹配，加上下記的補正值可得到正確的測定結果。

表 7.1 是表示補正值。

表 7.1　根據阻抗的不同位準的補正

阻抗　　　　測定器阻抗	補　正　值		
	50 Ω	75 Ω	300 Ω
50Ω	0 dB	+ 1.8 dB	+ 7.8 dB
75Ω	− 1.8 dB	+ 0 dB	+ 6.0 dB
300Ω	− 7.8 dB	− 6.0 dB	0 dB

例　　對 75Ω 的輸出端，使用 50Ω 阻抗的測定器，作位準測定場合，阻抗變換器的損失量，與表 7.1 的 ＋ 1.8 dB 補正值相加即可。

3.　開路端子電壓與終端端子電壓　　如圖 7.1 所示，輸出端子開路場合，信號源電壓 (E_S) 就照原樣輸出，而同圖 (b) 所示，輸出端子接上終端（負載）場合，以內部阻抗 (R_S) 與負載阻抗 (R_L) 分壓，若 $R_S = R_L$ ，則終端電壓 E_L 為 $E_L = (\frac{1}{2})E_S$。

亦即，開路端電壓 E_O 變成是終端電壓 E_L 的 2 倍電壓值。

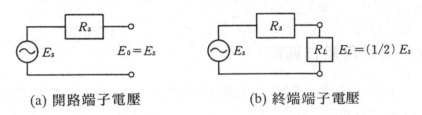

(a) 開路端子電壓　　　　　　　(b) 終端端子電壓

圖 7.1　開路端子電壓 (a) 與終端端子電壓 (b)

4.　測定時的留意事項

每次開始作性能測定時，基本上要確認下記的項目。

(1)　環境條件　　溫度 20℃，相對濕度為 65%。其中，在溫度 5～35℃，相對濕度 45～ 85%的範圍[JIS E8703（試驗場所的標準狀態）的常溫常濕的狀態] 時，將它視為標準溫濕度狀態。但是，測定條件的標準溫度，濕度沒有指定場合，希望明記測定時的溫度，濕度。

(2)　測定器的精度　　測定所用儀器類在校正期間內，而且，校正用副標準器是經認定機關校正過，是性能保証的儀器。

(3)　測定器與被測定物的設定條件　　測定器是取輸出入位準以及
阻抗的匹配，以電源投入後性能安定狀態來作測定。

(4)　電源是分別連接正規的電源，進行其他必要的接地，以正規的
實際狀態來作測定。

(5)　有 AGC 機能的機器，特別指定場合要除去 AGC 狀態。

7.2　在本書採納的測試用儀器

1.　頻譜分析儀

日視測定高頻信號的位準，頻譜的分布。正確的位準的測定
是包含連接電纜的校正。

2.　計頻器

測定信號的頻率。

3.　標準信號產生器

以高頻的信號產生器當作載波，進行振幅調變，頻率調變以
產生信號。

4.　可變衰減器

將高頻信號的位準以 dB 為單位作衰減。

5. **影像標準信號產生器**

以 NTSC 方式的電視影像信號產生器，輸出梯階波，正弦 (sine) 二次方之各種圖案 (pattern) 信號。

6. **標準解調器**

將高頻的 NTSC 方式的標準電視信號解調。

7. **波形監視器 (monitor)**

目視測定 NTSC 方式的電視影像信號的影像信號波形。

8. **向量示波器**

目視測定 NTSC 方式的電視影像信號的色同步信號 (color burst) 的相位，振幅，DG，DP。

9. **聲音多工解調器**

解調聲音多工方式的複合信號，變成聲音基頻 (Base Band) 信號。

10. **示波器**

目視觀測信號的波形。

11. **SWR 電橋**

測定電壓駐波比 (VSWR) 時，檢出反射位準。

12. **選擇位準計**

以每個高頻信號點 (point) 之頻率作測定之位準表。

13. **低頻信號產生器**

　　　產生低頻信號的正弦波信號與方形波信號。

14. **網路分析儀** (Network analyzer)

　　　目視測定高頻的頻率位準，相位，延遲時間。

15. **多頻道信號產生器**

　　　以有線電視傳送，同時產生多頻道的使用影像載波，聲音載波。

16. **位準表**

　　　測定低頻信號之位準。

17. **失真率表**

　　　測定低頻信號之失真率。

18. **電場強度計**

　　　測定高頻信號的電場強度，與天線組合作測量。

7.3　測量法

7.3.1　測量法概要

　　有線電線系統‧機器的測定方法是依據日本電子機械工業會，所規定的各種測定項目的定義、系統、條件、方法、測定結果。

　　此規定的測定方法，是系統的設置以及運用檢查的性能評價，也是被活用於設計以及製造時的評價試驗。

　　表 7.2 所示是日本電子機械工業會發行的 “CATV 系統‧機器測定方法” 所規定的測定項目。在此摘錄主要的項目，說明測定目的與基本的測定方法。照片顯示的測定例是測定結果例子，所表示的數據並不是規格的限度。

表 **7.2** 測定項目一覽 (EIAJ ET-2301)

系統的測定方法

1. 頻道間位準差	10. 總合 3 次失真 (CTB)
2. 影像、聲音載波比 (VA 比)	11. 串調變失真
3. 位準安定度	12. 交流聲調變
4. 影像信號頻率特性	13. 訂戶端子間分離度
5. 亮度、色度的延遲時間差	14. 反射率
6. DG，DP	15. 電波洩漏
7. 影像載波對雜音比 (CN 比)	16. 載波振幅頻率偏差
8. 交互調變失真 (利用 2 信號測定)	17. 頻域內頻率特性
9. 交互調變失真 (利用 3 信號測定)	18. 傳送路振幅頻率特性

機器的測定方法

1. 增益	21. 輸出入分離度
2. 增益 (損失) 安定度	22. 干擾排除能力
3. 振幅頻率特性	23. 輸出頻率偏差
4. 交互調變失真 (利用 2 信號測定)	24. TV 調變器聲音左右分離度
5. 交互調變失真 (利用 3 信號測定)	25. TV 調變器聲音串音
6. 複合 3 次失真 (CTB)	26. TV 調變器聲音失真率
7. 複合 2 次失真 (CSO)	27. TV 調變器聲音頻率特性
8. 串調變失真	28. TV 調變器聲音信號對
9. 交流聲調變	雜音比 (SN 比)

表 **7.2** （續）

機器的測定方法	
10. 雜音指數 (NF)	29. TV 調變器蜂音差頻
11. 迴影損失	30. TV 調變器 920 kHz 差頻
12. 端子間分離度	31. TV 信號處理器
13. AGC 特性	920 kHz 差頻
14. 傳送頻域外衰減量	32. K 因數
15. 電波洩漏	33. FM 調變器聲音頻率特性
16. 影像調變度	34. FM 調變器聲音失真率
17. 聲音調變度 (FM)	35. FM 調變器聲音左右分離度
18. 群延遲時間	36. FM 調變器副載波抑壓度
19. 消費功率	37. FM 調變器聲音信號對
20. 輸入寄生信號 (spurious)	雜音比 (SN 比)

7.3.2 系統性能的測定

1. 頻道間位準差

⑴ 概要　　頻道間位準差是指被運用影像載波間的位準差，在載波位準與配合系統的維護上 (maintenance) 是不可欠缺的項目，通常是在訂戶端子上來測量。

⑵ 測定系統圖　　（圖 7.2 參照）

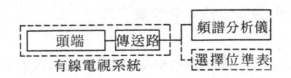

圖 **7.2** 頻道間位準差測定系統圖

⑶ 測定方法　　在測定上使用選擇位準表，頻譜分析儀。選擇位準表在測量載波頻率只能測量點 (point) 頻率，而頻譜分析儀

可以一次表現方式測量廣頻域連續多頻道。測量從頭端輸出的各頻道影像已調變載波的同步波峯有效值（以下稱爲同步峯值）的位準，求出最高與最低頻道之位準差。

在調變有關載波的同步峯值測量上，若頻譜分析儀的解析頻寬變狹，則測定值比實際位準還低而不能得到正確的測定值。

測定例如圖 7.3 所示。

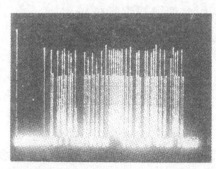

掃描頻率寬度：500MHz
解析頻寬：300kHz
(a)

掃描頻率寬度：5MHz
解析頻寬：300kHz
(b)

影像載波同步波峯

圖 7.3　傳送頻域的頻譜的測定例 (a) 與位準測定例 (b)

⑷　測定結果的表示方法（參考表 7.3)

表 7.3　頻道間位準差的測定結果的表示法

最高位準的頻道		最低位準的頻道		位準差
頻道	位準[dBμV]	頻道	位準[dBμV]	[dB]

2.　影像振幅頻域特性

(1)　概要　　影像振幅頻域特性是指定頻道內的影像信號的振幅特性。因為此頻道內振幅頻率特性是 6MHz 內的振幅特性，故大致為頭端的特性所左右。至於傳送路徑機器的連接等由於反射也造成頻道內的特性惡化。

(2)　測定系統圖 (參照圖 7.4)

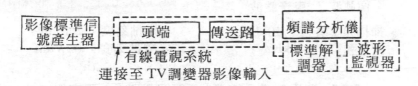

圖 7.4　影像振幅頻域特性的測定系統圖

(3)　測定方法　　有利用頻譜分析儀直接測定高頻波形的方法與利用解調器解調來測定的方法。

以頻譜分析儀來測定是取影像標準信號作為掃描信號，將此信號接到頭端的電視調變器的影像輸入端。將頻譜分析儀對測定頻道取同調，設定頻寬為 10MHz、掃描時間為 15 秒，描繪調變旁波帶的包絡 (envelope) 波形，測定頻域內的平坦度。

圖 7.5(a) 所示是利用頻譜分析儀的測定例。

利用解調器的場合是，以多脈衝 (multiburst) 來測定各頻率的位準。解調器必需要測定精度非常好的標準解調器。

圖 7.5(b) 所示是利用解調器的測定例。

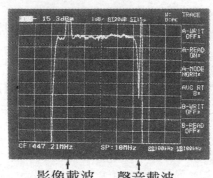 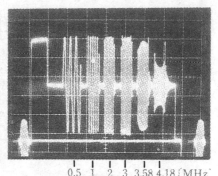

影像載波　聲音載波　　　　　　　0.5　1　2　3　3.58　4.18〔MHz〕

掃描頻率寬度：10MHz　　　　　　　橫軸刻度：2ms/div
解析頻寬：100kHz　　　　　　　　　縱軸刻度：0.2V/div
　　　　　(a)　　　　　　　　　　　　　　　(b)

圖 7.5　利用頻譜分析儀 (a) 與解調器 (b) 測定例

(4)　測定結果的表示方法　　頻譜分析儀的場合是如圖 7.5 所示是將掃描波形用照相攝影者，另外在所的頻率以標識點 (Mark) 讀取輸入數值。（參照表 7.4)

表 7.4　影像振幅頻域特性的測定結果的表示法

測定頻率[MHz]	偏　　　差
0.5	0　dB
1	dB
3	dB
3.58	dB
4.18	dB

以 0.5MHz 為基準

3.　影像載波對雜音比 (CN 比)

(1)　概要　　影像載波對雜音比是影像載波位準與雜音位準的比，

在有線電視是以 4MHz 頻寬來測定。可以使用頻譜分析儀或
是選擇位準表來測定，而在此是以頻譜分析儀的測定方法來說
明。

(2)　測定系統圖 (參照圖 7.6)

有線電視系統

圖 7.6　影像載波對雜音比的測定系統圖

(3)　測定方法　　將頭端的電視調變器輸出的影像載波峯值位準接
到訂戶端子，利用頻譜分析儀來測定，接著測定它的近旁的雜
音，求出位準差。

　　　　在實際的運用場合是對載波加以調變，而無法對雜音成分
測量故以無調變方式進行。在它的測定頻域內確認無干擾波只
有雜音位準而已。

　　　　其次，即使頻譜分析儀的解析頻寬擴大一般也是 1MHz，
而在雜音這種頻率其頻譜是連續信號的場合，因 4MHz 頻域的
雜音不能測定，故將測定值換算成 4MHz 頻寬求等效雜音。其
他在雜音測定上必須要考慮的是頻譜分析儀是對正弦波以位準
來表示。因為這樣在雜音產生誤差，配合它的補正值如下列所
示來計算 CN 比的值。

$$CN \text{ 比} = C - (N + K_1 + K_2 + K_3) \text{ [dB]}$$

在此，C：影像載波位準$[dB\mu V]$，N：雜音位準$[dB\mu V]$

K_1：頻域寬的換算值 $= 10\log(4 \times 10^6/B)$ [dB]

B：雜音頻域寬＝解析度頻寬 $\times 1.2$ [Hz]

（雜音頻寬是將頻譜分析儀的解析頻寬根據 IF 濾波器的特性進行補正的等效雜音頻寬，等於頻譜分析儀的設定頻寬（解析頻寬）的 1.2 倍。）

K_2：利用正弦平均電壓指示器換成有效電壓的換算值 $= 20\log(2/\sqrt{\pi}) = 1.05$ dB

K_3：頻譜分析儀的對數放大器的補正值 $= 1.45$dB

(4) 測定結果的表示方法（參照表 7.5）

表 7.5　影像載波對雜音比的測定結果的表示法

頻率[MHz]	CN 比[dB]

4.　交互調變失真 (IM_2, IM_3) 根據 2 信號測定

(1) 概要　　交互調變失真是接受干擾的影像信號載波位準與干擾波位準之差稱之。

(2) 測定系統圖

① 利用信號產生器之方法（參照圖 7.7）

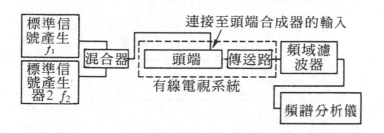

圖 **7.7**　利用信號產生器作交互調變失真的測定系統圖

② 利用頭端的調變器方法 (參照圖 7.8)

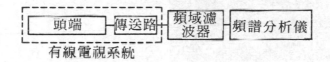

圖 **7.8**　利用頭端的調變器作交互調變失真的測定系統圖

③ 測定方法　　測定頻率是由傳送頻帶內選擇，頻域濾波器是防止頻譜分析儀飽和，將失真成分通過頻域濾波器。

　　使用信號產生器的方法是將它連接到頭端的輸出合成器輸入端，將標準信號產生器 1, 2, 調至測定頻率如表 7.6 所示配合失真頻率，測定失真成分位準 A [dBμV]。

　　從標準運用信號輸出位準 B [dBμV] 與失真位準利用次式算出 IM_2, IM_3。

$IM_2 = A - B$

$IM_3 = A - B$

　　使用頭端調變器輸出之方法是調整調變器的輸出位準，

配合傳送路的運用位準來測定即可。

表 7.6 失真頻率

IM_2	$f_1 \pm f_2$
IM_3	$2f_1 \pm f_2$ ， $2f_2 \pm f_1$

圖 7.9 是利用頭端調變器作 IM_2 的測定例。

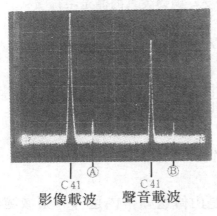

Ⓐ 點： 217.25 ＋ 115.25 ＝ 332.5MHz
Ⓑ 點： 217.25 ＋ 119.75 ＝ 337 MHz
掃描頻寬： 10MHz
解析頻寬： 30kHz

C41
影像載波　　聲音載波

圖 7.9 利用頻譜分析儀作 IM_2 的測定例

在頻道 12 的影像載波 (217.25MHz) 與頻道 C14 的影像載波 (115.25MHz) 之和產生失真成分 A ，與聲音載波 (119.25MHz) 的和產生失真成分 B ，此兩點落在頻道 C41～C42(330MHz～ 342MHz) 的頻域內。

圖 7.10 是利用頭端調變器作 IM_3 的測定例。

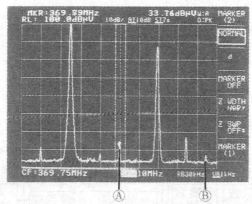

Ⓐ 點： $(2 \times 121.25) + 127.25 = 369.75\text{MHz}$
Ⓑ 點： $(2 \times 121.25) + 131.75 = 374.25\text{MHz}$
掃描頻寬： 10MHz
解析頻寬： 30kHz

圖 **7.10**　利用頻譜分析儀作 IM_3 的測定例

　　在測定 C15 的影像載波 (121.25MHz) 與頻道 C16 的影像載波 (127.25MHz) 的和產生失真成分 A ，與聲音載波 131.75MHz 的和產生失真成分 B ， A 、 B 兩點發生在頻道 C47～ C48 (366～ 378MHz) 的頻域內。(註：以上所指是日本頻道)

(3)　測定結果的表示方法 (參照表 7.7)。

表 **7.7**　交互調變失真的測定結果的表示法

測定頻率[MHz]		失真成分[dB]	
f_1		IM_2 $f_1 \pm f_2$	
f_2		IM_3 $2f_1 \pm f_2$	
		$2f_2 \pm f_1$	

5.　複合 3 次失真 (CTB)

⑴　概要　　將全頻道的載波加至系統時，由於系統的非線性產生合成失真，此受到干擾的載波信號與失真之比即是 IM_3。

⑵　測定系統圖

①　利用多頻道信號產生器方法 (參照圖 7.11)

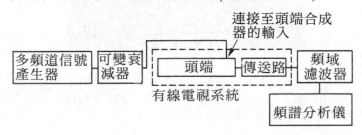

圖 **7.11**　利用多頻道信號產生器作複合 3 次失真的測定系統圖

②　利用頭端調變器的方法 (參照圖 7.12)

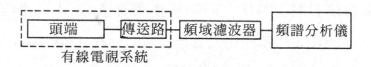

圖 **7.12**　利用頭端調變器作複合 3 次失真的測定系統圖

⑶　測定方法　　利用多頻道信號產生器的場合，是將它連接到頭端輸出合成器，多頻道輸出是無調變影像載波信號，頻域濾波器是為了防止頻譜分析儀飽和，令失真成分通過而使用的。頻譜分析儀的掃描頻寬定為 1MHz。

將多頻道信號產生器輸出位準 A [dBμV] 調整至系統運用狀態。僅令測定頻率信號停止輸出，測量在頻率的週邊發生的

合成失真頻率 F_n，其位準爲 B_n [dBμV]。

利用次式，求出輸出位準與由測定後失真位準各頻率的複合 3 次失真 CTB_n。

$$CTB_n = B_n - A[\text{dB}]$$

使用頭端的調變器場合，是測定頭端輸出位準 A [dBμV]，在無調變載波信號是與使用多頻道信號產生器場合同樣的測定方法來測定即可。圖 7.13 所示是其測定例。

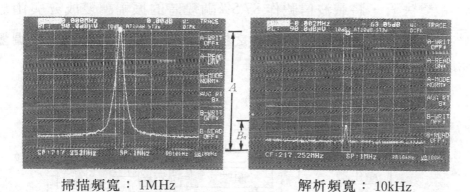

掃描頻寬：1MHz　　　　　　　解析頻寬：10kHz

(a)　　　　　　　　　　　　　(b)

圖 **7.13**　載波位準 (a) 與 CTB(b) 的測定例

⑷　測定結果的表示方法 (參照表 7.8)

表 7.8　複合 3 次失真的測定結果的表示法

測定頻率 [MHz]	傳送頻道數 [ch]	測定頻道的 輸出位準[dBµV]	CTB [dB]

6.　串調變失眞

⑴　概要　　影像載波由於其他載波的調變信號而被調變產生串調變失真，將載波信號作 87.5％調變時的振幅調變成分與由於其他載波的調變信號所調變之振幅調變成分之比即稱爲串調變失真。

⑵　測定系統圖 (參照圖 7.14)

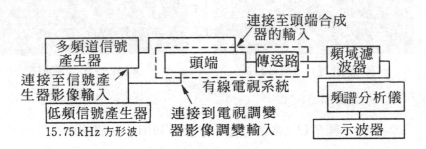

圖 7.14　串調變失真的測定系統圖

⑶　測定方法　　將多頻道信號產生器連接至頭端輸出合成器的輸入端。

測定頻道以外是以低頻信號產生器的 15.75 kHz 方波給予 87.5％的調變。還有在使用頭端的電視調變器場合，是以低頻信號產生器的 15.75kHz 方波作調變。

測定是令測定頻道通過頻域濾波器，將頻譜分析儀配合測定頻道，將頻譜分析儀的檢波輸出以示波器測定。

對檢波輸出因爲調變信號的 15.75kHz 方波被輸出，將此信號當作 $L_1[V_{P-P}]$ 來測定，接著僅測定頻道作無調變，測定其他頻道來的串擾成分 $L_2[V_{P-P}]$。

串調變失真是由此位準 L_1 與 L_2 之比，以次式求出。

串調變失真 $= 20\log(L_2/L_1)$ [dB]

圖 7.15 所示爲波形圖。

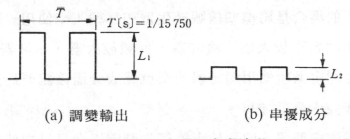

(a) 調變輸出　　　　　　(b) 串擾成分

圖 7.15　串調變失真波形

(4)　測定結果的表示方法。

測定頻道 No.　[　　　　]

串調變失真　[　　　　] dB

干擾波　[　　　　] 波

7.　交流聲調變

(1)　概要　交流聲 (hum) 調變是由於商用電源頻率出現在影像載

波的調變成分與載波之位準比。

(2) 測定系統圖 (參照圖 7.16)

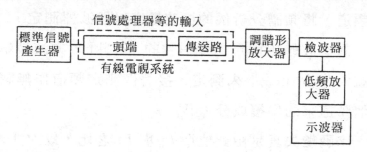

圖 7.16 交流聲調變的測定系統圖

(3) 測定方法 　　使用頭端的電視調變器場合，與信號處理器，放大器等的場合是將標準信號產生器作爲輸入來使用。對訂戶端子連接調諧形放大器，檢波器，低頻放大器，示波器。

　　在測定系所使用測定器的交流聲成分需確認要比待測定交流聲成要十分低才可。

　　信號處理器，前置放大器等的測定場合是以標準信號產生器作爲影像載波輸入，調整至規定輸出。頭端的電視調變器場合是調整電視調變器輸出至規定輸出。

　　將此規定輸出時的影像載波加以檢波，測定其直流位準 $L_1[V_{P-P}]$。

　　接著將影像載波檢波位準上重疊的交流聲成分 $L_2[V_{P-P}]$ 以提高示波器感度來測定。

　　交流聲調變位準以次式求出

$$交流聲調變 = 20\log(L_2/L_1) \ [\text{dB}]$$

圖 7.17 所示爲測定例。

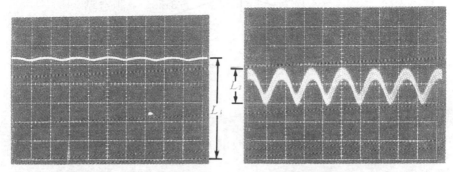

横軸刻度：2 ms/div 　　　　　　横軸刻度：2 ms/div
縱軸刻度：0.5V/div 　　　　　　縱軸刻度：2 mV/div
　　　　(a) 　　　　　　　　　　　　　(b)

圖 7.17　影像載波檢波位準 (a) 與交流聲成分 (b) 的測定例

(4)　測定結果的表示方法。

測定頻道 No. 　☐☐☐☐☐☐☐

交流聲調變　　☐☐☐☐☐☐☐　dB

8.　電波洩漏

(1)　概要　　電波洩漏是在頭端或傳送路等的裝置於標準動作狀態下，往外部空間洩漏信號之位準強度稱之，在有線電視法的施行規則是在 3m 的距離內強度在 0.05mV/m (34 dBμV/m) 以下，爲了測定此值以下的電場度必需要沒有外來電波，還有必要有從洩漏電波周圍來的反射無影響的環境，它以電場強度表示。

(2)　測定系統圖 (參照圖 7.18)

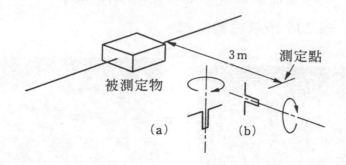

被測定物

3m 測定點

(a)   (b)

圖 **7.18** 電波洩漏的測定系統圖

(3) 測定方法　　將測定天線對準被測定物的輸入,或是輸出線路的長度方向,直角方向,放置在 3m 的位置與機器同等高度。將測定用天線的元件往水平以及垂直方向旋轉,在各別的場合測定其最大的電場強度。

　　測定上的注意事項,表示終端端子電壓之位準表,使用頻譜分析儀場合是換算成開路值,要作天線的有效長之補正。

(4) 測定結果的表示方法 (參照表 7.9)

表 **7.9**　電波洩漏的測定結果的表示法[dBμV]

偏波＼測定點					MHz
水　平					
垂　直					

9.　DG,DP

(1) 概要

① DG (differential gain，差動增益) 是使用梯階波，將色副載波重疊在影像信號上，將它的色副載波振幅視為一定部分作為基準時，其他振幅與它的偏差之百分率即稱為 DG。

② DP (differential phase，差動相位) 是與 DG 同樣地使用階梯波，在抬基位準 (pedestal level，平均軸與遮沒位準間的距離) 以色副載波的相位為基準，其他位準與色副載波之相位差稱為 DP。

⑵ 測定系統圖 (參照圖 7.19)

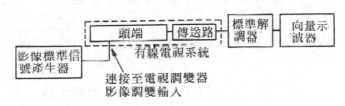

圖 **7.19** DG，DP 的測定系統圖

⑶ 測定方法　將影像標準信號產生器連接至頭端的電視調變器影像調變輸入端。在訂戶端子連接標準解調器，向量示波器。改變電視調變器輸出位準，調整系統的影像載波輸出位準至規定輸出。

影像調變信號是對平均畫像位準 (average picture level: APL) 50%的 10 段階梯波，將規定的色副載波以重疊信號調變 87.5%，將標準解調器解調後信號以向量示波器測定 DG，DP。

圖 7.20 是 DG 與 DP 的測定例。

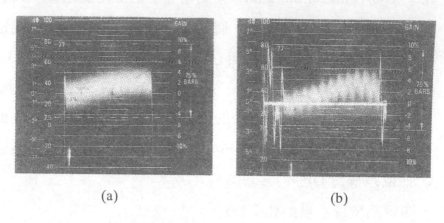

(a)   (b)

圖 7.20 DG(a) 與 DP(b) 的測定例

⑷　測定結果的表示方法 (參照表 7.10)

表 7.10 DG，DP 的測定結果的表示法

測定頻道	DG	MHz DP
ch	%	度

10. 波形失眞 (K factor)

⑴　概要　　K 因數 (factor) 是根據波形失眞作爲評價畫質的評價係數，有下列的 3 種類。

K_A：表示低頻與高頻的頻率特性之差。

K_B：表示低頻，中頻的斑紋 (streaking) 程度。

[註： streaking 主要是 10～ 100kHz 之相位失眞]

K_P：表示高頻的振幅，相位特性。

K_A，K_B，K_P 是如圖 7.21 所示以刻度 (scale) 來測定。
2T 脈衝 (pulse)，2T 條紋 (Bar) 信號的頻率成分若是被選擇納入影像信號傳送頻域內，則畫質的對應就有良好的特徵。

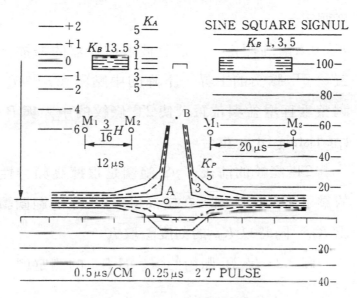

圖 7.21　二次正弦波測定刻度

(2)　測定系統圖（參照圖 7.22)

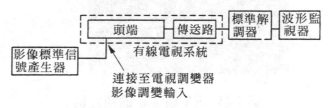

圖 7.22　波形失真的測定系統圖

(3)　測定方法　　將影像標準信號產生器連接至頭端的電視調變器影像調變輸入。將標準解調器，波形監視器連接至訂戶端子。

　　影像標準信號產生器是使用 2T 脈衝, 2T 條紋信號,電視調變器加上 87.5% 的調變度。

　　標準解調器輸出以波形監視器觀測,以 K 因素測定用刻度來測定。

① K_A, K_B 的測定　　調整波形監視器的掃描時間與水平位置, 2T 脈衝的上昇,下降的中點與 M_1, M_2 重合。接著調整垂直增益與位置,使 2T 條紋的中點與 B 一致,枙基(pedastal) 與 A 重合。

　　2T 條紋的前後 1 μS 範圍是根據高頻特性而變化者,故為了避免此範圍,在條紋頂部 18μS 的範圍讀取最大值求出 K_B,同時以 K_A 的刻度讀取 K_A。

　　圖 7.23 是 2T 脈衝的 K_A 與 K_B 的測定例。

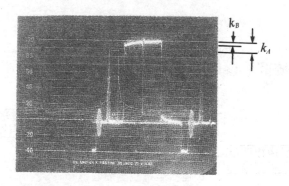

圖 **7.23** K_A 與 K_B 的測定例

② K_P 的測定　　將掃描時間配合至 0.125μS 為 1 刻度,調整水平與垂直位置以及垂直增益使枙基 (pedastal) 與 A 一致,

還有 2T 脈衝的波峯與 K_P 刻度的最上部一致。在此狀態下，從脈衝的半值寬，末端的擴大，振鈴 (ringing) 讀取刻度上的數值。

圖 7.24 是 2T 脈衝的 K_P 測定例。

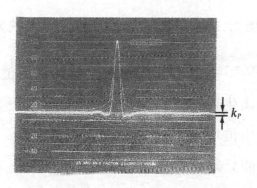

圖 7.24　K_P 的測定例

⑷　測定結果

頻道 No. _____

K_A _____

K_B _____

K_P _____

11.　訂戶端子間分離度

⑴　概要　　端子間分離度是對訂戶端子加上輸入信號位準，與其他的訂戶端子上出現的信號位準之比。

⑵　測定系統圖（參照圖 7.25)

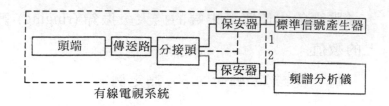

圖 7.25　訂戶端子間分離度的測定系統圖

(3)　測定方法　　測定標準信號產生器的輸出位準 E_1 [dBμV]，將標準信號產生器連接至保安器 1。在保安器 2 連接頻譜分析儀，測定輸出位準 E_2 [dBμV]。

端子間分離度是以 $E_1 - E_2$ [dB] 求得。其他端子間分離度是以此測定反覆操作。在測定頻率沒有特別指定的場合是以系統上傳送頻帶的最高與最低的頻率來測定。

(4)　測定結果的表示方法 (參照表 7.11)

表 7.11　訂戶端子間分離度的測定結果表示法

測定頻率 [MHz]	訂戶端子間 分離度[dB]

7.3.3　機器性能的測定

1.　電視調變器的影像調變度

⑴　概要　　影像調變度是以同步信號峯值的載波位準爲基準，取影像信號白色位準的載波位準與它的比，用百分率來表示者。

⑵　測定系統圖 (參照圖 7.26)

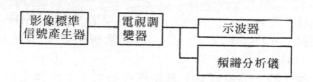

圖 **7.26**　電視調變器的影像調變度的測定系統圖

⑶　測定方法　　將影像標準信號產生器連接至電視調變器的影像調變輸入，將頻譜分析儀或示波器連接至電視調變器輸出。影像標準信號產生器是階梯波，作爲電視調變器的規定調變輸入。從包絡 (envelope) 波形取同步信號峯值的載波位準 L_1 爲基準，測定影像信號的白色位準 L_2。

$$調變度 = \{(L_1 - L_2)/L_1\} \times 100 \ [\%]$$

使用頻譜分析儀時，以垂直軸取 linear mode (線性型式)，解析頻寬 300kHz 以上，掃描時間 0.5 秒來測定。將同步峯值與刻度最上部重合，測定白色位準計算出調變度。圖 7.27 所示是測定例。

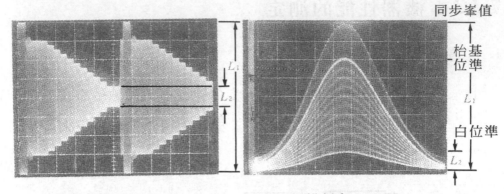

橫軸刻度：2 ms/div
縱軸刻度：0.1V/div
(a)

掃描頻寬：1MHz
解析頻寬：300kHz
(b)

圖 7.27 示波器 (a) 與頻譜分析儀 (b) 的測定例

　　示波器是使用能夠測定載波頻率者，聲音載波是切斷的。若輸入過大位準則由於非線性失真而產生測定誤差，故需注意。

(4)　測定結果的表示方法

測定頻道　　　[＿＿＿＿＿]　ch
枙基位準　　　[＿＿＿＿＿]　％
白色位準　　　[＿＿＿＿＿]　％

2.　電視調變器的聲音信號對雜音比 (SN) 比

(1)　概要　　指定頻道內的聲音信號對雜音比是，1kHz 100％調變波對隨機 (random) 雜音的位準比。在測量上是將上記的調變波以標準解調器來解調，將此輸出通過聲音多工解調器，測定 300Hz～15kHz 頻寬的隨機雜音與它的比。

⑵　測定系統圖 (參照圖 7.28)

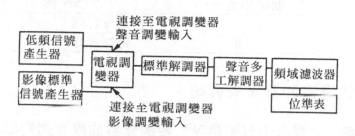

圖 **7.28**　電視調變器的聲音信號對雜音比的測定系統圖

⑶　測定方法　將影像標準信號產生器連接至電視調變器的影像調變輸入，將低頻信號產生器連接至聲音調變輸入。將標準解調器，聲音多工解調器，頻域濾波器，位準表連接至電視調變器輸出。影像調變是以同步信號 (APL 10%) 爲輸入，聲音多工解調器是配合測定頻道，加上解強調 (deemphasis)。還有電視調變器的聲音模式 (mode) 是設定於雙語音模式。

聲音調變是對電視調變器的主聲音側，調整低頻信號產生器，此頻率 1kHz 使電視調變器的聲音調變率爲 100%。

將聲音調變率 100% 時的輸出位準 L_1 [dBmW] 以位準表測量。接著將聲音調變切斷，測定雜音輸出位準 L_2 [dBmW]。

聲音信號對雜音比 $(S/N) = L_1 - L_2$ [dB]

以相同方法，將聲音輸入切換至副聲音側，再測定副聲音側。

⑷　測定結果的表示方法 (參照表 7.12)

表 7.12　電視調變器的聲音信號對雜音比的測定結果的表示法

測定頻道	SN 比	
	主聲音側	dB
ch	副聲音側	dB

3.　電視調變器的聲音失眞率

(1)　概要　　聲音失眞率是以電視調變器的聲音調變部之失眞稱之，聲音多工調變的場合是進行聲音多工解調時的聲音信號的基本頻率成分及它的諧波成分之比稱之。

(2)　測定系統圖 (參照圖 7.29)

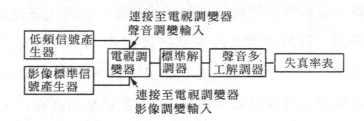

圖 7.29　電視調變器的聲音失眞率的測定系統圖

(3)　測定方法　　將影像標準信號產生器連接至電視調變器的影像調變輸入，將低頻信號產生器連接至聲音調變輸入，將標準解調器，聲音多工解調器，失眞率連接至電視調變器的輸出。配合標準解調器的接收頻道，變化低頻信號產生器的輸出位準，將聲音調變率配合至規定調變率。變化低頻信號產生器的頻率，將電視調變器的聲音模式分爲單音 (mono)，立體 (stero)，雙語音，測定各模式之失眞率。

⑷　測定結果的表示方法 (參照表 7.13)

表 **7.13**　電視調變器的聲音失真率的測定結果的表示法

測定頻率　ch 調變頻率　Hz	模式		失真率
	單音		%
	立體	左	%
		右	%
	2 語音	主	%
		副	%

4.　電視調變器的蜂音差頻 (Buzz Beat)

⑴　概要　　蜂音差頻是在電視聲音多工方式中聲音副載波 (31.5kHz) 與水平掃描頻率的 2 倍成分發生干涉差頻信號 (beat) 與它的比稱之。

⑵　測定系統圖 (參照圖 7.30)

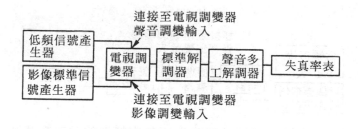

圖 **7.30**　電視調變器的蜂音差頻的測定系統圖

⑶　測定方法　　機器的連接是與 7.3.3. 節之 3.相同。影像調變是以彩色條紋 (Color Bar) 信號作 87.5%調變，聲音調變是將主頻道無調變、副頻道以 200Hz，作 30%調變，分別作為基準位準加至電視調變器，將聲音多工解調器的副頻道之 200Hz 信

號輸出的失真成分以失真表來測量，求出它的失真率 K [%]。

$S($ 信號 $)/$ 蜂音差頻，以下式求得。

$$S/ \text{蜂音差頻} = 40\text{-}20 \log K \text{ [dB]}$$

(4)　測定結果的表示方法 (參照表 7.14)

表 **7.14**　電視調變器的蜂音差頻的測定結果的表示法

	200 Hz
$S/$ 蜂音差頻	dB

5.　電視調變器的聲音振幅頻率特性

(1)　概要　　聲音振幅頻率特性是在聲音頻域內各頻率的輸入位準與輸出位準之偏差稱之。

(2)　測定系統圖 (參照圖 7.31)

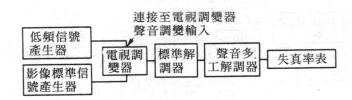

圖 **7.31**　電視調變器的聲音振幅頻率特性的測定系統圖

(3)　測定方法　　配合標準解調器的接收頻道，測定低頻信號產生器的頻率設於最高頻率。聲音調變率調為 100%。將低頻信號產生器的輸出位準一面保持一定，一面變化頻率以位準計來測定解調器輸出位準。測定值是以 1kHz 為基準求其偏差。還有，有關聲音多工信號（主、副）也是同樣地測量。主聲音測定時是使副聲音信號爲無調變，副聲音測定時是使主聲音信號爲無調變。有關立體聲信號（左、右）也是同樣地測量。但是，立體聲信號測定時是聲音調變率左右各自設定爲 50%。

⑷　測定結果的表示方法

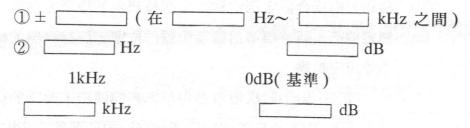

① ± ⬜⬜⬜（在 ⬜⬜⬜ Hz～ ⬜⬜⬜ kHz 之間）

② ⬜⬜⬜ Hz　　　　　　　　⬜⬜⬜ dB

　　　　1kHz　　　　　　　　0dB（基準）

　　　　⬜⬜⬜ kHz　　　　　　　　⬜⬜⬜ dB

6.　反射 (return)

⑴　概要　　反射是指測定阻抗 (impedance) 與公稱阻抗的匹配之配合度而言，根據與公稱阻抗的不匹配而產生之反射損失之倒數來表示。

⑵　測定系統圖（參照圖 7.32)

圖 **7.32**　反射的測定系統圖

⑶　測定方法

①　利用電橋 (Bridge) 測定法　　將待試器連接至電橋的測定端子，調整標準信號產生器的位準與頻率使待測器的輸入信號位準達到規定位準。

以選擇位準表取其調諧，測定此時的信號位準 L_1 [dBμV]。接著將電橋的測定端子的待測器分離，將測定端子開路，同樣地測定位準 L_2 [dBμV]。

反射損失以次式求得。

$$反射損失 = L_2 - L_1 \text{ [dB]}$$

② 利用方向耦合器之測定法　　將待測器連接至方向耦合器的測定端子，調整標準信號產生器的位準，使待測器的輸入位準達規定位準。

接著，與①同樣地取選擇位準表的調諧，此時的位準定為 L_3 [dBμV]，測量將測定端子開路時的位準為 L_4 [dBμV]。

反射損失依次式求出

$$反射損失 = L_4 - L_3 \text{ [dB]}$$

測定頻率是在沒有特別指定場合以使用頻域內變化頻率成為最惡劣值之點來測定。

其他方法，可以掃描信號產生器替代標準信號產生器來使用，將聲音位準檢波，以示波器來觀測之方法，也有利用網路分析儀 (Network Analyzer) 同時測頻率特性的方法。

圖 7.33 是將分配器的反射損失以網路分析儀來測定的例子。

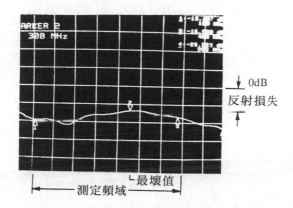

圖 **7.33**　利用網路分析儀作反射損失的測定例

⑷　測定結果表示方法

測定頻率 ⬜⬜⬜ MHz～ ⬜⬜⬜ MHz

反射損失 ⬜⬜⬜ dB

第八章

傳送線路監視與訂戶管理

8.1　概　要

在有線電線系統，爲了將良好品質的電視影像送達訂戶，把傳送線路的幹線放大器狀態保持最良好情況是非常重要的事情。因此設有傳送線路監視用的狀態監視系統 (Status monitor system)。這是監視幹線放大器的狀態，異常時立刻檢知，作爲修復處理的訊息提示。還有除了日常的監視和管理之外，也具有傳送路的保養、檢查等功用。

另外，爲了收看有線電視的電視影像在訂戶住宅內設置的訂戶終端機 (HT)，在有線電視中心系的線路控制單元 (line control unit: LCU) 有所謂的訂戶終端控制用電腦，控制每個訂戶之訂戶終端機，進行視聽頻道和付費節目的控制。將這種控制稱爲定址控制 (addressable control)。在此，就這種控制所使用通信方式和狀態監視系統，訂戶管理爲中心來加以說明。在系統上因有各種的方式，構成也有多種、多樣，爲了理解其概念，以下就從一個例子的敍述來說明。

8.2　通信方式

在進行傳送路的狀態監視和訂戶終端的定址控制是將雙方向傳送路（上行傳送，下行傳送）利用爲資料通信回線，用中心電腦進行幹線放大器和訂戶終端間之通信。它的代表性有線電視如圖 8.1 所示。

在中心側有訂戶管理（訂戶的名簿，收費處理）用的主電腦 (host computer)，控制訂戶住宅內設置的訂戶終端機之線路控制單元 (line control unit: LCU) 以及通信控制裝置 (CCU)，進一步，有監視幹線

放大器的動作狀態之狀態監視電腦 (status monitor computer)。還有，
作爲這些通信用之 RF 數據機 (FSK 調變器，PSK 解調器) 設置在頭
端 (HT) 內。

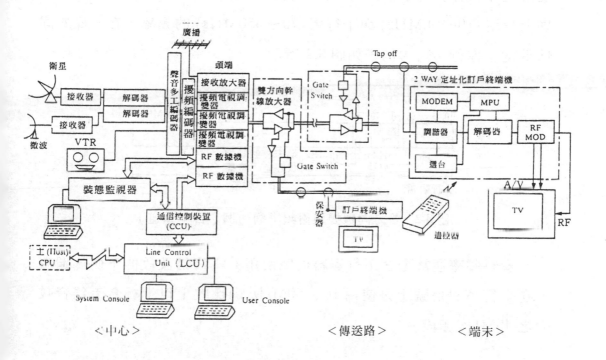

圖 **8.1**　代表的 2 WAY 有線電視系統

在傳送路上的雙方向幹線放大器內，內建具有閘開關控制機能的
狀態監視單元。

訂戶宅內的訂戶終端機上，在通信用微電腦 (Microcomputer: MPU)
與 1 WAY 方式的場合是內建資料接收器 (FSK 解調器)，在 2 WAY 方
式的場合是內建 RF 數據機 (FSK 解調器，PSK 調變器)。

8.2.1　雙方向傳送（上行、下行傳送）的頻率分配

在進行中心與狀態監視單元或訂戶終端機之通信時，有必要將電纜傳送路當作資料通信回路使用。雙方向通信是一般上將傳送路分割為上行用 (10～50MHz) 與下行用 (70～450MHz) 的頻率，在一條的同軸電纜上進行。它的例子如圖 8.2 所示。

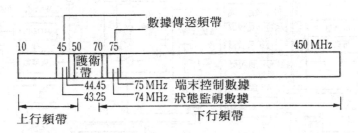

圖 8.2　雙方向數據通信頻率的一例（日本頻道）

資料頻率通常是在下行資料信號使用 FM 廣播波段的下側。還有，在上行資料信號上是使用 10～50MHz 內比較上以上行合流雜音較少之 40MHz 頻段。

8.2.2　資料傳送

有線電視系統的資料傳送是必要以中心及訂戶終端處理電腦的邏輯資料（變成 "0" 與 "1" 之位元資料）調變於高頻信號上，作效率良好的傳送。

在下行資料傳送上，大多採用信賴性高，訂戶終端機的電路比較簡單的 FSK 調變方式。上行資料傳送上大多採用抗雜音性強，訂戶

終端機的電路比較簡單的 PSK 調變方式。在此，就有關 FSK 調變，
PSK 調變稍作說明。

1.　FSK 調變方式 (頻率偏移調變，frequency shift keying)

　　此方式是分配資料 (data) 信號的 " 0" 爲高的頻率，" 1"
爲低的頻率，將資料載波作頻率調變。頻率是對應於 " 0" 與 "
1" 的變化，而振幅經常保持一定。此方式是不易受雜音或位準
變動的影響，電路也比較簡單故廣被使用。另外，資料位準的 "
0" 與 " 1" 的頻率的關係爲逆的場合也有。

　　在圖 8.3 表示 FSK 調變信號，解調信號的圖解。

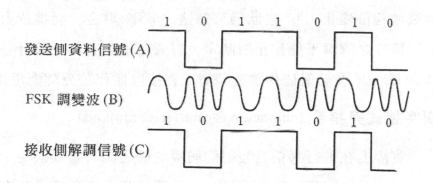

圖 **8.3**　FSK 調變方式的說明圖

2.　PSK 調變方式 (相位偏移調變，phase shift keying)

　　此方式是傳送資料著眼於載波的相位偏移。最簡單的方式
是對應於 " 0" 與 " 1"，令相位反轉 (180 度變化) 的方式。此
方式稱爲 2 相 PSK 調變方式 (bi-phase shift keying：BPSK)。相
對於 2 相 PSK 調變方式，也有將相位偏移作更細分割之 4 相式

(QPSK) 等方式。多相方式確實可增加資料信號的傳送容量。

圖 8.4 所示是 2 相方式的調變信號之圖解。

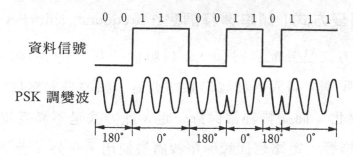

資料信號

PSK 調變波

圖 **8.4**　2 相 PSK 調變方式 (BPSK)

此方式是以資料信號的 " 1" 令載波相位沒有變化,以 " 0"
令載波相位變化 180° 之狀態來傳送。 PSK 場合,因為依資料信
號的極性之解調不能作正逆判定,對資料信號有必要設計差分編
碼 (coding)(在發射側作差分調變,在接收側作差分解調電路)。

3.　**文字格式與指令** (character format & command)

實際上在進行通信時發射側與接收側之間必需要決定一定的
約定。資料信號是以位元組 (byte) 為單位的文字所構成,進一步
將文字組合變成具有意義的指令 (command)。圖 8.5 所示是一般
的資料文字的構成例。

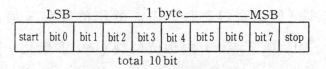

圖 **8.5**　資料文字格式的例子

　　文字格式是 1 byte (8 位元) 的資料與起始位元 (1 位元)，停止位元 (1 位元) 合計變成 10 位元。

　　指令是由上記文字連續起來所構成，變成具有各式各樣的意義之控制指令。圖 8.6 所示是資料指令格式的例子。指令長在此例是 9 byte，而根據控制內容從短的到長的都有。

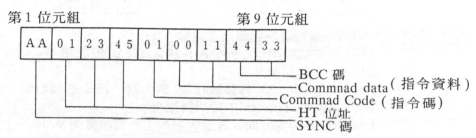

BCC 碼：資料指令的錯誤檢出檢查碼
指令資料：往各機器的控制資料
指令碼　：往各機器的控制指令
HT 位址：各機器 (BGC、訂戶終端機) 的位址號碼
SYNC 碼：表示 data command 的 head 的某些意義

圖 8.6　資料指令格式的例子

8.2.3　輪詢式 (polling)

　　在一般的有線電視系統，從頭端開始以同軸電纜 1 條構成樹狀 (tree) 網路。因為這樣若一齊和各端末機器 (Status unit 以及 home terminal) 進行通信時與從各端末機器的應答一齊返回時，各資料會碰撞在一齊而成為不能通信的狀態。為了防止此現象，從中心對各端末機器將資料依順次，將各機器的位址附帶送出就可以進行通信。

　　圖 8.7 所示是輪詢式系統的全體構成。

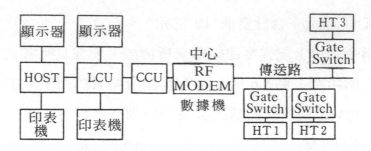

HOST：進行訂戶管理之主電腦 (Host Computer)
LCU ：完成控制中心的分配任務之 line controller
CCU ：通信控制裝置
RF MODEM：RF 數據機 (FSK 調變器，PSK 解調器)
HT ： Home Terminal (訂戶終端機)
Gate Switch：雙方向幹線放大器的上行回線開閉 Switch

圖 **8.7** 輪詢式系統構成圖的一例 (定址化控制)

以輪詢式的資料發送、接收來說明其動作，從 HOST 發出的控制指令是經由 LCU， CCU， RF MODEM 被送出到訂戶終端機。單向定址化有線電視系統 (1 WAY addressable CATV System) 是以訂戶終端機接收控制指令，開始它的控制動作。另外，雙方向有線電視系統是與 1 路的控制動作完全相同之動作，除了 HOST 向訂戶發出控制指令外，同時能夠將應答資料送回中心。此應答資料是往 RF MODEM， CCU， LCU， HOST 返回中心。然後，此訂戶終端機的通信若終了，則往次一個訂戶終端機的控制指令順次被送出。將此反覆進行通信的系統稱爲輪詢式系統。現在，爲了容易了解輪詢式系統，從 HOST 經常地送出控制指令已經說明，在實際上，爲了加快系統的反應 (response)，系統構成的中間所設計的 CCU 代替 LCU 與訂戶終端機直接通信是一般的情形。另外，也有將 LCU 與 CCU 機能歸納成一個的一體化產品。圖 8.8 所示是輪詢式資料的傳送接收順序的一個例子。

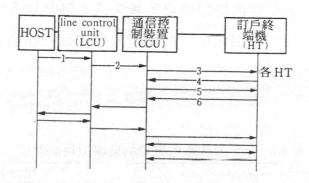

圖 8.8　輪詢式資料的發送接收順序的例子

8.3　狀態監視器 (Status Monitor)

狀態監視器是構成雙方向有線電視傳送路具有監視幹線放大器的機能。整理它的目的為：

1. 傳送路的故障地點的特別指定、檢出。
2. 日常信號的位準變動之監視、記錄，活用於傳送路的維護 (maintenance)。

狀態單元 (Status Unit) 大多數在電纜傳送路內的幹線放大器上內建閘開關 (gate switch)*，利用中心的搖控操作進行閘開關的開閉，也可以作上行合流雜音地點（干擾雜音）的特別指定。

---

*閘開關 (gate switch)：是雙方向幹線放大器的上行方向之電路開閉開關。因為這是被插入分配、分歧放大器 (TDA，TBA) 的分配、分歧系，故也叫做 BGC (bridger gate controller)。

　　狀態監視的基本監視項目有幹線放大器的 AC 電壓，DC 電壓，引示 (Pilot) 位準等，監視方式也有 2 值監視方式與類比監視方式。

　　2 值監視方式是正常／異常的動作之識別方式。另外，類比值監視方式是電壓或信號位準的絕對值之監視方式。類比值方式是以日常資料 (data) 的蓄積可以作為傳送路的維護使用。此狀態監視的監視系統是可靠性提高越發重要，今後的監視項目，被考慮到的項目如表 8.1 所示。

表 **8.1** 今後的狀態監視器的監視項目的例子

	2　　　值	類比方式
幹線放大器	通信狀態（無應答、傳送異常），AC 電壓，DC 電壓，器內溫度，上行輸出，下行 AGC/MGC 動作，蓋開閉，浸水，結露等，異常情報等	AC 電壓，DC 電壓，DC 輸出電流，器內溫度，下行引示位準（高域、低域）上行輸出位準，下行 AGC/ASC 電壓等
供給裝置	不斷電電源動作 AC 輸入，AC 輸出 電池電壓等	AC 輸出電壓，電池電壓，AC 輸入電壓等

　　圖 8.9 所示是狀態監視系統的構成

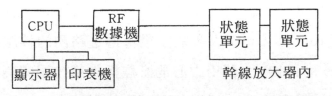

CPU：一面做狀態監視系統的輪詢，一面進行監
　　　視用通信之電腦。

圖 **8.9**　狀態監視系統的構成例

　　由前項輪詢式系統的說明得知狀態監視系統的運用是以輪詢式來進行。單向定址有線電視系統 (1 WAY addressable CATV System) 如前面敍述端末 (HT) 控制用定址化系統一般是使用別的電腦系統。從 CPU 經由 RF MODEM 為介面，順次對各狀態單元，送出監視情報收集的控制指令。接收到控制指令後狀態單元是以幹線放大器內的各種感知器 (sensor) 將檢知、測定到的資料向中心返回送。此時，2 值監視方式是將“1”或“0”的判定資料返回送，在類比值監視方式是將資料數碼化才返回送之方式。CPU 是將返回送資料在顯示器的畫面上表示出來，而對異常的放大器的瞭解也想辦法使它很容易表示出來。另外，能夠將故障地點的履歷列印出來也是被特別處坤。顯示表示的例子如圖 8.10 所示。

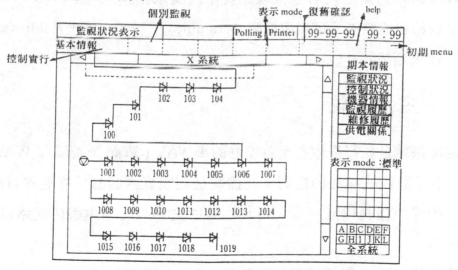

圖 **8.10**　狀態監視情報表示畫面例

8.4 訂戶管理

有線電視系統是對訂戶非常詳細地提供各式各樣的影像訊息者。例如，某些訂戶僅是基本契約節目 (basic 節目)，別的訂戶是想收看電影的付費節目 (pay 節目)，依據各訂戶它的希望，有各種的視聽契約內容。經營者 (operator) 有必要將這些資料使用電腦系統，控制訂戶宅內的終端機，管理各訂戶的視聽契約內容。這是訂戶管理，在訂戶管理有定址系統與收費管理系統。

定址化系統就像各家庭的電話機在各端末付予位址號碼來作控制的系統，有單向 (one way) 與雙向 (two way) 方式。另外，收費系統是管理各訂戶的視聽內容進行視聽費用的請求系統。

付費節目的控制是可以用擾頻 (scramble) 控制與定址化 (addressable) 控制二種來達成。

8.4.1 定址系統

定址系統是執行從中心至各家庭的 1 WAY（單向），或是 2 WAY（雙向）定址訂戶終端機的控制。此控制是在家庭內的訂戶終端機 (HT) 與中心的線路控制單元 (line control unit) 之間以有線電視傳送路為介質之通信。

控制的主要內容是以下所示各項

1. 對各訂戶終端機作個別的狀態設定（視聽頻道限制，功能限制等）。

2. 付費頻道 (pay per view: PPV)，節目的開始，終了以及它的視聽許可、禁止。

3. 緊急一齊廣播的強制接收以及告知廣播的開始通知。

4. 擾頻 (Scramble) 系統的控制。

還有，控制資料 (data) 的傳送速度有 2.4～ 64Kb/S 等各種。

1.　1 WAY 定址化系統

　　圖 8.11 所示是 1 WAY 系統的構成例。一點虛線所圍部份是構成 1 WAY 定址的機器。圖中的訂戶終端機是接收經由 CATV 傳送路所送達的電視信號。它有接收基頻電視信號或是變換成以通常的 1V 可以接收的 RF 頻道頻率之功能，與具有解除在頭端側施行付費頻道信號擾頻之解碼功能。

　　線路控制單元 (line control unit) 是為了執行各訂戶終端機對應於加入狀況，付費節目的契約狀況，或是費用付款狀況等的資料送出的控制。此資料是利用 FSK 調變器換成高頻信號經由 CATV 傳送路送達訂戶終端機。在訂戶終端機內對應於這些資料設計 FSK 解調部。

　　1 WAY 定址化系統必需注意的事項是對應於來自線路控制單元的控制訊息送出，因為沒有來自訂戶終端機的通信確認應答，為了補償此缺點而採用錯誤檢出能力較高的通信層次 (order)，必需採用來自中心側的同一訊息反覆轉送方式。

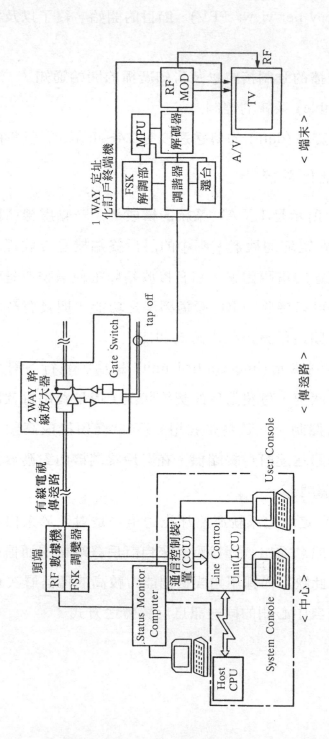

圖 8.11 1 WAY 定址系統的構成例

⑴　通信控制程序　　控制訊息的 1 byte 構成是如圖 8.6 一例所示，由同步符號 (SYNC)，位址，控制指令 (control command)，控制資料 (control data)，BCC (Binary Check Code) 所構成。在此例 BCC 是 2 byte 的水平對等性碼 (parity code) 所構成，進行 packet(分封) 全體的錯誤檢出。儘管控制指令，控制資料分別控制還是具有單獨的錯誤檢出內容。在這種 1 WAY 系統根據錯誤訊息的傳送檢出錯誤資料的轉送，根據錯誤資料的排除希望提高端末管理的可靠度。

⑵　反覆轉送　　在端末管理另一個提高可靠度的手法是採用反覆轉送方式。這種主要是以傳送錯誤或在端末內部資料破壞的復舊為目的而採用的。在 1 WAY 系統，為了進行有效率的反覆轉送而將控制訊息分類為幾個組別 (group)，重要性較高的控制指令是以頻繁地反覆轉送，重要性低的控制指令是以緩慢地轉送來考慮。

2.　2 WAY 定址系統

圖 8.12 所示是 2 WAY 系統的構成例。在一點虛線所圍部分是構成 2 WAY 定址之機器。圖中訂戶終端機以及線路控制單元的下行方向基本機能與 1 WAY 系統是同樣的。

2 WAY 定址系統的特徵是相對於線路控制單元來的控制訊息，訂戶終端機來的 PSK 被調變確認應答資料馬上由中心側得到，作為通信是理想的系統。但是，若有 CATV 傳送路的維護怠

　　慢或工程不良，則上行方向合流雜音的干擾不能進行正確的通信，有可能與端末的通信變爲不完全。因此傳送的維護需要十分地注意。

　　在 2 WAY 系統，爲了彌補此缺點將閘開關 (BGC) 內建於幹線放大器內，也有將指定的閘開關依中心來的控制信號作動作以確保系統的可靠度。還有，對於通信異常，再度將資料送出作爲通信的確保也有被考慮到。

⑴　通信控制程序　　下行控制訊息的資料是由同步符號 (SYNC)，位址，控制指令，控制資料所構成，基本上與 1 WAY 系統是相同的。在 2 WAY 系統，爲了防止訂戶終端機來的上行資料由於合流雜音而產生傳送誤差 (error)，常常有將閘開關併用之情形。亦即，將往某訂戶終端機的控制指令送出場合，僅令它的訂戶終端機連接的幹線放大器之閘開關 ON，其他的閘開關 OFF，以抑制其他的上行回線來的合流雜音干擾。然後若一個的通信終了，其次的訂戶終端所屬的閘開關 ON，依順序將全部的訂戶終端機進行輪詢，以求通信的可靠度提高。

⑵　控制資料的再送出　　在通信上提高可靠度的其他手法，被考慮到的是萬一通信的上行資料由於變化而傳送異常，或由於下行接收資料異常端末無應答時，再度對相同端末將控制資料由中心側再送出以進行通信。

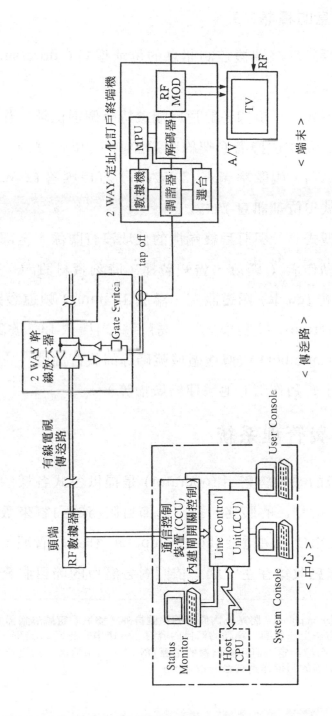

圖 8.12 2 WAY 定址系統的構成例

3.　位址訊息的種類

作為訂戶終端機控制訊息的位址型式 (addressing mode) 主要有 3 種類。

⑴　個別型式　　根據各訂戶終端機持有個別位址,作為個別控制訊息的動作依據者 (契約頻道控制, PPV 控制, IPPV 控制 (2 WAY),視聽率調查 (2 WAY),訂戶應答 (2 WAY) 等都以此型式為位址訊息)。

⑵　一齊型式　　與訂戶終端機的位址沒有關係,全部訂戶終端機一齊動作者 (緊急、告知廣播,時刻資料設定,頻道表設定†,引導 (guide) 頻道設定,導航 (homing) 頻道設定‡等)。

⑶　族群 (group) 控制模式　　訂戶終端機依 LC 號碼 (line controller number) 或傳送區域號碼等的族群屬性,它的族群內的端末一齊動作者 (地域連絡廣播等)。

8.4.2　收費管理系統

有線電視的系統經營者 (operator) 是提供各式各樣的節目 (基本,付費節目) 給訂戶的服務,對應於節目服務的內容來徵收費用。為了提高收費效率使用主電腦 (host computer) 作系統管理。亦即,將一系列的訂戶訊息收集在主電腦,依照對各訂戶的節目服務實績,向訂

---

†頻道表 (channel mapping):將系統內原來的信號排列,變更設定號碼為訂戶容易了解的頻道號碼,在使用方法上,將同一種類的節目內容附上一連串的連續 ch 號碼,使容易了解。

‡導航 (homing) 頻道設定:訂戶終端機的電源 ON 時,強制地選至指定 ch。使用方法是將經營者的節目介紹等的頻道作為選台的指定 ch。

戶發行費用請求書。

有關於收費管理主電腦的管理項目有：

- 訂戶端末的登錄 / 刪除‧收費視聽訊息的管理。
- 請求書的作成‧訂戶姓名‧地址‧電話號碼。
- 管理號碼。

在節目的種類上，有 CATV 訂戶每月繳定額費用即可收看的基本頻道，和付費頻道，付費節目等。

8.4.3　擾頻 (Scramble) 控制與收費方法

付費節目是僅繳交付費節目費用的訂戶才可收看，其他未繳交費用者必須不能讓他收看。為了實現此目的有必要作擾頻控制。

關於擾頻控制與收費方法有下列幾種方法。

1.　付費頻道（月末付費頻道：1 WAY，2 WAY 方式）

每月想看頻道的事前契約為前提，訂戶事先用電話或申請表向經營者提出付費節目頻道的申請。經營者依照申請，向訂戶管理的主電腦登錄它的付費節目頻道。此登錄資料是利用訂戶終端機內的微電腦，作申請頻道的接收許可，同時令解碼部 (descramble) 動作，才可以收看付費節目頻道。

2.　PPV (pay per view：1 WAY，2 WAY 方式) 論片付費

想看付費節目的事前契約為前提，訂戶預先利用電話等，向經營者提出付費節目的申請。經營者依照申請，對申請者將它的

付費節目的節目 (program) 號碼向訂戶管理的主電腦登錄。此登錄資料是利用訂戶終端機內的微電腦,僅許可所申請付費節目(節目號碼)的接收,同時使能夠收看此付費節目。此付費節目的控制一般是每個節目付加節目號碼來作控制。

3.　　PPD (pay per day：1 WAY,2 WAY 方式) 按日付費

想看付費節目以每日的事前契約為前提,訂戶預先利用電話等向經營者提出付費節目的申請。經營者依照申請,將它的付費節目以每日向訂戶管理的主電腦登錄。此登錄資料是利用訂戶終端機內的微電腦,僅准許接收申請的每日之付費節目,同時使能作付費收視。此付費節目的控制是每天進行的。

4.　　利用 2 WAY 方式 IPPV (impulse pay per view)

對付費節目想看時立刻可以提出契約申請,就在節目開始之前,或是即使節目廣播中從訂戶的訂戶終端機,可以提出付費節目收看的申請。訂戶終端機是將申請資料以 PSK 調變的高頻資料信號,用上行傳送為介質,往中心的 LCU 轉送。LCU 是向主電腦作付費節目收視的登錄,同時對該當訂戶終端機,將申請的付費節目收視許可的資料,以下行傳送路為介質作轉送。訂戶終端機內的微電腦是做申請的付費節目的接收許可,同時使能收看。此付費節目的控制一般是每個節目附上節目號碼作為控制。另外,別的方法,在電腦的處理速度有限制場合,在訂戶終端機側收視申請與同時的收看許可之後,然後利用中心側來的輪詢方式

將申請資料作爲收視實績，也有這種吸上來 (pump up) 的方式。
(參考圖 8.13)

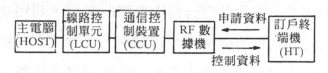

圖 **8.13**　2 WAY 系統的 IPPV 構成圖

5.　利用電話線 IPPV 方式

是與上記 2 WAY 系統的 IPPV 在訂戶側的使用方法是相同
的，而即使傳送路不是 2 WAY 場合，想看付費節目時，訂戶可
以從訂戶終端機立刻用電話提出契約要求的系統。這種是一旦在
訂戶終端側將申請資料提出同時就做好收視許可處理，然後利用
電話線依照輪詢式將收視實績吸上來的方式 (參考圖 8.14)。

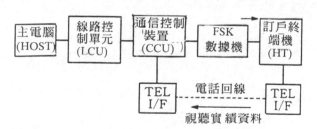

圖 **8.14**　利用電話線 2 WAY 系統的 IPPV 構成圖

6.　利用預付 (prepaid) 的 IPPV 方式 (1 WAY)

是與上記 2 WAY 系統的 IPPV 訂戶側的使用法相同，而即
使傳送路是 1 WAY 系統的場合，想看付費節目時，訂戶使用訂

戶終端機立刻即可收視的系統。預先訂戶僅將想看付費節目的費用向 CATV 經營者提出申請或是先繳完支付費用（如公用電話的預付卡方式）。經營者對已提出申請的客戶，利用主電腦將該訂戶終端的付費節目的費用資料作轉送。同時對訂戶給予收視許可。然後對訂戶終端機內已記憶的金額資料減去實際收看的費用。

第九章

新的有線電視技術

9.1 光纖有線電視

9.1.1 光有線電視的方式

　　迎向 21 世紀開端，BS 廣播和 CS 廣播的多頻道化，高畫質電視廣播的正式化，數位廣播的開發等，正朝向廣播的多媒體、多頻道化邁進，至於有線電視被要求更高品質、多樣化影像服務的提供。由於使用具有低損失，寬頻帶，無感應，細徑，量輕等的特徵之光纖 (optical fiber)，而在傳送容量，信號品質，新的影像服務的導入，雙向機能等之點上，超越同軸電纜電視的界限，而期待能夠實現新的有線電視系統。還有，設施的大規模化，可靠度提高，維修、運用的簡易化等也被考慮能夠有其效果。在光纖有線電視的實現上，有兩種途徑 (approach)，有所謂的從同軸方式移轉至光纖的階段與活用光纖傳送的特徵而導入新的方式。

　　光纖有線電視的方式是根據使用傳送方式與信號分配方式而有其特徵存在。在這當中有關傳送方式是考慮廣播的接收設備和有線電視的訂戶終端機的整合性，目前是以地上廣播和同軸電纜電視正使用的 AM 方式或者衛星廣播所使用的 FM 方式被適當地考慮。將來是數位 (digital) 傳送方式也將被導入。

　　在光傳送系，信號品質低劣的主因，有光源的雜音，電氣－光變換的非線性，從線路各部往光源的反射，受光器的雜音等。AM 方式是具有將現行有線電視的信號依原樣即可傳送的最大優點，而為了對

CN 比和干擾波位準要求嚴格，對光源使用低雜音且線性良好的雷射二極體 (Laser diode)，光連接器 (connector) 等的反射也有必要抑制到極為微小。進一步，為了確保所要的 CN 比有必要利用 FM 方式得到 20dB 以上高的受光功率。另一方面，FM 方式是光零件的性能和受光功率相關條件遠比 AM 方式寬鬆而朝向高品質、多頻道的光傳送，而傳送頻寬因為是 AM 方式的 6 倍以上故必要有寬頻帶的接收設備。目前為止，在 AM 方式將 NTSC 信號 80ch 可作多工傳送的光傳送裝置已被開發。另外，關於 FM 方式是將 40ch 的 MUSE 信號作多工傳送的技術已被開發。

　　有線電視的信號分配方式是大致區分為將全頻道的信號送達訂戶，以訂戶終端機來作信號選擇的方式，與在途中設置所謂軸心(hub)的中繼裝置，在此具有信號選擇的機能的方式。前者是適合樹狀 (tree) 的網路構成，後者是從 hub 至訂戶以星狀 (star) 網所構成。我國、日本、美國的同軸有線電視專門使用前者方式，後者的方式是被義大利、法國等採用。適用於光傳送方式，在前者是從接收設備的觀點來看 AM 方式較適合，而在傳送路的途中光信號的原樣分配場合是對光傳送損失有餘裕的 FM 方式較為容易。另外，在後者的方式是將 hub 以下以低廉即可傳送的 FM 方式較合適。還有，即使前者的方式在傳送路的途中設置中繼裝置，也有將此稱為 hub(軸心) 者，而此場合的 hub 的機能只是單純的信號分配。

9.1.2　光/同軸混合方式

　　在日本光纖有線電視的方式是光/同軸混合方式，全光分配方式，光 HUB 方式的 3 種方式被探討。全光分配方式與光 HUB 方式是到家庭為止以光纖傳送方式，稱此為 FTTH (fiber to the home)。

　　光/同軸混合方式如圖 9.1 所示，光纖傳送是只有幹線系，分配系是以同軸網所構成。傳送頻域是設定於 1GHz。此種方式是於現在的同軸方式將幹線放大器的多級連接部份變換為光纖，進行分配系同軸網的小區域化與幹線放大器的廣區域化，以謀求傳送品質的提高與多頻道化，對同軸方式有技術的親和性較高的特徵。幹線系的光纖化是設施的擴大，可靠度提高，維修、適用的簡易化也被考慮到。

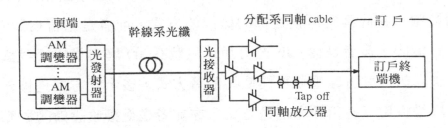

圖 9.1　光/同軸混合方式的系統構成例

　　幹線系的光傳送是以美國為中心，現已被導入有線電視設施中。紐約皇后區 (New York Queens) 最近被導入 AM 方式的 150 Channel System 的場合，對幹線系使用 3 心光纖，從低頻率順次地分配為 60ch，50ch，40ch，分配系是將這些合成以 1 條的同軸電纜來傳送。同軸系的傳送頻域約 1 GHz。

9.1.3　全光分配方式

　　將來的光纖有線電視，全傳送頻域擴大至 1～ 2GHz，將全頻道的信號依光信號的原樣傳送到訂戶爲止之全光分配方式正被研討。傳送方式考慮 AM、 FM，數位等的混合，無論如何爲了以光信號的原樣作多分配，利用光放大器補償分配損失是不可缺少的。系統構成例 (image) 如圖 9.2 所示。在同圖將光放大器插入線路的途中，將此集中在頭端也被考慮。

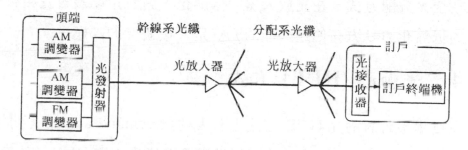

圖 9.2　全光分配方式的系統構成例

　　光傳送損失在最小的 $1.55\mu m$ 範圍動作的光纖放大器 (optical fiber amplifier) 已經達到實用化的階段。這是將鉺離子 (erbium (Er) ion) 刺激 (dope) 後利用光纖的誘導放出作用而形成的材料，利用將特定波長的強光（勵起光）與信號光一齊地射入光纖內進行放大。光纖放大器的基本構成如圖 9.3 所示。光纖放大器是高輸出，非線性失真很小，具無極化波依存性等的特徵，已有將電視信號 61ch 以 4 級放大器作 5500 分配的實驗例。

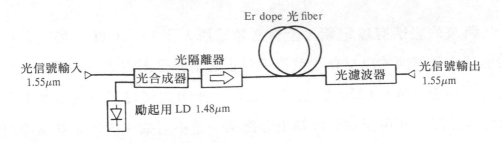

圖 **9.3** 光纖放大器的基本構成

在全光分配方式，在光放大器的低廉化，對訂戶端設置寬頻帶光端末的低廉化與雙方向傳送機能的充實是今後研究的課題。

9.1.4 光軸心 (HUB) 方式

在日本被研討的光 HUB 方式也有人稱為 demand access(要求使用權) 方式。將訂戶終端機的持有頻道選擇機能集中在 HUB，它有從 HUB 到訂戶 (分配系) 以星狀網路構成的特徵。

已開發的 80ch 系統的構成如圖 9.4 所示。此系統是在傳送方式使用衛星廣播為準的 FM 方式，幹線系是使用 2 光波，在頻域 90～1700MHz 各有 40ch，分配系是使用 BS-IF 頻域，每個訂戶傳送 4ch。HUB 是從幹線系的 80ch 挑選訂戶要求 (request) 的頻道的信號，變換成 BS-IF 頻域的指定頻率而將它傳送到分配系。另外，訂戶終端機是具有 BS 調諧器 (tuner) 的機能與頻道要求 (channel request) 信號送出機能。在幹線系 40Km，分配系 10Km 的傳送實驗上，在訂戶端可以得到 20dB 以上的 CN 比。

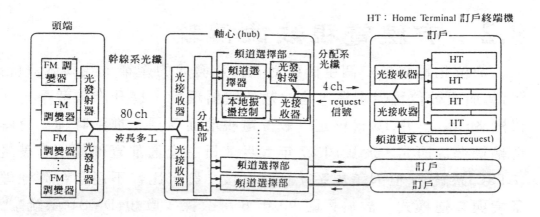

圖 **9.4**　光 hub 方式的系統構成例

　　上記系統是將分配系的傳送，限制在 BS-IF 頻帶的 4ch，以謀求訂戶光端末與訂戶終端機的低廉化。還有，高畫質電視的啓用對衛星系的新服務整合性較高，傳送容量擴大是僅以幹線系即可處理而不必要作分配系的變更，具有訂戶管理容易，即使在付費廣播也不必要有擾碼 (Scramble)，雙方向傳送機能較高等的特徵。

　　另一方面，將分配系的光傳送以訂戶爲單位而且進行雙方向傳送，需要多數的光源與受光器，這些的低廉化是今後研究的課題。

9.2　有線電視數位傳輸

　　數位化電視是一個生機蓬勃，快速發展的產業，我國政府(台灣)為加速數位電視產業，建立數位廣播環境，提升產業競爭，在民國 86 年 11 月 10 日核定「數位電視地面廣播」推動時程，有關傳輸標準之訂定，於民國 87 年 5 月 8 日由交通部宣佈採用「美規(ATSC)系統」，但因美規系統經測試後，發現比較不適合台灣地理環境與營運模式，故於民國 90 年 6 月改採「歐規(DVB)*系統」，經由國內五家無線電視台(台視、中視、華視、民視、公視與電視學會)，在硬體建設與節目營運方面，分工合作努下，於民國 92 年 4 月 18 日開始台灣全區播放無線數位電視，而有線電視數位化於 1988 年選擇 DVB-C 標準也於 2002 年開始進行籌劃試播。

　※註：DVB：Digital video Broadcasting，它可以行動接收、可建立單頻網路(SFN)改善收視涵蓋、室內接收能力較佳、抗多路徑干擾能力強。

　　數位有線電視除了能夠大大提高電視品質，擴大容量和提高傳輸距離外，還能完全適宜作寬頻通信，建立互動式有線電視網，為今後增值性訊息傳送業務打下基礎。

9.2.1　數位電視概述

1.　數位信號的形成

　　　　數位電視指的是將類比(Analog)的電視信號變換為數位(Digital)式的電視信號，然後進行傳輸、處理或進行儲存的系統。它當然也包括對應的反變換過程，即由數位電視信號變換為類比電視信號。圖 9.5 所示為數位電視系統的組成方塊圖。

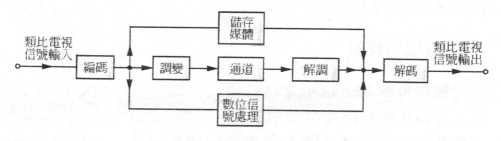

圖 9.5　數位電視系統

系統組成中，將類比電視信號經 A/D(Analog to Digital) 變換成數位形式後，經編碼與數位壓縮，還要經數位調變，再傳送到通道。

當數位信號要進行通道傳輸時，為了信號與通道特性匹配，要進行不同情況的編碼與調變。信號通道有三種傳輸媒介體，即①有線傳輸如電纜、光纜，②地面無線傳輸如 UHF 電波，③衛星無線如微波等傳輸通道。在接收端則經不同的解調變和解碼再變換為類比信號。

在許多情況下，編碼後的數位電視信號是送給數位信號處理單元進行處理，這裡可以是某些設備中的數位電路，也可以是一些專用設備，例如演播室的各種播控設備。某些數位處理完成的功能相當於類比處理、如圖像增強、濾波、同步擷取，雜訊仰制等，也完成包括類比處理中難以完成的功能，如電視系統轉換、各種螢幕特效、音響特效處理、圖文電視等。

數位電視信號還可以進行永久性或半永久性的儲存。方塊圖上的儲存媒體可以各種半導體儲存電路(RAM、ROM、EPROM)；也可以是視頻雷射光碟(VCD、DVD)，後者是永久性的儲存媒介物。

2. 數位電視的優點

數位電視之所以是電視技術發展的方向，就是因為它和類比電視比較有許多突出的優點。

(1) 數位電視抗干擾能力強。數位電視信號是二進制的編碼信號，在傳輸過程中的干擾和失真不容易影響對二進制編碼的正確判定和恢復。即使經過長距離傳輸和反覆記錄，仍可以幾乎無失真地再生復原。由於抗干擾能力強，與類比電視相比，數位電視可以有更好的圖像品質。

(2) 信號雜訊比與連續處理的次數無關。電視信號經過 A/D 轉換後是用二進數字表示的，因而在連續處理或傳輸過程中引入雜訊後，只要其波幅不超過某一額定位準，就可以通過數位信號再生清除掉。即使由於某一雜訊的影響而造成誤碼，也可以利用錯誤更正碼技術加以糾正。所以，在數位信號傳輸過程中，不會造成雜訊累積，基本上不會產生新的雜訊、不會降低信號雜訊比。而在類比處理和傳輸中，每次處理和傳輸都可能引入新的雜訊，該雜訊不斷地累積，且不能消除。

(3) 可避免系統非線性失真的影響。在類比電視系統中，處理信號的電路有許多非線性電路，這些非線性電路會使信號產生非線性失真，造成圖像明顯的損傷，在數位電視系統中則可抑制系統的非線性失真。

(4) 數位電視信號能夠進行儲存，包括整幅圖像的儲存，繼而能進行包括時間軸和空間軸的二維、三維處理，得以實現類比方法難以得到的各種處理功能。使圖像的空間幾何變換以及各種數位影像特技成為可能，也為演播室的多功能節目製作和電視的高畫質接收創造了充分條件。電視信號的永久性儲存(VCD、DVD)成為長時間、高畫質的圖像記錄的有力工具，而且可無限次數播放而不影響圖像品質。

(5) 數位電視設備輸出信號穩定可靠，易於調整，便於生產。因為數位信號只有 "1" 和 "0" 兩個位準幅度，只要處理電路能識別出 "1" 和 "0" 位準即可，信號幅度大一點、小一點都無關緊要，因而對零件的要求比較低，生產成本就低。同時，數位電視設備中的儲存和信號電路易以製成超大型積體電路，這不但提高了穩定性和可靠性，而且便於大規模生產，減少了設備的體積、重量。再加上數位電路能完成各種控制功能，使數位電視設備的調整和控制簡單易行，易於實現設備的自動化操作和調整。

(6) 採用數位電視的電視系統可以實現分時多工，充分利用頻道容量。利用數位電視信號的水平、垂直遮沒時間，可實現文字、圖片插播。

(7) 容易實現加密。數位電視信號非常容易實現加密／解密和加擾／解擾，同時還能防止非法信號的侵入，以防止非法用戶的盜接。

(8)　採用數位壓縮技術可以擴大頻道容量，使互動式有線電視
的發展成為可能。採用數位壓縮技術不僅可以使現有的有
線電視系統可以傳輸幾百台電視節目，還可以實現多功能
的加值業務，如視頻點播、電纜電話、影像電話、收費電
視等。

3.　數位電視接收機的組成

(1)　準數位電視機的組成　　在電視技術由類比電視向數位電
視過渡的過程中，出現了一種過渡性的準數位電視接收
機，其原理如圖 9.6 所示。

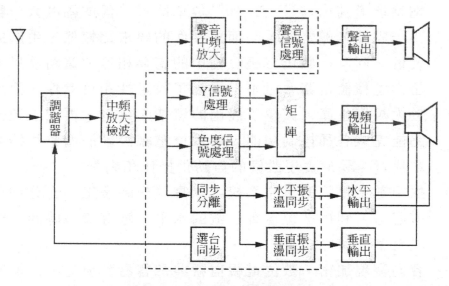

圖 **9.6**　準數位電視系統

這種電視機是指在不改變現有廣播電視體制(即接收目前
的類比電視廣播信號)下，將電視接收機中部份或大部份功能

和電路由數位信號處理電路來完成的電視機。目前的這種數位電視機中，除了高、中頻部份及大功率的水平輸出、垂直輸出部份的電路和類比電視相同外，其他的視頻影像信號(亮度信號、色度信號)、聲音信號電路及同步掃描、各種控制電路都能由數位處理技術和電路來完成，如圖 9.6 虛線方框所示。

　　類比電視信號經調諧器選頻、放大、混頻變換到影像中頻和第一聲音中頻，然後經中頻放大和檢波後，其中一路的電視信號送給亮度、色度信號和同步分離電路的數位處理電路；另一路的聲音中頻送入類比聲音中頻放大，類比鑑頻為聲音基頻信號，再送入數位化的聲音處理電路。

　　與類比電視機相比較，這種"數位"電視機能提高圖像品質，擴大電視機的功能，提高接收機的穩定性和可靠性，便於生產及使用。例如，數位處理電路很容易實現多種系統信號的接收和自動轉換；很容易實現視頻特效(子母畫面功能)；能進行自動檢測和控制，從而能使接收機得到最佳狀態，提高圖像品質和穩定性。

(2)　全數位電視接收機的組成　　所謂全數位電視廣播系統是指從電視節目的製作、播出到接收，全部數位化。全數位化接收機的組成方塊如圖 9.7 所示。

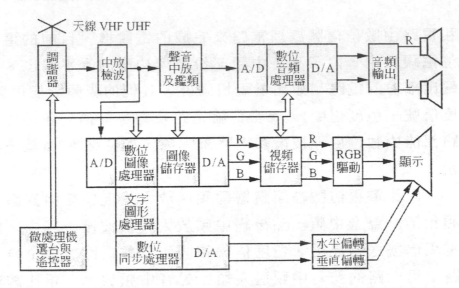

圖 9.7 數位電視接收機的組成

其主要特點是接收天線(或電纜輸入端)接收的信號就是數位編碼及調變的高頻信號,將此信號經中放及檢波得到數位基頻信號,然後分二路,其中一路經 A/D 轉換後,送到數位圖像處理器及圖像儲存器。另一路送到聲音中放及鑑頻器,得到聲音基頻信號後,送到 A/D 轉換,再經聲音數位處理器。此兩路分別完成數位雜訊抑制、數位立體聲、數位輪廓校正、數位去重影、水平掃描倍頻、去閃爍處理(垂直掃描信號)、子母畫面處理等,最後兩路分別經 D/A 轉換變成類比信號去驅動喇叭和顯像裝置。

9.2.2 數位電視傳輸系統

1. 數位電視系統的組成

數位電視傳輸系統的組成方塊圖如圖 9.8 所示

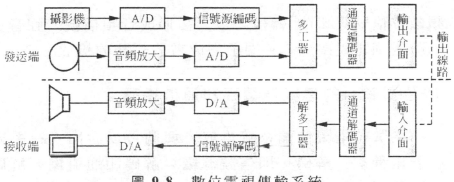

圖 9.8　數位電視傳輸系統

　　發送端由攝影機獲取彩色電視圖像和聲音信號，由 A/D 變換為數位視頻信號並送入信號源編碼(Source coding)，信號源編碼執行圖像數據的壓縮功能。經信號源編碼後的圖像數據送入多路多工器中與數信音頻進行多路多工(Multlplexing)作用，然後送到通道編碼器(Channel coding)，通道編碼的目的是提高信號在傳輸過程中的抗干擾能力，它主要執行前向錯誤更正(Forward Error Correction：FEC)編碼，及調變(Modulation)。輸出介面電路具有頻率轉換(frequency Convertion)及碼型變換作用，即把調變後的中頻信號轉換為適當的高頻傳輸頻道(UP-convertion)，而碼型變換是把單極性變換成有利傳輸的雙極性碼。輸出線路，遠距離傳輸採用光纖或衛星傳輸，近距離傳輸可採用電纜或無線電傳送。接收端的工作過程與發送端相反，接收端收到信號後，由高頻變換為中頻(down convertion)並把雙極性信號變換為單極性信號。通道解碼器用以解調變及糾正傳輸過程中造成的誤碼。解多路多工器將數位信號分離為視頻數位信號和音頻數位信號，視頻數位信號經信號源解碼加 D/A 轉換成視頻信號，音頻數位信號經 D/A 轉換、放大後形成音頻信號。聲音、視頻信號送到電視機 A、V 端子完成電視信號的接收。

2.　數位傳輸中的信號源編碼和通道編碼

　　從數位電視傳輸系統組成方塊圖可以看出，在系統中存在著兩種編／解碼，即信號源編／解碼和通道編／解碼。目前已開發的數位電視傳輸系統有三種：即美規的 ATSC、歐洲的 DVB、日本的 ISDB 等標準系統。(註：ATSC：Advanced Television System Committee，DVB：Digital Video Broadcasting，ISDB：Integrated Services Digital Broadcasting)。

(1) 信號源編碼　　三種系統的信號源編碼之中，視頻編碼均採用 MPEG-2 壓縮編碼；音頻編碼 ATSC 採用杜比 AC-3 環繞立體音編碼，DVB 則採用 MUSICAM 編碼，而 ISDB 採用 AAC 編碼。

(2) 通道編碼　　三種系統最大的差別是通道編碼不同，即調變方式不同。ATSC 採用單載波調變，即 8 狀態(8-states)殘留旁波帶調變(8-VSB)，而歐、日的兩種系統的採用了多載波調變方式，即編碼正交分頻多工 (COFDM：Coded Orthogonal Frequency Division Mvltiplex)。三種系統技術上各有優點，尤其是調變方式涉及的通道編碼方式不同，將影響到傳輸特性上的差異及系統設備的造價。目前我國是採用 DVB 系統。

9.2.3　DVB 系統

1.　DVB 系統概述

　　DVB 系統包括衛星電視(DVB-S)、有線電視(DVB-C)、地面廣播電視(DVB-T)系統，其中 DVB-S、DVB-C 已被 ITV (International Telecommunications Union)推薦。DVB-S 的標準是 ETS 300421(ETS ： European Telecommunications Standards)，DVB-C 的標準是 ETS 300429，DVB-T 的標準是 ETS 300744。它們分別指述信號源編碼、通道編碼和調變方式等的規格，其中數位調變和數位壓縮是廣播領域中的典型應用。

　　DVB-S、DVB-C 與 DVB-T 的基本格式如表 9.1 所示。

表 **9.1**　DVB-S、DVB-C 與 DVB-T 基本格式

項目	DVB-S	DVB-C	DVB-T
傳輸頻寬	24/27/36MHz	6/7/8MHz	6/7/8MHz
調變方式	QPSK	16/32/64QAM	OFDM
影音頻編碼	MPEG-2	MPEG-2	MPEG-2
誤碼校正	RS(204、188、8)	RS(204、188、8)	RS(204、188、8)

　　由表 9.1 可見，三者的信號源編碼的採用 MPEG-2 壓縮編碼，並採用相同的錯誤更正碼，因而無需位元串流轉換(bitstream transfer)即可接到有線電視系統；不同之處僅在於調變方式。因應傳輸環境的需求，衛星傳送採用較低速率、抗雜訊干擾較強的 QPSK(正交相移鍵控)方式，而有線電視傳輸因信號雜訊比(30dB)比衛星傳送(10dB)較好，則採用較高速率的 QAM(正交波幅調變)，地面廣播傳輸採用行動接收時抗多路徑(Multi-Path)干擾較強的 OFDM(正交分頻多工)。

2.　DVB-C 系統

　　DVB-C(數位有線電視)的構成如圖 9.9 所示，圖中影音信號源經 MPEG-2 壓縮編碼等處理，變成 MPEG-2 傳輸串流(Transport Stream；TS)後，輸入到基頻介面(Base Band Interface)，此串流含有 188bytes(位元組)之串流封包(stream packets)，其中包含 4bytes 的前端信號(Header)與 184bytes 的承載信號(payload)，此前端信號開始是一個同步 byte(47_{HEX})。在基頻介面之信號與此 byte 同步，同時所有的時脈(clock)均由此導出。在能量擴散單元，每 8 同步 byte 的第一 byte 作反轉(亦即 47_{HEX} 變 $B8_{HEX}$)，其他 7 同步 byte 維持不變，利用此反轉同步 byte 作為能量擴散及其抵消作用，同時利用它將額外的定時圖記(Timing stamps)插入資料信號(data signal)內，此定時圖記在調變器與接收端作為重置(resetting)程序所需，亦即，利用此反轉同步 byte 作為控制若干處理步驟。

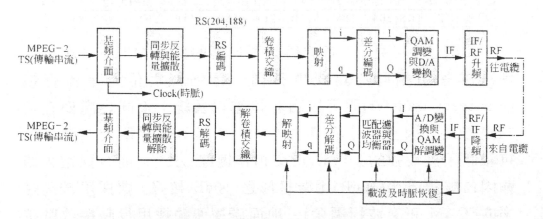

圖 9.9　DVB-C 系統方塊圖

　　能量擴散單元是為了消除資料串流(data stream)在某一期間有偶發的相當長串的零(0)與壹(1)雜訊，這些不希望的雜訊因不含任何時脈(clock)信息，它會造成不希望的數位線條，為達成能量擴散，首先是由 PRBS(Pseudo Random Binary sequence；擬似隨機二進時序)的亂碼產生器產生一串亂碼，再利用 EXOR 將它與資料串流混合，以打破長串的 0 與 1；在接收端將此能量擴散資料串流再次與相同的亂碼混合，此雜訊就會被抵消。

　　在經過同步反轉與能量擴散之後，接著是 RS 編碼，它是將原來的 188bytes 之傳輸串流封包加上 16bytes 的錯誤保護碼，成為 204bytes 長度，然後供給至卷積交織(convolutional Interleaver)，使資料串流更能抵抗突發性錯誤(error bursts)，此連續性錯誤的消除，在 DVB-C 接收端是由解卷積交織執行，由於它的功效更容易使 RS 碼作錯誤更正。

　　經過卷積交織後資料串流，傳送到映射(mapper)，它將資料串流 data(t)，變成 $i(t)$，$q(t)$ 信號，如圖 9.10 所示。

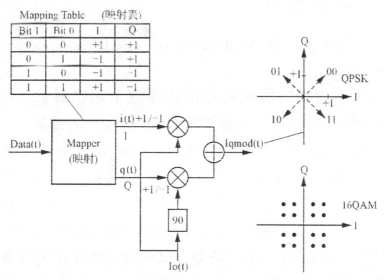

圖 **9.10**　IQ Modulation

　　此映射信號 $i(t)$，$q(t)$需經差分編碼(differential encoder)，才送到 QAM 調變器，這是因為 DVB-C 的 64QAM 解調變器僅能解調出以 90°倍數相位的載波，同時 DVB-C 接收機因有差分偏碼才能鎖住任何 90°相位倍數載波。

　　圖 9.11 所示為 QPSK IQ 調變的時序圖。

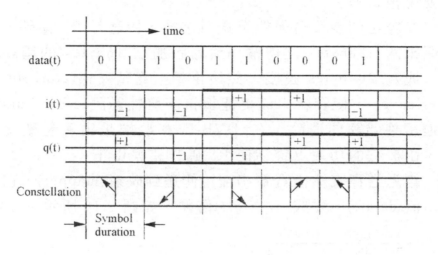

圖 **9.11**　IQ Modulation in Time Domain

　　此 $i(t)$，$q(t)$的形成是利用前面圖示之映射表，將資料串流 data(t)轉換成 I、Q 調變器所需的 $i(t)$，$q(t)$信號。

　　圖 9.11 所示 QPSK 是利用 2 位元(bit)組成一符號位元，例如，信號位元 10，映射輸出是 $i(t) = -1V$，$q(t) = -1V$，其星座圖(constellation)是在等三象限(225°)，此由二位元決定一個映射狀態，此時 $i(t)$，$q(t)$的資料速率(data rate)變成原來資料串流的一半，則所需頻寬變為原來的一半，若是 16QAM，是 4 位元才組成一符號位元，每一載波符號就是 4bit，就有 16 個載波星座(carrier constellation)，資料速率在 16QAM，經映射後變成 1/4 的輸入資

料速率，則所需頻寬即降為原來的 1/4，在 DVB-C 系統，一般採用 64QAM，就是 6 位元才組成一符號位元，頻寬即降為 1/6。

在接收端(機上盒)，通常使用 50～750MHz 頻帶，在接收端首先將 RF 信號經由調諧器(Tuner)變成 IF 信號，再經 A/D 轉換成數位信號，才送到 QAM 解調器，因有線傳輸會產生雜訊、反射以及波幅與群延遲失真效應，故需用匹配濾波器作數位操作，隨著是一個頻道均衡器，以更正因波幅反應與群延遲造成的失真，此信號經最佳化後才送至解映射，以恢復資料串流。此資料串流自然要進行誤碼更正，因在卷積交織移除後，突發性錯誤位元(error bursts)變成單一誤碼，接下來的 RS 解碼，在每 204bytes 長度，可消除 8 位元的誤碼，在 RS 解碼後，經由同步反轉與能量擴散的解除，MPEG-2 傳輸串流即再次出現在基頻介面。

圖中恢復的載波送至 IQ 解調的載波輸入端，作 QAM 解調變，而 A/D 變換與映射需靠時脈(clock)的恢復，才能完成其動作。

9.2.4　纜線數據傳輸(Cable Data Transport)

今日有線電視系統已增加數據傳輸業務，它以雙向 HFC 網路作為傳輸通道，以纜線數據機(Cable modem)連接電腦，作為數據(data)的存取。

早期的纜線數據機系統使用獨占的協定(Protocols)，許多規範是由乙太網路(Ethernet)所導出。一群有線電視業者與有線電視實驗室(Cablelabs)合作下，以 MCNS(Multimedia Cable Network system)的名義，推出 DOCSIS(Data-over-cable service interface specification)規範，DOCSIS 是一個很先進而重要的標準，使得數據機或其他纜線設備有共同規範，使產品可互通使用與競爭。

DOCSIS 與另－IEEE802.14 標準有些不同，兩者有共通的物理層 (Physical Layer)，但數據鏈接層(Data link layer)不同，二個標準存在著相同的下行串流頻道(downstream channel)，只是上行串流頻道有些不同。

　　圖 9.12 所示是 DOCSIS 頭端至訂戶端的架構圖

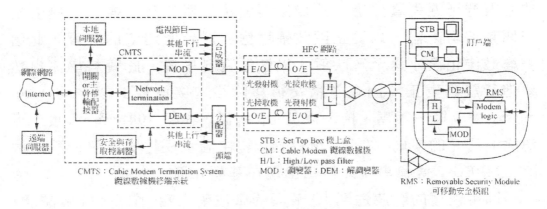

圖 **9.12**　DOCSIS 頭端至訂戶端的架構圖

　　在下行串流方向，資料信號在頭端內合成器與其他下行串流信號合併，傳送至 HFC 網路，在訂戶的纜線數據機(CM)，信號經雙工濾波器(High/Low pass filter)，先將下行信號(54MHz 以上)與上行信號(40MHz 以下)分開，下行信號傳送到 CM 的解調器(即接收機)，接著送到邏輯界面(Modem logic)，此界面是把信號轉換為 10base T 協定，使用 CAT-5 電纜或 RJ-45 連接器與電腦連接，或是轉換為 DOCSIS 適合的 USB 或 PCI(Peripheral Component Interface)介面。

　　在 CM 的調變器(即發射器)是將反向信號送至頭端，纜線數據機(CM)的動作就像資料鏈接層的乙太橋接器(Ethernet birdge)，它只傳遞本身 PC 資料到目的端，但不傳遞至其他通道。

　　可移動安全模組(Removable security module)是系統內建安全管理的一部份，它非常重要，因為在某一特殊節點(node)(甚至某群組節點)傳遞路徑朝向所有數據機，安全管理只讓本身電腦資料傳送到指定使用者，而不像纜線電話之數據機不具安全性。

　　在頭端部份，CMTS 它是纜線系統的介面，它包括解調變器、調變器以及網路終端，它提供通往廣域網路(WAN)的開關或主幹傳輸配接器(backbone transport adapter)之介面。使資料能與本地伺服器或遠端伺服器溝通。CMTS 同時與安全及存取控制器相連，作為安全管理使用。

　　下行串流是使用 64QAM 或 256QAM，頻寬為 6MHz；上行串流是使用 QPSK 或 16QAM。數據機在上、下行串流兩方向，其頻道頻率是可變換的(agile)，下行頻道變換是為了使系統在操作上，使服務效率提高，而上行頻道變換是在某頻道受干擾時，切換至另一頻道，但避免頻道受干擾另有其他對策，變換頻率值是最後手段，對上行串流干擾的對策可以將 16QAM 降為 QPSK，或是降低符碼率(symbol rate)或提高錯誤更正碼深度。

9.3　有線電視新技術

　　近年來，隨著光纖傳輸技術、電腦和數位技術的迅速發展及其在有線電視領域中的應用，使得有線電視系統中出現許多新的技術。尤其是有線電視雙向傳輸功能與數據壓縮技術的進步，給這些新技術的應用提供了舞台，充分發揮有線電視系統的寬頻帶、大容量，雙向互動和智慧化的特點，為社會提供多種信息服務。主要的有下列三項：有線電視網傳送電話業務(纜線電話)、有線電視視頻點播(Viddeo on demand)、有線電視綜合信息網。

1. 纜線電話(Cable Telephony)

電話系統由三個基本單元組成：終端機、傳輸網與交換(switch)系統。目前的電話是各個用戶以雙絞網線各自連到本地交換機(地方局)，作本地互相通話，若要傳送至遠方，則需透過彙接局(Tandan office)與長途交換局等連接至對方。

目前交換機提供下列服務

(1) 呼叫檢測(call detection)：判定電話已離鉤(off-hook)，提供電壓，標記線路為忙線，儲存撥號。

(2) 提供撥號音(Dial Tone)：對線路產生撥號音。

(3) 收集撥號數位(Digital collection)：依電話設備收集音調(tone)或撥號脈衝(dial pulses)。

(4) 傳送數位(Digit translation)：收集完整的數位，信號以識別此信號傳送至何處。

(5) 呼叫路由(Call Routing)：此呼叫由本交換局轉接至另一電話或由其他交換機傳送，若無適當路由，則告知"忙線(busy)"。

(6) 呼叫鏈接(call connection)：呼叫線被標記為"busy(忙線)"沒有其他呼叫者可占線。

(7) 振鈴與回鈴音(Audible Ringing and Ringbach)：此時產生20Hz 鈴聲與回鈴音。

(8) 建立說話通道(speech path Established)：對拿取電話，開始通話，振鈴與回鈴從線路移除。

(9) 終止呼叫(call Termination)：當電話掛上，線路斷線。

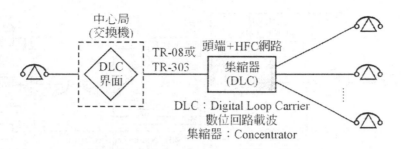

圖 9.13　集縮器的整合進入系統

　　電話在 HFC 網路傳送，是將一種數位回路載波(DLC：Digital Loop Carrier)整合到系統內，如圖 9.13 所示，它是將傳統電話機需要許多銅線連接到交換機的方式，改由集縮器(concentrator)以多工(Multiplex)方式連到交換機(中心局)，它將許多用戶利用網路介面裝置(NID：Network Interface Device)連接後，經由 HFC 網路、頭端，集中並縮成一條線輸出送到交換機，是一種較有效率的方式。

　　DLC 將類比信號轉成數位，它與交換機(中心局)的界面(在北美系統)是 TR-08 或 TR-303，TR-08 它是 DS-1 介面包含 24 時槽(可建 24 路電話)，TR-303 同步光纖網路(SONET)介面，它能傳送 2048 路電話。

圖 9.14 所示是纜線電話系統方塊圖

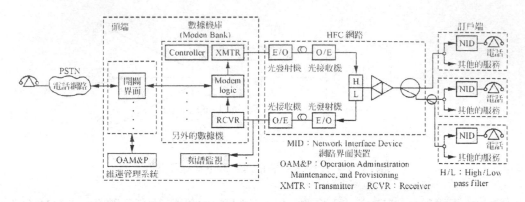

圖 9.14　纜線電話系統方塊圖

　　集縮器在有線電視系統就是 NID(網路介面裝置)、HFC 網路與頭端的組合。每一訂戶需有 NID 與 HFC 網路相連，此介面提供類比信號給訂戶電話，NID 可以是一塑膠或鐵製小盒安裝在訂戶屋內。頭端內含發射機(調變器)、接收機(解調變器)及開關界面(TR-08 或 TR-303)，它是將兩方向信號作格式化(Format)，控制 HFC 鏈路，轉換協定(Protocol)，並支援許多電話服務，同時作狀態監視與維運管理。

　　NID(網路界面裝置)如圖 9.15 所示，是電話與 HFC 網路之間信號的轉換，信號從光纖節點經雙工濾波器、雙向 RF 放大器、方向耦合器、分配器，NID 取出一些能量給電話機，其餘供給其他的服務。

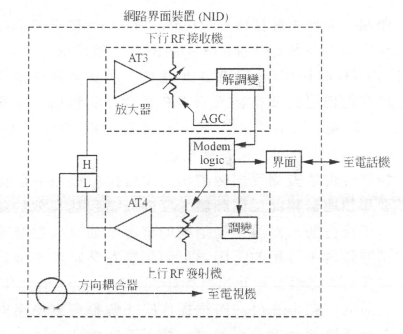

圖 **9.15**　電話網路界面裝置(NID)

　　在 NID 內部，信號經雙工濾波器(高／低通濾波器)，將 54MHz 以上的下行頻率與 40MHz 以下的上行頻率分開，較高頻給接收機，接收機內部，放大器受 AGC 控制，以修正信號的位準的變化，使系統在正常工作點上；雙工器的低通側是從電話機來的上行信號，經衰減器 AT4，控制調變點的輸出位準，使其位準符合頭端所希望的位準。數據機邏輯(Modem Logic)是調諧(tuning)發射機、接收機至正確頻率，利用頭端所分派的時槽(time slot)，調節發射位準、轉換格式(format converion)及控制 NID。界面電話提供標準類比信號給電話機，並提供 24 或 48V$_{DC}$ 電池電壓、振鈴電壓及撥號音，以及負責聲音信號在類比與數位之間作轉換。

頭端設備是由數據機庫(Modem Bank)與開關界面組成，數據機庫是許多數據機(Modem)的組合，數據機是發射機(即調變器)與接收機(即解調變器)所構成。有線電視業者可以擁有並操作他自己的交換機或向現有電信公司租借。交換機可以與 HFC 電話設備共同安裝，或透過建造 DS-1(TR-08)或 SONET(TR-303)界面與交換機相連。

頻譜監視是監測反向頻譜，對頭端接收機收到的信號，有必要單獨地監視此反向頻譜。反向頻譜包括有效的頻率及無效的干擾信號，無論干擾信號的來源，通常某些頻率在一天的某時段是不可用的。因為反向頻譜在某時刻不能使用，因此許多有線電視公司使用跳頻(frequercy hopping)作頻率分派，假設某一頻率在反向路徑操作時，會損害到使用的傳輸點，系統將轉換到另一新頻率，假若系統無法去監測沒有使用的頻譜，則在需要改變頻率的時刻，跳頻就會盲目改變頻率，有可能跳到的新頻率同樣不能用或比原來還要惡劣，為防止此事情發生，有一辦法是使用分開的頻譜監視接收機。另一方法是在 TDMA 反向系統，監測頭端到 NID 的傳輸延遲時間，使 NID 在安排的時槽(time slot)工作。最後，監視接收機可監測反向回路的任何問題，作為維修工作使用。

OAM & P 是電話業者作運作(Operation)、管理(Administration)、維護(Maintenance)以及準備(Provisioning)的用語(即維運管理系統)。OAM & P 可決定電話系統狀態，更新系統軟體以及修正硬體規格配合訂戶需求。

2. 有線電視視頻點播(VOD：Video on Demand)

　　有線電視視頻點播就是用戶透過一定的通信方式(市話、有線電視用戶上行信號)將所需點播的節目信息提供給頭端，頭端按照用戶點播要求隨時下傳用戶所需的電視節目信號。亦即，用戶在家裡可隨時點播自己想看的節目，實現人與電視系統直接對話，使人們看電視被動式轉變為主動式。

　　視訊點播目前是利用 HFC 網路作雙向傳輸，人們可以實現獨立收視，可以即時地控制節目播放，並可在收視過程中控制所點播的節目作快速前進、快速倒退、暫停等動作。其組成方塊如圖 9.16 所示。

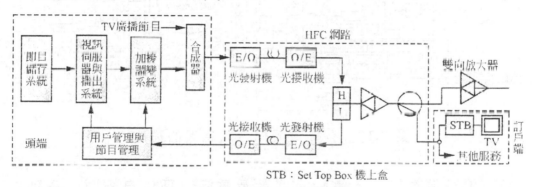

圖 **9.16**　視訊點播架構圖

　　該系統在頭端部份需要增加用戶管理與節目管理系統、視訊伺服器、超大容量的節目儲存器，加擾調變系統等；傳輸網路需要有性能優越、覆蓋範圍較廣的 SDH(Synchronous Digital Hierachy)光纖環形網路和具有雙向傳輸功能的 HFC 網，需要用 ATM 或 IP 交換技術；在訂戶端增加一機上盒(STB)，負責進行點播指令的上行傳輸和對點播節目的解壓縮、解碼(解擾)的播出。

3.　有線電視綜合訊息網

　　未來有線電視將整合電信網路，將電視、電話以及電腦資訊三者合而為一，在頭端處理，並以 HFC(或全光纖)網路雙向傳輸方式，送到訂戶端，而訂戶端只用一條纜線即可收到三種綜合訊息。其構造如圖 9.17 所示。

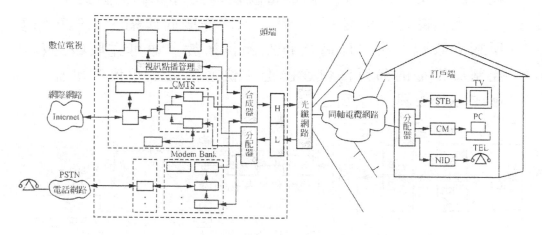

圖 **9.17**　有線電視綜合訊息網的構成

(1)　信號源部份　　電視、電話及電腦三種信息來源，分別在頭端作調變(發射)處理，以 RF 下行信號高頻段送到 HFC 網路；訂戶端來的上行信號，經分配送到頭端作解調(接收)處理，以控制信號源的傳送。

(2)　通道部份　　未來有線電視綜合訊息網的通道包括光纖網、電纜網，主要設備包括光發射機、光接收機、雙向濾波器、雙向放大器等，它主要完成上、下行信號的傳輸，而信號傳送通常採用多工／解多工、TDMA(分時多工存取)以及 FDMA(分頻多工存取)技術。

(3)　訂戶終端機　　訂戶端經由分配器，分別將 STB(機上盒)與電視連接，CM(數據機)與電腦連接，而 NID(網路界面裝

置)與電話連接，這些裝置主要功能有增強信號、分離信號、
調變／解調變，編碼／解碼等作用。

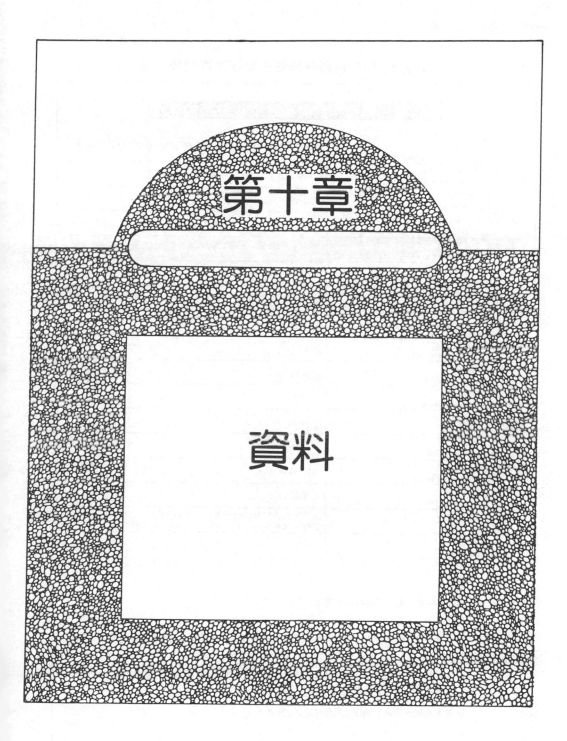

第十章

資料

表 1 之 1　中華民國有線電視系統工程技術規範

	中華民國有線電視系統工程技術規範
1. 視訊載波頻率 (Visual Carrier Frequency)	一般標準頻率±25KHz偏移以內；調頻頻率±10KHz偏移以內
2. 聲訊載波頻率 (Aural Carrier Frequency)	視訊頻率±4.5KHz，偏移度在±2KHz以內
3. 最小視訊準位 (Visual Signal Level, minimum)	0 dBmv～+14dBmv
4. 最大視訊準位變化 (Visual Signal Level, max change)	任一90MHz之頻段內，不得大於8dB
5. 相鄰視訊準位差 (Visual Signal Level, 6MHz adjacent)	< 3dB
6. 相對聲訊準位 (Relative Aural Signal Level)	低於視訊準位13～17dB
7. 頻道內響應 (In-channel Response)	見註一
8. 載波雜訊比 (Carrier-to-Noise Ratio)	≧ 43dB
9. 載波合成拍差比 (Carrier-to-Noise Ratio)	≧ 53dB
10. 終端隔離度 (Terminal Isolation)	≧ 20dB
11. 串調變比 (Cross Modulation: XM)	≧ 46dB
12. 交流聲調變 (Hum)	≧ 40dB
13. 差動增益 (Differential Gain)	< 10%
14. 差動相位 (Differential Phase)	±5°以內
15. 訊號洩漏 (Signal Leakage)	見註二
16. 頻率規定 (Channel)	上行：低於35MHz (可用T7至T10頻道) 下行：除頻道14、15、16、18、19、20以外之頻道
17. 接　　地 (Grounding)	見註三

註一、頻道內響應：

　　1. 分配線網路每一電視頻道之頻率響應平坦度應在±1dB以內。

　　2. 頭端部份─

　　　○調變器（Modulator）：相對於影像載波頻率加0.2MHz處之頻率響應差值應符合下列規定：

　　　a. 影像載波頻率減0.5MHz至影像載波頻率加3.58MHz區間應在±1.5dB以內。

　　　b. 影像載波頻率減0.75MHz至影像載波頻率加4MHz區間應在1dB至-4dB之間。

　　　c. 影像載波頻率減1.5MHz處應超過20dB以上。

表 1 之 2 （續）

○信號處理器（Signal Processor）：相對於影像載波頻率加0.2MHz處之頻率像應差值應
符合下列規定：

a. 影像載波頻率減0.5MHz至影像載波頻率加3.58MHz區間應在±1.5dB以內。

b. 影像載波頻率減0.75MHz至影像載波頻率加4MHz區間應在1dB至-2dB之間。

註二、訊號洩漏：

頻率範圍（兆赫，MHz）	限值（微伏／公尺，μV/m）	量測距離（公尺，m）
小於54	20	10
54～108	20	3
108～174	10	3
174～216	20	3
大於216	20	10

系統在225至400MHz範圍內傳送信號時，必須合乎下列規定：

頻帶在225至400MHz範圍內其累計電波洩漏指數應小於64。

$$累計電波洩漏指數 = 10 \cdot \log \cdot \left(\frac{1}{\phi} \sum_{i=1}^{n} E_i^2 \right)$$

n ：表示電波洩漏量值大於或等於50微伏／公尺之量測值。

Ei：表示測量距離為3公尺時電波洩漏大於或等於50微伏／公尺之量測值。

φ ：實際電波洩漏量測纜線長度比，其值等於電波洩漏量測纜線長度除以全區纜線長
度。（其值不得低於0.75）

註三、接地：

頭　　端	<15Ω
電桿： 　1. 地下引上之電桿 　2. 裝放大器，電源供應器處 　3. 裝電力變壓器之共架桿 　4. 架空線第一及最後一支電桿 　5. 連續10支電桿無接地者	<50Ω
訂　戶　端	<100Ω

※本文乃根據「有線電視系統工程技術管理規則草案（修訂本）」整理而成。

表 2　FCC 有線電視系統規範（資料來源：德距公司）

項　目	規　格	頻　道	測試處	時　間	採用儀器
FCC 有線電視系統規範					
1. 視訊長波頻率 (Visual Carrier Frequency)	一般標準是承 ±25KHz 偏移以內，空中通信頻率承 ±5KHz 偏移以內	在300MHz 的頻寬內某6個頻道測量，之後每增加100MHz的頻道之數一個頻道測	主序機,終端及分配器（TAP）處	一年兩次	Trilithic TFC-600 或其他符合標準的儀器
2. 聲音長波頻率 (Aural Carrier Frequency)	視訊頻率 + 4.5MHz，偏移應在 ±5.0KHz 以內	全部頻道	主序機,終端及分配器（TAP）處	一年兩次	Trilithic TFC-600 或其他符合標準的儀器
3. 最小視訊準位 (Visual Signal Level, minimum)	主序機：0dBmV，分配器：3dBmV	全部頻道	主序機,終端及分配器（TAP）處	一年兩次	WindowLite PLUS, Tricorder 或其他符合標準的儀器
4. 最大視訊準位變化 (Visual Signal Level, max change)	6個月內 24小時測量下，小於 8dB 的變化	全部頻道	主序機,終端及分配器（TAP）處	兩回以上（每回測間六小時測一次）	WindowLite PLUS, Tricorder 或其他符合標準的儀器
4.1. 相鄰視訊準位差 (Visual Signal Level, 6MHz adjacent)	小於 ±3dB		主序機,終端及分配器（TAP）處	兩回以上（每回測間六小時測一次）	WindowLite PLUS, Tricorder 或其他符合標準的儀器
4.2. 最大頻道視訊頻帶寬度 (Visual Signal Level, bandwidth)	300MHz 內小於 10dB，頻寬每增 100MHz，可增加最其 1dB	全部頻道	主序機,終端及分配器（TAP）處	兩回以上（每回測間六小時測一次）	WindowLite PLUS, Tricorder 或其他符合標準的儀器
5. 相對聲音準位 (Relative Aural Signal Level)	低於視訊準位 10-17dB		主序機,終端及分配器（TAP）處	兩回以上（每回測間六小時測一次）	WindowLite PLUS, Tricorder 或其他符合標準的儀器
6. 頻道內響應 (In-channel Response)	0.75-5MHz 內小於 ±2dB	全部頻道	主序機,終端及分配器（TAP）處	一年兩次	Trilithic NCC-1701 頻譜分析儀
7. 載波雜訊比（C/N） (Carrier-to-Noise Ratio)	'92年 /36dB，'83年 /40dB，'95年 /43dB	在300MHz 的頻寬內某6個頻道測試，之後每增加100MHz 的頻寬之某一頻率量測	主序機,終端及分配器（TAP）處	一年兩次	WindowLite PLUS, 或其他符合標準的儀器
8. 同步干擾比 (Carrier-to-Disturbances Ratio)	61dB	在300MHz 的頻寬內某6個頻道測試，之後每增加100MHz 的頻寬之某一頻率量測	主序機,終端及分配器（TAP）處	一年兩次	符合標準的儀器
9. 終端隔離度 (Terminal Isolation)	二埠間 18dB 以上（Mfr 規格）	全部頻道	比照 Mfr 規格	比照 Mfr 規格	比照 Mfr 規格
10. 交流聲調變 (Hum)	視訊最大之 3%	在300MHz 的頻寬內某6個頻道測試，之後每增加100MHz 的頻寬之某一頻率量測	主序機,終端及分配器（TAP）處	一年兩次	WindowLite PLUS, 或其他符合標準的儀器
11.1. 色度與亮度時延差 (Chrominance-Luminance Delay)	±170 × 10⁹ 秒（'95年6月30日）	在300MHz 的頻寬內某6個頻道測試，之後每增加100MHz 的頻寬之某一頻率量測	頭端	三年一次	向量分析儀
11.2. 差動增益 (Differential Gain)	±20%（'95年6月30日）	在300MHz 的頻寬內某6個頻道測試，之後每增加100MHz 的頻寬之某一頻率量測	頭端	三年一次	向量分析儀
11.3. 差動相位 (Differential Phase)	±10°（'95年6月30日）	在300MHz 的頻寬內某6個頻道測試，之後每增加100MHz 的頻寬之某一頻率量測	頭端	三年一次	向量分析儀
12. 訊號洩漏 (Signal Leakage)	參照 FCC 76.609h	有線電視系統所有頻道	全系統	一年一次以上	ComSonica Sniffer II, Trilithic Searcher PLUS, 或其他符合標準的儀器

9.11.1 電視標準方式，彩色電視方式

表 3 之 1　世界的電視方式

標準方式	掃描線條數/每圖框	圖場頻率 [kHz]	線頻率 [kHz]	無線頻道頻寬 [MHz]	影像頻域 [MHz]	聲音載波頻率 [MHz]	影像調變形式,龔極性	聲音調變形式	聲音的頻率偏移 [kHz]	實行輻射功率比 影像/聲音	彩色方式	色載波調變方式	色載波頻率標準值 [MHz]
M	525	60 (59.94)	15.75 (15.734)	6	4.2	+4.5	AM負	FM	±25	10/1~5/1[(2)]	M/NTSC M/PAL	直角二相 AM / 直角二相 AM	3.579 / 3.575
N	625	50	15.625	7	4.2	+4.5	AM負	FM	±25	10/1~5/1	N/PAL	直角二相 AM	3.582
B	625	50	15.625	8	5	+5.5	AM負	FM	±50	10/1	B/PAL B/SECAM	直角二相 AM / FM	4.433 / 4.41 4.25[(3)]
G	625	50	15.625	8	5	+5.5	AM負	FM	±50	10/1	G/PAL G/SECAM	直角二相 AM / FM	4.433 / 4.41 4.25[(3)]
H	625	50	15.625	8	5	+5.5	AM負	FM	±50	10/1~5/1	H/PAL H/SECAM	直角二相 AM / FM	4.433 / 4.41 4.25[(3)]
I	625	50	15.625	8	5.5	+5.9996	AM負	FM	±50	10/1	I/PAL	直角二相 AM	4.433
D	625	50	15.625	8	6	+6.5	AM負	FM	±50	10/1~5/1	D/PAL D/SECAM	直角二相 AM / FM	4.433 / 4.41 4.25[(3)]
K	625	50	15.625	8	6	+6.5	AM負	FM	±50	10/1~5/1	K/SECAM	FM	4.41 4.25[(3)]
K'	625	50	15.625	8	6	+6.5	AM負	FM	±50	10/1	K'/SECAM	FM	4.41 4.25[(3)]
L	625	50	15.625	8	6	+6.5	AM正	AM		10/1	L/SECAM	FM	4.41 4.25[(3)]

［註］黑白電視與彩色電視不同地方是（ ）內表示彩色的值
(1)影像載波做為基準　(2)在日本是 1/0.15～1/0.35
(3)以二個色載波調變作變之色載波頻率。$f_{OY} = 4.40625$MHz，$f_{OB} = 4.25000$MHz 是無色信號時的標準頻率。

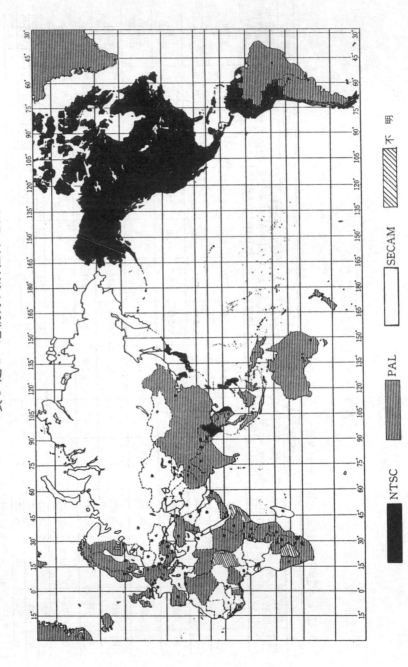

表 3 之 2　電視方式別世界地圖

NTSC　　PAL　　SECAM　　不　明

表 4　國內無線數位電視頻道播出一覽表

站別	地區別	台別	頻道	頻率	頻道名稱
竹子山站	北部地區 (台北、基隆)	台視	CH32	581MHz	CH32-1 CH32-2 CH32-3
		中視	CH24	533MHz	CH24-1 CH24-2 CH24-3
		華視	CH34	593MHz	CH34-1 CH34-2 CH34-3
		民視	CH28	557MHz	CH28-1 CH28-2 CH28-3
		公視	CH26	545MHz	CH26-1 CH26-2 CH26-3
店子湖站	桃園地區	台視	CH32	581MHz	CH32-1 CH32-2 CH32-3
		中視	CH24	533MHz	CH24-1 CH24-2 CH24-3
		華視	CH34	593MHz	CH34-1 CH34-2 CH34-3
		民視	CH28	557MHz	CH28-1 CH28-2 CH28-3
		公視	CH26	545MHz	CH26-1 CH26-2 CH26-3
火炎山站	三義地區 (新竹、苗栗)	台視	CH32	581MHz	CH32-1 CH32-2 CH32-3
		中視	CH24	533MHz	CH24-1 CH24-2 CH24-3
		華視	CH34	593MHz	CH34-1 CH34-2 CH34-3
		民視	CH28	557MHz	CH28-1 CH28-2 CH28-3
		公視	CH26	545MHz	CH26-1 CH26-2

表 5　美規、日規 CATV 電視頻率表（台灣與美規相同）

美規頻道	日規頻道	頻寬	美規頻道	日規頻道	頻寬
VHF 低頻			**UHF 頻道**		
2		54-60	14	13	470-476
3		60-66	15	14	476-482
4		66-72	16	15	482-488
5		76-82	17	16	488-494
6		82-88	18	17	494-500
			19	18	500-506
CATV 中頻			20	19	506-512
A-2	C13	108-114	21	20	512-518
A-1	C14	114-120	22	21	518-524
A (14)	C15	120-126	23	22	524-530
B (15)	C16	126-132	24	23	530-536
C (16)	C17	132-138	25	24	536-542
D (17)	C18	138-144	26	25	542-548
E (18)	C19	144-150	27	26	548-554
F (19)	C20	150-156	28	27	554-560
G (20)	C21	156-162	29	28	560-566
H (21)	C22	162-168	30	29	566-572
I (22)	C23	168-174	31	30	572-578
			32	31	578-584
VHF 高頻			33	32	584-590
7	≒ 5	174-180	34	33	590-596
8	≒ 6	180-186	35	34	596-602
9	≒ 7	186-192	36	35	602-608
10	≒ 8	192-198	37	36	608-614
11	≒ 9	198-204	38	37	614-620
12	≒ 10	204-210	39	38	620-626
13	≒ 11	210-216	40	39	626-632
			41	40	632-638
CATV 高頻			42	41	638-644
J (23)	≒ 12	216-222	43	42	644-650
K (24)	C23	222-228	44	43	650-656
L (25)	C24	228-234	45	44	656-662
M (26)	C25	234-240	46	45	662-668
N (27)	C26	240-246	47	46	668-674
O (28)	C27	246-252	48	47	674-680
P (29)	C28	252-258	49	48	680-686
Q (30)	C29	258-264	50	49	686-692
R (31)	C30	264-270	51	50	692-698
S (32)	C31	270-276	52	51	698-704
T (33)	C32	276-282	53	52	704-710
U (34)	C33	282-288	54	53	710-716
V (35)	C34	288-294	55	54	716-722
W (36)	C35	294-300	56	55	722-728
			57	56	728-734
CATV 超高頻			58	57	734-740
AA (37)	C36	300-306	59	58	740-746
BB (38)	C37	306-312	60	59	746-752
CC (39)	C38	312-318	61	60	752-758
DD (40)	C39	318-324	62	61	758-764
EE (41)	C40	324-330	63	62	764-770
FF (42)	C41	330-336	64		770-776
GG (43)	C42	336-342	65		776-782
HH (44)	C43	342-348	66		782-788
II (45)	C44	348-354	67		788-794
JJ (46)	C45	354-360	68		794-800
KK (47)	C46	360-366	69		800-806
LL (48)	C47	366-372	70		806-812
MM (49)	C48	372-378	71		812-818
NN (50)	C49	378-384	72		818-824
OO (51)	C50	384-390	73		824-830
PP (52)	C51	390-396	74		830-836
QQ (53)	C52	396-402	75		836-842
RR (54)	C53	402-408	76		842-848
SS (55)	C54	408-414	77		848-854
TT (56)	C55	414-420	78		854-860
UU (57)	C56	420-426	79		860-866
VV (58)	C57	426-432	80		866-872
WW (59)	C58	432-438	81		872-878
XX (60)	C59	438-444	82		878-884
YY (61)	C60	444-450	83		884-890
ZZ (62)	C61	450-456			

表 6　日本有線電視（下行）的頻道分配表

頻道號碼	影像載波頻率 (MHz)	頻道號碼	影像載波頻率 (MHz)	頻率號碼	影像載波頻率 (MHz)
上行	10.0～50.0	C 38(Z)	313.25	26	549.25
FM	76.0～86.0	C 39(ZA)	319.25	27	555.25
1	91.25	C 40(ZB)	325.25	28	561.25
2	97.25	C 41(ZC)	331.25	29	567.25
3	103.25	C 42(ZD)	337.25	30	573.25
4	171.25	C 43(ZE)	343.25	31	579.25
5	177.25	C 44(ZF)	349.25	32	585.25
6	183.25	C 45(ZG)	355.25	33	591.25
7	189.25	C 46(ZH)	361.25	34	597.25
8	195.25	C 47(ZI)	367.25	35	603.25
9	199.25	C 48(ZJ)	373.25	36	609.25
10	205.25	C 49(ZK)	379.25	37	615.25
11	211.25	C 50(ZL)	385.25	38	621.25
12	217.25	C 51(ZM)	391.25	39	627.25
C 13(A)	109.25	C 52(ZN)	397.25	40	633.25
C 14(B)	115.25	C 53(ZO)	403.25	41	639.25
C 15(C)	121.25	C 54(ZP)	409.25	42	645.25
C 16(D)	127.25	C 55(ZQ)	415.25	43	651.25
C 17(E)	133.25	C 56(ZR)	421.25	44	657.25
C 18(F)	139.25	C 57(ZS)	427.25	45	663.25
C 19(G)	145.25	C 58(ZT)	433.25	46	669.25
C 20(H)	151.25	C 59(ZU)	439.25	47	675.25
C 21(I)	157.25	C 60(ZV)	445.25	48	681.25
C 22(J)	165.25	C 61(ZW)	451.25	49	687.25
C 23(K)	223.25	C 62(ZX)	457.25	50	693.25
C 24(L)	231.25	C 63(ZY)	463.25	51	699.25
C 25(M)	237.25	13	471.25	52	705.25
C 26(N)	243.25	14	477.25	53	711.25
C 27(O)	249.25	15	483.25	54	717.25
C 28(P)	253.25	16	489.25	55	723.25
C 29(Q)	259.25	17	495.25	56	729.25
C 30(R)	265.25	18	501.25	57	735.25
C 31(S)	271.25	19	507.25	58	741.25
C 32(T)	277.25	20	513.25	59	747.25
C 33(U)	283.25	21	519.25	60	753.25
C 34(V)	289.25	22	525.25	61	759.25
C 35(W)	295.25	23	531.25	62	765.25
C 36(X)	301.25	24	537.25		
C 37(Y)	307.25	25	543.25		

（頻段區分：VHF廣播頻段、中間頻段、高頻段、超高頻段、UHF廣播頻段；聲音、資料等使用 註1、註2、註3）

註：美規頻道與日本差 1 頻道，例如美規 C14 即為日本 C15。

[註1] 留意從頻道 C14，C15，C16 對頻道 4，5，6 之本地振盪干擾。

[註2] 在多頻道傳送時拍差干擾較少之系統，可以使用電視傳送。此場合，需留意來自頻道 C24，C25，C26，(C27) 對 C34，C35，C36，(C37) 之本地振盪干擾。

[註3] 留意來自 C55～C63 對 13～21 之本地振盪干擾。

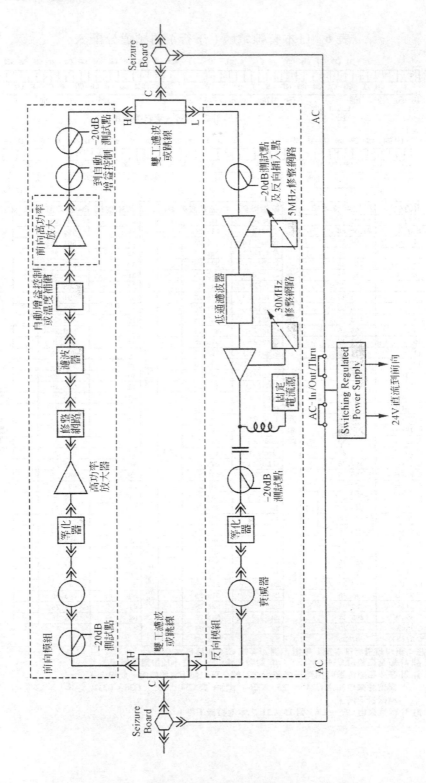

表 7 之 1 分配放大模組

表 7 之 2　延伸放大模組

交流過濾抑制器

交流功率跳線

SUB-SPUT
LINE EXTENDER

前向輸出測試點 -20dB

雙工器

放大器

選購插貨溫度補償網路
或修整網路

550PP
450/550PHD
放大器

插入衰減器

插入等化器

前向輸入測試點 -20dB

反向輸入測試點 -20dB

反向輸出測試點 -20dB

DC 24V

REGULATOR

PRE-REGULATOR

BRIDGE RECTIFIER

FUSE

TRANSFORMER

電源供應器
POWER SUPPLY

表 8 之 1　有線電視電纜規格 (TFC)

頻率 MHz	412		500		625		750		875		1000	
	標準值	最大值	標準值	最大值	標準值	最大值	標準值	最大值	標準值	最大值	標準值	最大值
5	0.62	0.66	0.52	0.52	0.39	0.43	0.33	0.36	0.30	0.30	0.26	0.26
30	1.57	1.64	1.28	1.31	1.02	1.05	0.85	0.89	0.72	0.75	0.66	0.69
50	2.03	2.13	1.64	1.71	1.31	1.38	1.12	1.15	0.92	0.98	0.85	0.89
108	3.02	3.15	2.46	2.53	1.97	2.07	1.64	1.71	1.41	1.48	1.28	1.35
216	4.30	4.53	3.51	3.61	2.85	2.99	2.36	2.46	2.03	2.13	1.87	1.97
240	4.56	4.79	3.74	3.84	3.02	3.15	2.53	2.59	2.13	2.26	1.97	2.07
270	4.86	5.09	3.97	4.07	3.22	3.35	2.69	2.76	2.30	2.40	2.10	2.20
300	5.12	5.38	4.20	4.30	3.41	3.54	2.82	2.92	2.43	2.56	2.23	2.36
325	5.35	5.61	4.40	4.49	3.58	3.71	2.95	3.05	2.53	2.66	2.33	2.46
350	5.54	5.84	4.56	4.69	3.71	3.87	3.08	3.18	2.62	2.76	2.43	2.56
375	5.77	6.07	4.72	4.86	3.87	4.00	3.22	3.31	2.76	2.89	2.53	2.66
400	5.97	6.27	4.89	5.02	4.00	4.17	3.31	3.44	2.85	2.99	2.62	2.76
450	6.36	6.66	5.22	5.35	4.27	4.43	3.54	3.67	3.02	3.18	2.82	2.95
500	6.73	7.05	5.51	5.68	4.53	4.69	3.74	3.87	3.22	3.38	2.99	3.15
550	7.09	7.41	5.81	5.97	4.76	4.95	3.94	4.10	3.38	3.58	3.15	3.31
600	7.41	7.78	6.10	6.27	4.99	5.18	4.13	4.30	3.58	3.74	3.31	3.48
650	7.74	8.14	6.36	6.53	5.22	5.45	4.33	4.49	3.74	3.90	3.48	3.64
700	8.04	8.46	6.63	6.82	5.45	5.68	4.53	4.69	3.90	4.07	3.64	3.81
750	8.37	8.79	6.89	7.09	5.64	5.87	4.69	4.86	4.04	4.23	3.81	3.97
800	8.66	9.09	7.15	7.35	5.87	6.10	4.86	5.05	4.20	4.40	3.94	4.13
862	9.02	9.48	7.45	7.64	6.10	6.36	5.09	5.25	4.40	4.59	4.10	4.33
900	9.22	9.68	7.61	7.84	6.27	6.53	5.22	5.38	4.49	4.72	2.23	4.43
950	9.51	9.97	7.84	8.07	6.46	6.73	5.38	5.54	4.63	4.86	4.36	4.59
1000	9.78	10.27	8.07	8.30	6.66	6.92	5.51	5.71	4.76	5.02	4.49	4.72

註：衰減值每 10℃ 變化 1.8%(每 10℉ 變化 1%)
　　此表為 20℃ 時，每 100 公尺之衰減 [dB]

表 8 之 2 （續）

頻率	RG−59（4C）		RG−6（5C）		RG−11（7C）	
MHz	dB/100呎	dB/100公尺	dB/100呎	dB/100公尺	dB/100呎	dB/100公尺
5	0.81	2.66	0.61	2.00	0.36	1 18
30	1.45	4.76	1.17	3.84	0.75	2.46
50	1.78	5.84	1.44	4.72	0.93	3.05
108	2.48	8.13	2.02	6.63	1.30	4.26
216	3.49	11.4	2.85	9.35	1.83	6.00
240	3.68	12.1	3.00	9.84	1.94	6.36
270	3.91	12.8	3.19	10.5	2.06	6.76
300	4.13	13.5	3.37	11.1	2.17	7.12
325	4.31	14.1	3.51	11.5	2.27	7 45
350	4.48	14.7	3.65	12.0	2.36	7.74
375	4.65	15.3	3.79	12.4	2.44	8.00
400	4.81	15.8	3.92	12.9	2.53	8.30
450	5.13	16.8	4.17	13.7	2.69	8.82
500	5.43	17.8	4.42	14.5	2.85	9.35
550	5.72	18.8	4.65	15.3	3.01	9.87
600	6.00	19.7	4.87	16.0	3.16	10.4
650	6.27	20.6	5.09	16.7	3.30	10.8
700	6.53	21.4	5.29	17.4	3.44	11.3
750	6.78	22.2	5.50	18.0	3.58	11.7
800	7.03	23.1	5.69	18.7	3.71	12.2
862	7.33	24.0	5.93	19.5	3.88	12.7
900	7.50	24.6	6.07	19.9	3.97	13.0
950	7.73	25.4	6.25	20.5	4.10	13.4
1000	7.95	26.1	6.43	21.1	4.23	13.9

註：衰減值每 10℃ 變化 1.8%（ 每 10℉ 變化 1%），
此表爲 20℃ 時，之衰減 [dB]

表 8 之 3 傳送損失頻率特性

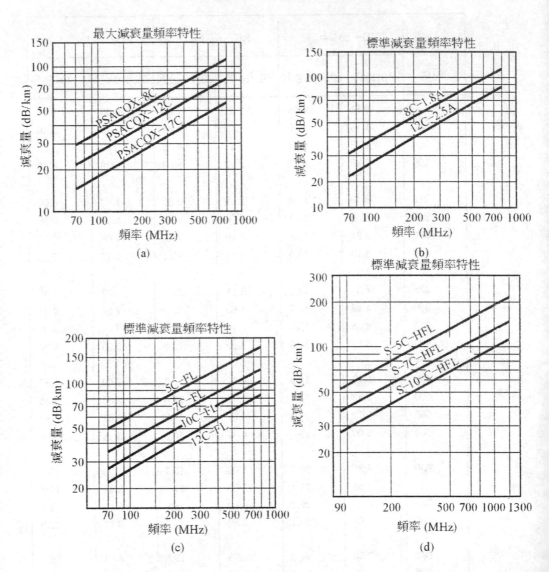

表 8 之 4(續)

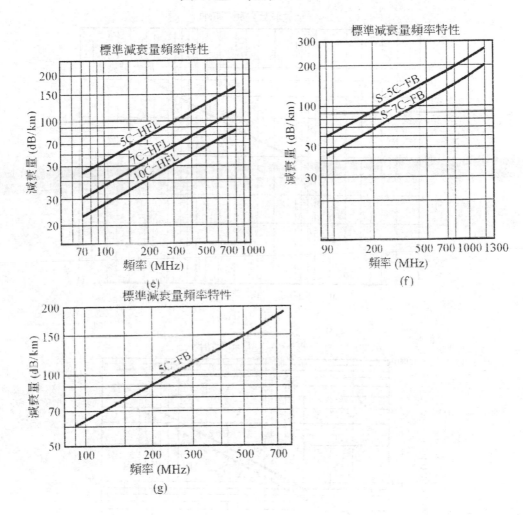

表 8 之 5(續)

最大減衰量頻率特性

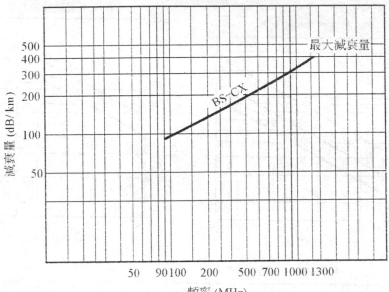

(h)

最大減衰量頻率特性

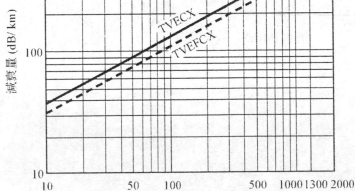

(i)

表 9 之 1　美國有線電視性能基準的比較

項　　　目	IEC Publ. 728-1	FCC Part 的比較76	NCTA
用戶端子位準TV信號	30～300MHz 83～57dBμV ～3000MHz:83～60dBμV	75Ω：1mV 以上 300Ω：2mV 以上	―
FM信號單音 VHF帶立體	80～37dBμV 80～47dBμV		
載波位準TV信號	30～1000MHz: 15dB以內 30～300MHz: 12dB以內 VHF帶任意的60MHz 8 dB以內 UHF帶任意的100MHz: 9 dB以內 鄰接頻道: 3dB以內	鄰接頻道: 3 dB以內 其他: 12dB以內	鄰接頻道: 3 dB以內 其他: 12dB以內
影像與聲音之差			－17～ －13dB
載波位準變動TV信號(24小時)	―	12dB以內	12dB以內
載波頻率的容許偏差　　影像 　　　　FM 影像與聲音的間隔	±75kHz以內 ±12kHz以內 ±2 kHz以內	±25kHz以內 變頻器使用±250kHz以內 *1 ±5 kHz以內	―
接受端子間分離度 本地振盪干擾 　落在TV時 　落在FM時	22 dB 以內 46 dB 以內 54 dB 以內	18 dB 以內 根據開放或是短路對其他端子沒有影響	―
振幅特性	對影像載波 　　±2dB 以內 在0.5MHz頻域0.5dB以內	0.75－5MHz：±2 dB 以內	幹線路系*2 H/10＋2 dB以內 包含饋電系 　H/10＋3 dB以內

表 9 之 2 （續）

項　　目	IEC Publ. 728-1	FCC Part 的比較76	NCTA
CN比　　TV FM單音 立體	42 dB以上 41 dB以上 51 dB以上	43 dB以上 (1995-7)以下	43 dB以上
相互調變 單一 多頻率	附圖 1 54 dB以上 54 dB以上*3	46 dB以上	60 dB以上 2 次 53 dB以上*4 3 次 53 dB以上*4
串調變	46＋10 log (H-1)*3 H：頻道數	—	3 次 53 dB以上
交流調變	35　dB	5% 以下	5% 以下
反射	echo rating 7%以下	—	—
DG DP	10% 5°	—	30% (3 dB)*5 10～15
色信號亮度信號 遲延時間差	100 ns	—	150 ns

註：*1　3小時(周圍溫度變化±5℃以內)
　　 *2　H：幹線系的場合幹線放大器的串接總
　　　　　數，包含饋電系場合是延伸放大器
　　　　　的串接總數。
　　 *3　根據CO文書。
　　 *4　在通常的頻率配列以CW測定。(有別種
　　　　　coherent頻率配列的場合與使用調變波
　　　　　場合的規格)
　　 *5　在頭端裝置是GD 10.5%，DP 2～3°　。

影像載波基準干擾波頻率 (MHz)

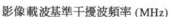
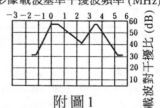

附圖1

表 **10** 之 **1**　日本有線電視性能基準的比較

項　　目	有線電視法施行規則	希　望　性　能	EIAJ*1
用戶端子位準 TV信號 　FM信號	(1) 62〜85dB μ V *2 (2) 65〜85dB μ V 50〜75dB μ V	70〜85 dB μ V 60〜75 dB μ V	76 dB μ V (68〜88)
載波位準 TV信號間接續ch 　除此以外 　FM與TV的差 　FM間 　影像與聲音之差 　　接續ch 　　其他	3 dB以內 10 dB以內 －10 dB以下 10 dB以內 －14〜－9dB －14〜－3dB	2 dB以內 6 dB以內 －10 dB以下 10 dB以內 －14〜－11 dB －14〜－3 dB	3 dB以內 6 dB以內 －14〜－9dB
載波位準變動 　TV信號(1 分鐘)	4 dB以內	2 dB以內	2 dB以內
載波頻率的 　容許偏差　影像 　FM信號(24小時) 　　　(長時間) 影像與聲音的間隔	±20kHz以內 ±10kHz以內 ±20 kHz以內 ± 2 kHz以內	±20kHz以內 ±10kHz以內 ＋20kHz以內 ± 1kHz以內	－
用戶端子間分離度 　僅標準方式廣播 　有FM波時。	25 dB 以上 15 dB 以上 35 dB 以上 負載阻抗在VSWR＝3　無異常狀況	35 dB 以上 20 dB 以上 40 dB 以上	－
振幅特性	(1) ±2 dB以內 (2) －4 dB， 　　＋3 dB	±2 dB以內	±3 dB以內
CN 比　TV 　　　FM	(1) 40 dB 以上 (2) 38 dB 以上 28 dB 以上	42 dB 以上 38 dB 以上	43 dB 以上

表 10 之 2 （續）

項 目	有線電視法施行規則	希 望 性 能	EIAJ[*1]
交互調變 　920 kHz	附圖1	附圖2	－55 dB以下 －40 dB以下
串調變	(1) －42 dB以下 (2) －40 dB以下	46 dB以下	46 dB以下
CTB	－	－	－53 dB以下
HUM 調變	(1)50Hz：－52 dB以下 　60Hz：－42 dB以下 (2)50Hz：－50 dB以下 　60Hz：－40 dB以下	50Hz：－54 dB以下 60Hz：－40 dB以下	－54 dB以下
反射	附圖3	附圖4	附圖4
其他干擾波以及 失真	對影像或是聲音無妨礙		

(註) (1) 是在接收端使用變頻器的場合
　　　(2) 是沒有使用變頻器的場合
　　　＊1 EIAJ 技術報告ETR-2302之一部
　　　＊2 以阻抗75Ω計算

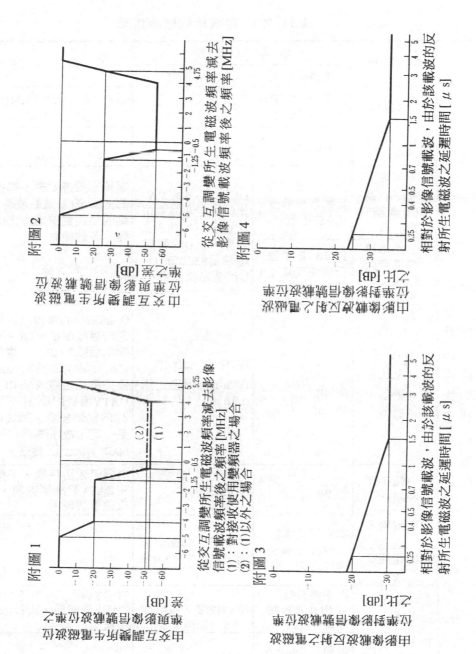

表 11 之 1　電視接收機的性能

項　目	電 氣 的 特 性		備　　註
	廣播接收用	CATV用	
①中間頻率	影像45.75MHz 聲音41.25MHz	同左	日本；影像 58.75 MHz 　　　聲音 54.25 MHz
②雜音限制感度	45 dB μ 以下	同左	
③下側鄰接波道衰減(影像基準)	33 dB (對於聲音載波衰減度)(容許限度)	DU比－3 dB, VA比9dB直到U85 dB μ 爲止不被認爲是障害。但D的最高位準爲85dB μ (D,U都是影像基準)	需要本振盪變動，鄰接波間的分離度(偏離載波時，設施側的頻道偏差)陷波性的經年變化等的檢討。 {註]D＝希望波，U＝干擾波，衰減度是參考成績
④上側鄰接波道衰減(影像基準)	12 dB (對於聲音載波衰減度)(容許限度)		
⑤Image干擾抑壓比 　　彩色 　　黑白	60 dB 155 dB	在DU比－10 dB,U85dB μ 障害是認不出來	①僅tuner的選擇度被決定 ②廣播接收用是DU＝0dB，檢知極限50dB μ，場所率(50→90%)在餘裕10dB，所要抑壓比是變成60dB，CATV用是DU比＝－10 dB的檢知極限，因場所條件是一定，故所要抑壓比變爲60dB，與上面對應。
⑥中頻干擾抑壓比	60 dB	同左	有關混入用戶端子干擾波是在CATV設施側處理，對接收機不妨礙。
⑦串調變干擾	鄰鄰接波道輸入88dB μ 無法辨認障害	在鄰接，鄰鄰接波道，滿足3項、4項	
⑧相互調變干擾			
⑨中頻差頻干擾	在干擾波輸入88dB μ 障害認不出來	僅VHF帶不用處理	有關TV帶以外干擾波是在CATV側處理，對接收機不妨礙
⑩本地振盪不要輻射電場強度	低頻道 54dB μ 高頻道 64dB μ	同左	

(左欄：TV接收機等的性能 頻道計劃的決定 全頻道規格)

表 11 之 2 （續）

項　目	電 氣 的 特 性		備　　註
	廣播接收用	CATV用	
⑪最大感度	25dBμ以下	同左	
⑫影像SN比	在雜音限制感度＋20dD之輸入 40dB以上	在輸入60dBμ，40dB以上	
⑬聲音SN比	在最大感度40dB以(VA比，－6dB)	在輸入60dBμ，VA比14dB含蜂音 40dB以上	
⑭中頻高頻 干擾	無法確認	同左	
⑮本地振盪 安定度　黑白　彩色	＋200－400kHz ＋200－100kHz	同左	
⑯VSWR	2 dB以內	同左	
⑰直接波干擾 排除能力	－	50dB以上	接收機輸入70dBμ，室內電場90dBμ/m(ch-1)～98 dBμ/m(ch-12)為止，障礙認不出來。接收機輸入位準是以75Ω終端值表示。
⑱FM波干擾	－	－	當作參考成績
⑲往本地振盪 輸入端之洩 漏電壓	－	－	當作參考成績
⑳由於影像、聲音、色信號間之相互干擾	－	即使VA比－3dB也認不出來	

左欄項目：同上的參考性能（⑪～⑯）、作為有線電視用追加的性能（⑰～⑳）

表 12　台灣地區 CATV 發展簡表

民國	發展
51 年	台視開播。
57 年	出現社區共同天線。
58 年	中視開播。
60 年	華視開播。
86 年	民視開播。
87 年	公視開播。
61 年	交通部核發社區共同天線經營者營業執照。
65 年	共同天線經營者除了播放三家無線電視台節目外，另外播放錄影帶的非法第四台；快速風靡全國，行政院新聞局取締效果不彰。
71 年	新聞局設置 CATV 臨時性的研究委員會，討論發展 CATV 的可行性。
72 年	行政院成立 CATV 系統工作小組，積極進行規劃及影響評估。
74 年	提出研究報告，建議引進 CATV 有線電視，以實驗區方式試辦，為期三年，期滿後再決定是否進行推廣。
77 年	漢城奧運，隨著到處林立的衛星天線(俗稱小耳朵)收看實況轉播，更使社區共同天線系統及第四台藉此收信方式，進一步擴大其營業規模，提供股市交易資訊、廣告服務等內容。
78 年	成立 CATV 專案小組下設立法組，研擬有線電視法草案。
80 年	4 月新聞局完成有線電視法草案，送行政院審查。
82 年	7 月 16 日經立法院審查通過，公佈實施。
83 年	2 月新聞局要求有線電視經營者提出營運計畫書。
83 年	11 月 1 日營運計畫書遞件截止日，全國 51 區共 204 家提出申請書。

表 **13**　我國有線電視施工設計符號

有線電視施工設計符號

路 線 圖 層 符 號

| 架線設施 | ● CATV 公司用電桿
Ⓡ 垂直引線管
× 電力桿
○ 電信桿
⊠ 附變壓器電力桿
△ 分配器附著點
⌒ 接線箱 | 訂戶資料 | 商用戶數 — ⟨⟩ 客戶數 / 樓層數

高電平需求 / 低電平需求 — 建築物型態 / 高電平設計 / 低電平設計 |
| 施工方式 | ——————架空纜線路徑
- - - - - - - 埋地纜線路徑 | 地下施工圖示 | — — □ — — 人孔出入口
— — ◻ — — 手孔出入口

⊢—————→ 纜線直埋
⊢—————→ 纜線經由導管直埋 |

纜 線 圖 層 符 號

纜線標示	······· RG-11 ———— 用戶 ———— 0.500 ———— 0.625		———— 0.750 - — - — 0.875 ———— 1.000 ——⊗—— 光纖
分歧器	⊂⊃ 二路分歧器 ⊂⊜ 三路分歧器 -8 ⊜ 方向耦合器 ● 低損點	分配器	⑰ 二路分配器 ⑳ 四路分配器 ㉓ 八路分配器
放大器	▷A 自動增益控制幹線放大器 ▷ 熱補償幹線放大器 ▷⊣ 終端幹線放大器 ▶ 分配放大器 ▶ 延伸放大器	放大器說明	距離 放大器型號 ● 電壓 放大器編號 輸入電平 ● ● 輸出電平 正向衰減器 ● ● 正向等化器 反向衰減器 ● ● 反向等化器 DA 分歧器 ● ● 分歧器低損位置 DA 專用
頭端	▲ 頭端　△ HUB	其他	◇ 線上等化器 ⟩ 終端器 ⟩⟨ 斷電器

表 14 之 1　日規 CATV 符號

名　　稱	略號	符　號	備　　　　　註
幹　　　　　線	TL	▬	・在各線的區別上，依幹線、分歧線、分配線、引入線之類別大小改變。 ・重疊電流者，依下列表示亦可 ⎓ ・配管的部份，依下列表示可 ⎓ ・引入線以虛線表示亦可。 ・電纜埋設線，依下列表示亦可。
分　　歧　　線	BL	▬	
分　　配　　線	FL	▬	
引　　入　　線	DL	▬	
B S 天　線	ANT	◿	BS、CS等將它的區別記入。 (BS付變頻器)
F M 天　線	ANT	FM ⊤	
VHF 天　線	ANT	VHF ⊤	
UHF 天　線	ANT	UHF ⊤	
前 置 放 大 器	HA	▷	
頭　　　　　端	HE	▽	在地圖上，連接幹線於三角形頂點，表示它的使用位置。
頻 道 變 換 器 (Converter)	CONV	▷	BS、CS等是記入它的區別。
接 收 用 放 大 器 (head amp)	HA	▷	
電 視 信 號 處 理 裝 置	TVP	▷	
F M 信 號 處　　理　　器	FMP		
引 示 信 號 產　　生　　器	PG	⊙	
混 合 裝 置	MIX	[MIX]	
調　　變　　器	MOD	⊣MOD⊢	

表 14 之 2 （續）

名　稱	略號	符　號	備　　註
解　調　器	DEM	―DEM―	
線路用放大器 (Trunk Amp)	TA	▷	自動控制增益控制者，左圖表示亦可
雙方向幹線 分配放大器	TDA	▷▷	
幹線分歧 放　大　器	TBA	▷▷	對應分歧端子將線拉出
延伸放大器 (Line Amp)	EA	▷	
中間分歧 放　大　器	IBA	▽	對應分歧端子將線拉出
分配放大器	BA	▷	對應於分配端子將線拉出
雙方向幹線 放　大　器	TA	▷	
雙方向幹線 分歧放大器	TBA	▷▷	
雙方向分歧 放　大　器	BA	▷▷	
雙方向延伸 放　大　器	EA	▷	
雙方向中間 分歧放大器	IA	▽	
混　合　器	MIX	▽	
1 分歧器 （1 端子）	DC	⊖	・明記分歧位準場合是去掉中間線，記入位準即可。
2 分歧器 （2 端子）	DC	⊖	
4 分歧器 （4 端子）	DC	⊖	・區別使用饋送接栓場合，對它的端子付上・即可。
8 分歧器 （8 端子）	DC	⊖	

表 14 之 3 （續）

名　稱	略號	符　號	備　　　註
2 分 配 器	D	⌀	
4 分 配 器	D	⌀	
6 分 配 器	D	⌀	
8 分 配 器	D	⌀	
位 準 調 整 器	LC	▱	
B S 調 諧 器	TUN	▱	◣　調變器內建型
電 源 裝 置 (Power Supply)	PS	PS	
電 源 插 入 器 (Power Injector)	PI		
匹 配 器	M	⊗	
分 波 器	S		
保 安 器	SB		
衰 減 器	ATT		
終 端 電 阻	R	→	端末電阻器
串列單體(中間) (1 端 子 型)	SU	◎	75Ω端子×1
串列單體(中間) (2 端 子 型)	SU		75Ω端子×2
串列單體(端末) (1 端 子 型)	SU	◎R	75Ω端子×1
串列單體(端末) (2 端 子 型)	SU	R	75Ω端子×2

表 14 之 4 （續）

名　　　稱	略號	符　號	備　　　　　註
串列單體(中間) (1端子分歧型)	SU	◎	75Ω端子×1
串列單體(中間) (2端子分歧型)	SU	◈	75Ω端子×2
串列單體(端末) (1端子分歧型)	SU	◎R	75Ω端子×1
電視端子 (1端子型)	M	○	75Ω端子×1
電視端子 (2端子型)	M	◑	75Ω端子×2
電視接收機	TV	TV-◎	
低頻濾波器	FIL		
高頻濾波器	FIL		
帶通濾波	FIL		
凹陷濾波 （Ｔｒａｐ）	FIL		
電力柱　水泥柱	CP	◐	
電力柱　木　柱	WP	○	
ＮＴＴ柱　水泥柱	CP	◉	
ＮＴＴ柱　木　柱	WP	◎	
自　立　柱		⊗	

表 15　VSWR 與反射係數的關係

VSWR	電壓反射係數、反射損失			VSWR	電壓反射係數、反射損失		
	電壓反射係數 $\lvert \varGamma \rvert$	功率反射係數 $\varGamma_p = \lvert \varGamma \rvert^2$	反射損失 $a\varGamma$〔dB〕		電壓反射係數 $\lvert \varGamma \rvert$	功率反射係數 $\varGamma_p = \lvert \varGamma \rvert^2$	反射損失 $a\varGamma$〔dB〕
1.0	0.000	0.000	∞	6.0	0.714	0.510	2.923
1.1	0.048	0.002	26.444	6.1	0.718	0.516	2.874
1.2	0.091	0.008	20.828	6.2	0.722	0.522	2.827
1.3	0.130	0.017	17.692	6.3	0.726	0.527	2.781
1.4	0.167	0.028	15.563	6.4	0.730	0.533	2.737
1.5	0.200	0.040	13.979	6.5	0.733	0.538	2.694
1.6	0.231	0.053	12.736	6.6	0.737	0.543	2.653
1.7	0.259	0.067	11.725	6.7	0.740	0.548	2.612
1.8	0.286	0.082	10.881	6.8	0.744	0.553	2.573
1.9	0.310	0.096	10.163	6.9	0.747	0.558	2.536
2.0	0.333	0.111	9.542	7.0	0.750	0.563	2.499
2.1	0.355	0.126	8.999	7.1	0.753	0.567	2.463
2.2	0.375	0.141	8.519	7.2	0.756	0.572	2.428
2.3	0.394	0.155	8.091	7.3	0.759	0.576	2.395
2.4	0.412	0.170	7.707	7.4	0.762	0.580	2.362
2.5	0.429	0.184	7.360	7.5	0.765	0.585	2.330
2.6	0.444	0.198	7.044	7.6	0.767	0.589	2.299
2.7	0.459	0.211	6.755	7.7	0.770	0.593	2.269
2.8	0.474	0.224	6.490	7.8	0.773	0.597	2.239
2.9	0.487	0.237	6.246	7.9	0.775	0.601	2.211
3.0	0.500	0.250	6.021	8.0	0.778	0.605	2.183
3.1	0.512	0.262	5.811	8.1	0.780	0.609	2.156
3.2	0.524	0.274	5.617	8.2	0.783	0.612	2.129
3.3	0.535	0.286	5.435	8.3	0.785	0.616	2.103
3.4	0.545	0.298	5.265	8.4	0.787	0.620	2.078
3.5	0.556	0.309	5.105	8.5	0.789	0.623	2.053
3.6	0.565	0.319	4.956	8.6	0.792	0.627	2.029
3.7	0.574	0.330	4.815	8.7	0.794	0.630	2.006
3.8	0.583	0.340	4.682	8.8	0.796	0.633	1.983
3.9	0.592	0.350	4.556	8.9	0.798	0.637	1.960
4.0	0.600	0.360	4.437	9.0	0.800	0.640	1.938
4.1	0.608	0.369	4.324	9.1	0.802	0.643	1.917
4.2	0.615	0.379	4.217	9.2	0.804	0.646	1.896
4.3	0.623	0.388	4.115	9.3	0.806	0.649	1.875
4.4	0.630	0.396	4.018	9.4	0.808	0.652	1.855
4.5	0.636	0.405	3.926	9.5	0.810	0.655	1.835
4.6	0.643	0.413	3.838	9.6	0.811	0.658	1.816
4.7	0.649	0.421	3.753	9.7	0.813	0.661	1.797
4.8	0.655	0.429	3.673	9.8	0.815	0.664	1.779
4.9	0.661	0.437	3.596	9.9	0.817	0.667	1.761
5.0	0.667	0.444	3.522	10.0	0.818	0.669	1.743
5.1	0.672	0.452	3.451				
5.2	0.677	0.459	3.383				
5.3	0.683	0.466	3.317				
5.4	0.688	0.473	3.255				
5.5	0.692	0.479	3.194				
5.6	0.697	0.486	3.136				
5.7	0.701	0.492	3.080				
5.8	0.706	0.498	3.025				
5.9	0.710	0.504	2.973				

將小數點 4 位以下四捨五入

參考文獻

[1]　"電子機器 I"，職業訓練教材研究會刊，昭和 52 年。

[2]　"ケーブルテレビ"技術入門，（社）日本電子機械工業會，
CATV 技術委員會編，1994。

[3]　"有線電視工程設計與新技術應用"，張會生，奕华平編著科
學出版版社，北京。

[4]　"Modern Cable Television Technology"，Ciciora, Farmer, Large,
Morgan Kaufmann Publishers, Inc.

[5]　"Digifal Television"，Walter Fischer, Rohde&Schwarz, Inc.

[6]　"Digital Television"，Herve Benoit, 3rd Edifion, Focal press,
2008.

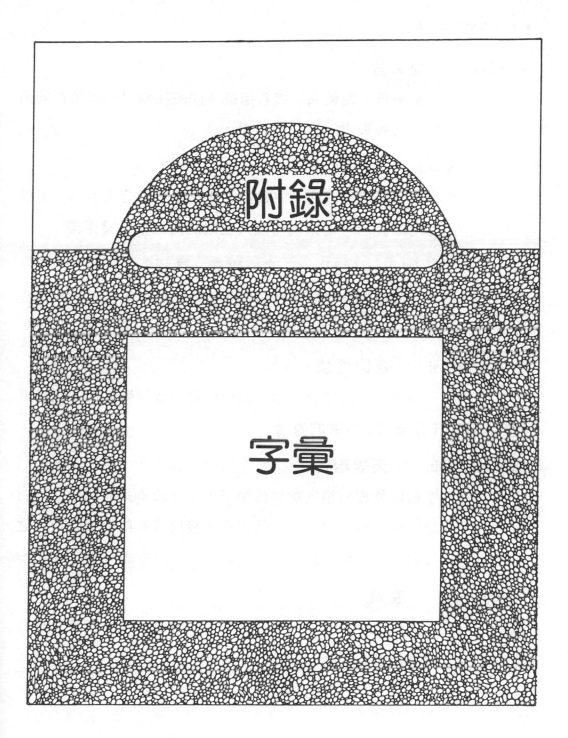

附録

字彙

Amplifier　**放大器**

：一種裝置，在輸入端接收信號，同時在輸出端出現相同信
號，沒有失真，但波幅增大。

Amplifier Spacing　**放大空間**

：介於串級放大器間，傳輸損失的空間，以分貝表示。有時
亦用以表示一個系統內放大器之間的線性電纜距離。

Amplitude Modulation (AM)　**波幅調變（調幅）**

：單一載波的波幅是依照某一調變波的瞬間值變化的一種程
序。

Analog Signal　**類比信號**

：一種信號它的波幅、頻率或相位是連續性變化而非間斷式
（分離式）狀態的表現。

Antenna Gain　**天線增益**

：在相同位置與相同功率位準下，一支天線接收或發射的信
號位準對於一支等方向性天線所接收或發射的信號位準之
比例。以 dB 表示。

Attennation　**衰減**

：一個信號位準它通過空間或經過一傳輸系統，裝置或網路
時波幅的減少，以 dB 表示。

Automatic Gain Control (AGC)　　**自動增益控制**

　：一種電路自動地控制放大器之增益。

Automatic Level Control (ALC)　　**自動位準控制**

　：與 AGC 作用相同，自動控制放大器增益之電路。

Automatic Slope Control (ASC)　　**自動斜率控制**

　：一種電路它自動控制放大器的斜率 (不同頻率時，增益的變化量)。

Azimuth-elevation　　**方位角－仰角**

　：當校準追蹤軌道上之衛星時，僅調整水平方向及與水平所成之高低角度。為一種天線安裝方法。

Base Band　　**基頻**

　：一個信號正常存在的最低頻寬，一般指未調制前的基本信號頻寬 (通常是接收機輸出或是調制器輸入之頻率範圍)，頻寬從直流 (DC) 至指定頻率，它可能高至 50MHz，在 NTSC 電視基頻為 0Hz 至 4.2MHz。

Bandwidth　　**頻寬**

　：定義較高及較低頻率限制之頻率範圍 (頻譜的一部份)。

BS (Broadcasting Statellite)　　**廣播衛星**

　：作為影像、聲音廣播用之衛星，一般訂戶可直接架設天線接收。

Beat 　　**拍差**

：(1) 組合兩載波以產生新的和與差之頻率載波。

：(2) 一種新載波是由於兩個或更多載波通過一非線性電路所產生。

Bit-error rate (BER) 　　**位元錯誤率**

：在一數位傳輸系統總和位元傳輸與接收當中某些位元接收錯誤之比例。 10^{-9} 位元錯誤率指一億位元傳輸與接收當中僅 1 位元沒有正確讀出。

Bridger Amplifier 　　**橋接放大器，分歧放大器**

：在 CATV 系統一種放大器安排於幹線/饋電線之饋電次系統中用以將幹線系統從低傳輸位準轉移至饋電次系統較高傳輸位準。

BTSC (Broadcast Television System Committee) 　　**美國廣播電視系統委員會**

Beamwidth 　　**波柱寬度**

：用以描述天線視野之寬度，通常在 3dB 半功率角上測量之。

Coaxial Cable 　　**同軸電纜**

：一種傳送高頻信號極低線路損失之電線。此種電纜中間有一根導線，用絕緣體包裹，而此絕緣體再被金屬隔離線包裹。而導線與金屬隔離線共有相同軸心。

Cable loss　　電纜損失

：信號通過某長度電纜使信號位準降低，以 dB 表示。

Carrier　　載波

：一正弦波電流它能被信號調制作爲通信目的。

Carrier to Noise ratio (C/N)　　載波對雜音比

：在載波所占頻譜的特定頻寬內，載波功率對雜音功率之比，其大小比例一般以 dB 表示。

Cascade　　串接

：兩個或更多相似電路或放大器，其中一個電路輸出提供至另一個電路的輸入之一種安排方式。同時亦稱爲 tandem(縱排的)。

Cassegrain antenna　　卡西格林（凱氏）天線

：一種衛星碟形天線其饋電 (feed) 部分是裝在靠近反射器(碟形天線)的中央位置它指向衛星，並附有一個小的副反射器在焦點附近，衛星來的信號由反射器反射能量至副反射器，由副反射器再送到饋電部分，此形天線稱爲凱氏天線。

Cassegrain feed　　卡西格林饋電法

：衛星反射天線一種饋電方法，其導波管置於主反射器中心，饋送能量至一小反射器，然後才由小反射器反射至導波管。

CATV　　有線電視 (Cable Television)

：指社區天線電視服務 (Commmunity Antenna Television Scrvice) 或有線電視 (Cable Television)。

Companding　　壓伸 (壓縮伸展)

：爲減低通信過程的信號雜音比，將發射信號壓縮 (compress) 後，再將接收信號擴張 (expand) 的作業過程。

Composite triple beat (CTB)　　複合三次拍差

：當許多載波通過一非線性電路，其產生的失真，是由任何三次諧波以及三個載波之和與差所組合而成，以及串調變所引起者。 CTB 成分是發生在影像載波頻率 ± 30 kHz 處之失真。

Converter　　變頻器

：一種電路或裝置以一本地振盪產生載波利用外差原理改變頻率。

Circular polarization　　螺旋型極化

：電磁波之電場，以螺旋形態沿著信號路徑傳送。此種電波形態通常用於國際衛星之廣播。

CSO (Composite second order beat)　　複合二次拍差

：複合二次拍差是任何信號之二次之和與差所組合而成，包含二次諧波成分，它發生在距離影像載波 ± 750kHz 及 ± 1.25MHz 處。

Clark belt　　**克拉克帶**

：位於赤道上空，距地球 22,247 哩之弧形軌道，乃由英國科
學小說家克拉克亞瑟 (Arthur C. Clark) 所發現，故取其名
。同時，由於在此軌道上之眾衛星與地球同速轉動，故又
稱爲同步軌道。

Cross-modulation (X-Mod，XM)　　**串調變**

：兩個以上已調變載波都通過一非線性電路，則調變信號 (
情報或信息) 從另一已調變載波重疊在一載波 (已調變或
未調變) 上。

CS (Communications Satellite)　　**通信衛星**

：作爲通信業務用 (電話、電報、資料傳送與少部分電視中
繼之服務) 之衛星。

DBS (direct broadcast satellite)　　**直播衛星**

：凡是任何衛星廣播信號，可供訂戶在其住宅直接接收，不
須經由其他之中繼站或轉播站，此種衛星即爲直播衛星。

DB (decibel)　　**分貝**

：一個對數量度單位，表示兩不同功率、電壓或電流位準 (
輸入與輸出)。可用以指示損失或增益。

dBmV (decibel-millivolts)

：一個絕對功率、電壓或電流之量度單位，而以 mV 爲參
考位準。 0dBmV 是在 − 75 歐姆阻抗上，測得一個毫伏

(10^{-3} Volts) 之電壓。

declination offset angle　　傾斜補償角度

：為極性天線之極軸與天線平面間所成之角度。在校準追蹤
衛星信號時，須調整之一個極重要之角度。

differential gain　　微分增益，差動增益

：一個傳輸系統當改變調變時其增益之變化。

differential phase　　微分相位，差動相位

：在一彩色電視信號，由於所有電路造成色副載波相位變化
，以角度來量測，它重疊的影像信號是從遮沒變化至白色
位準。

Directional Couple　　方向耦合器

：一個網路或元件，它將一個預先決定數量之輸入信號大部
份傳送至兩輸出中之一個，剩下的小部份輸入能量才送至
另一輸出。

Dual feedhorn　　雙饋電器

：在衛星接收天線上一種可同時接收水平及垂直極化信號之
饋電器。

Dynamic Range　　動態範圍

：在一個系統或轉換器 (Transducer) 中，兩個同時出現信號
之最大比率。如過載 (overload) 位準與最小可接收信號位
準之差，或最大可接收信號位準與最小可接收信號位準

之差。在音響是指錄音、放音時最強音與最弱音之差。以 dB 表示。

Echo　　　　**回波**

：從直接發射波返回，或反射之能量，反射能量僅局限於發射信號頻譜之一部份。

Equalize　　　**均衡，等化**

：應用於傳輸設備之網路上，當設備有損失，結合均衡網路可使整個頻率範圍內全部損失幾近相同。

EIRP (Equivalent Isotropicaly Radiation Power)　　**等效等方向輻射功率**

：為測量衛星向地面發射信號之強度。EIRP 在廣播信號之中心點最強，而由此中心點向外依次減弱。

elevation angle　　**仰角**

：由天線之水平面，往上至軌道上所追蹤衛星之夾角。

Envelope　　　**包絡線、波封**

：AM 波是載波之振幅隨信號波之振幅而改變，連接被調變波各頂點之連線稱為包絡線。

Emphasis　　　**強調**

：對一信號頻譜或它的某些部分特別尖銳化，常用於壓抑 (克服) 系統雜音，預強調 (preemphasis) 常用於信號發射前，在接收後常用解強調 (dcemphasis) 來處理。

f/D　　**焦距與直徑之比**

：爲衛星天線焦距 (focal) 與天線直徑 (Diameter) 之比，即天線之深度。

feedhorn　　**饋電器**

：一種收集由衛星天線表面反射過來之微波信號之裝置。一般主聚焦拋物線型天線之饋電器均安裝在焦點上。

footprint　　**足跡**

：衛星所發射之微波信號到達地表面之形狀猶如人類之足跡，因而得名，其足跡各點之信號強度以 EIRP 計算。

Fourier analysis　　**傅利葉分析**

：一種數學技巧，能將信號從時間領域轉換至頻率領域，反之亦可。

Free space loss　　**自由空間損失**

：介於兩等向 (isotripic) 射頻天線之間的傳輸損失，忽略變化因素僅受距離和頻率影響。

Gain　　**增益**

：放大器產生增加功率，其輸出信號與輸入信號之比，通常以分貝 (dB) 表示。

G/T (gain-to-noise temperature ratio)　　**增益對雜音溫度比率**

：爲天線實效增益 (G) 對接收機雜音溫度之比，爲天線與 LNA 之靈敏度。 G/T 愈高，地面接收站之接收性能愈佳。

Group delay　　**波群延遲**

：當各種信號頻率成分通過某通信波道中所引起的延遲總量，波群延遲乃一般所知的波封延遲 (envelope delay) 會使畫面的鮮銳部分變爲模糊。 Group delay 亦稱爲 time delay(時間延遲)。其計算方式是在已知頻段測量其最長延遲與最短延遲之時間差。

HUB　　**中樞站，中繼站**

：CATV 傳輸系中的一個中樞站 (次系統中心)，由此將信號冉分配至各支線。

HRC (harmonically related carrier)　　**諧波調整式載波**

：CATV 爲減輕 CTB 干擾而將電視信號之影像載波調整爲整數倍之一種頻率排列方式。

HUM modulation　　**交流調變**

：在信號源頻率上一種非所要之低頻 (如交流電源 60Hz) 調制之干擾。

inclinometer　　**傾斜器**

：用以測量衛星天線仰角之儀器

insertion loss　　**插入損失**

：一電纜或系統由於插入某元件或網路而產生之損失，以 dB 來表示。

image frequency　　假像頻率

：超外差式接收機的變頻級接收到一種不希望的信號頻率也是與本地振盪頻率差一個中頻者。一般此頻率是比本地振盪頻率高－中頻，而希望接收信號是比本地振盪頻率低－中頻。

IPPV (Impulse pay per view)　　即時收看付費

：依據訂戶終端機來的申請，將電影或新聞事件 (event) 的節目，立刻播出，使訂戶馬上即可收看的節目，此種服務即是 IPPV(為 2 WAY 系統)。

IRE (Institute of Radio Engineers)　　美國無線電工程師學會

：現已改為 IEEE (Institute of Electrical and Electronic Engineers)。在電視系統中，以 IRE 為視頻信號量度之單位，其中 100 單位在零軸之上，表示最大白色階度，40 個單位在零軸之下，表示最大遮沒階度。

IRC (Incrementally related carrier)　　增量型載波

：CATV 系統中為了 CTB 對策，將 HRC 型載波頻率往上移 1.25MHz 之頻率排列方式。

Intermodulation distortion　　交互調變失真

：當一些或許多載波通過一非線性電路所產生之失真，此失真包含各載波之和與差所產生之寄生 (spurious) 信號 (差頻引起者)，和調變訊息從一個載波轉移或重疊至另一載波所引起者。

JCSAT (Japan Communications Satellite)　　**日本通訊衛星（股份公司）**

Kelvin degree (K)　　**凱爾文度數**

：爲溫度在絕對零點之上，亦即所有分子停止活動之溫度。絕對零度爲 -273℃或 -459℉。

line extender　　**線路延伸器**

：在 CATV 饋電次系統中一種單純的放大器操作於相當高的傳輸位準。

LNA (low noise amplifier)　　**低雜音放大器**

：爲靈敏度極高，雜音係數很低之前置放大器，用以放大衛星天線饋電器上所焦聚之微弱信號。

LNB (low noise block down converter)　　**低雜音頻段降頻器**

：在低雜音放大器上加上降頻器之功能，即除了放大衛星信號外，並將該段信號頻率降低成一頻段中頻信號。

MAC (Multiplexed analog component)　　**多工類比成分**

：在相同時間相同載波頻率發射二個以上類比成分之技術。

MTS (Multi-channel Television Sound)　　**多頻道電視語音**

：能產生立體音及第二語音之電視聲音系統。

noise figure (NF) **雜音指數**

: 一種對放大器或接收機其雜音超過熱雜音有多少之量度單位，以 dB 表示。

NTSC (National Television Ssytem Committee) **美國電視系統委員會**

: NTSC 制定之彩色電視規格爲美、日、我國目前所採用。

Nominal **表面、公稱**

: 在導體或元件量測特性上的公認值。此標準值是在誤差範圍的最大與最小極限值之半。

Nominal value **公稱值，指定值**

: 指定或規定值，相對於實際值 (actual value)。

Nominal impedance **公稱阻抗，額定阻抗**

: 一個電路在正常情況下的阻抗，通常它是被指定在操作頻率範圍的中心點。

off-air signals **空中信號**

: 分佈於空氣中的廣播電波，一般由天線接收。一般是指領有執照的廣播電台所發射之信號。

oscillator **振盪器**

: 在某特定頻率能產生交流電波形之電路。

pad　　**墊，衰減器**

：一種被動電阻網路，它能降低信號的功率位準，亦可作阻抗匹配用。

package　　**封裝，套裝；外觀包裝**

：指半導體元件封裝在金屬容器；或軟體程式，提案、法案、交易條件，電視節目等的一套、一組。

polling　　**輪詢式**

：一種通信方法，電腦主機會逐一查詢同一線路上的各個終端機是否要輸入資料，使線路不致發生爭奪的現象。

preselector　　**預選器**

：一個追蹤濾波器 (tracking filter) 置於第一混波級 (Mixer) 之前方，僅准許一窄頻段之頻率通過進入混波級。

Pulse Repetition Frequency (PRF)　　**脈衝重複頻率**

：一個脈衝性信號再重複地產生之頻率，等於脈衝串 (pulse train) 之基本頻率。

PPV (pay pr view)　　**每次收看付費**

：以電影或新聞事件 (event) 的節目為單位，作收視可否的管理之節目服務。（需利用電話或明信片向中心端申請，預先約定）。

PPD (pay per day)　　**每日付費**

：CATV 以每日契約的付費節目（以日為單位事前契約）。

phase lock　　**相鎖**

：一振盪器之控制是以它輸出信號對另一個參考信號維持在一固定角度之控制方式。

ploarization　　**極化**

：為電磁波特性。目前為止，衛星信號之傳送是利用四種極化型態：水平、垂直、右旋轉及左旋轉等。

PAL (phase alternate line)　　**相位交變制**

：為世界三大彩色電視系統之一，為大部分歐洲國家所採用。

PAM (Pluse Amplitude Modulation)　　**脈衝振幅調變**

：將類比波形加以適當的時間分割取樣，將取樣值以脈衝之振幅高度來表示。

PCM (Pluse Code Modulation)　　**脈衝碼（符號）調變**

：將類比波形予以適當的時間分割後取樣，其取樣值以二進數來表示者。

PSK (phase shift keying)　　**相位偏移調變**

：相位調變 (PM) 以 " 0 " 與 " 1 " 形態的數位方式作變化之方式。

Return loss　　**返回損失**

：表示反射係數或電壓駐波比 (VSWR) 之名詞，返回損失就是反射係數以 dB 來表示。

RBW (Resolution Band width)　　**解析頻寬**

：在頻譜分析儀 (spectrum analyzer) 之中頻 (IF) 級，最窄濾波器之寬度。 RBW 決定頻譜分析儀到底有多好的能力來分析或分離兩個非常相鄰之信號成分的能力。

Scramble　　**擾頻，鎖碼，擾碼**

：一種密碼傳送方式。若無特殊解碼裝置，一般接收機無法接收其發生的聲音和影像， CATV 大多採用此種傳送方式，以防止非契約者的收視。

Standing wave ratio (SWR)　　**駐波比**

：信號沿著傳輸線傳送時，由於反射所造成之最大波幅與最小波幅之比。而由阻抗不匹配造成反射，使往外送出信號的反射波與自己本身信號組合產生一系列的 "駐波" 或固定波，波峯、零值波。

SMPTE (The Society of Motion Picture and Television Engineers)

電影電視工程組織

：在美國一個研究高畫質電視之機構。

Spectrum analyzer　　**頻譜分析儀**

：一種儀器用以測量信號之頻率成分。

Stability　　**隱定度**

：在一個規定時間和指定環境下，保持被定義電氣特性之性能。

Spurious　　**假的頻率，寄生的頻率**

：載波在接受調變時，波形失真產生旁波帶，產生相互調度的干擾信號，同時在載波頻率的 2 倍，3 倍，… 的地方發生假的輻射信號。此現象稱 spurious。普通以諧振電路來壓制此現象，只讓目的傳送頻帶發射。

Squelch　　**雜聲抑制**

：接收機在接收電波到達某一位準才檢出，在未達某位準時，在低頻放大電路，控制其聲音使不輸出，以減輕不必要的雜音電路稱 Squelch 電路，亦稱靜音 (muting)。

SAP (Second Audio Program，or Separate Audio Program)

第二語音節目

：電視廣播、接收系統產生第二種語言之裝置。

SCA (Secondary or Subsidiary Communications Authorization)

第二 (附加) 通信授權

：經 FCC 許可，在同一載波頻率之 FM 廣播上，附加提供特殊節目 (如背景音樂、商業、教育、… 等) 之廣播方式。

SCC (Space Communications)　　**太空通訊 (股分有限公司)**

Signal level meter (SLM)　　**信號位準表**

：一種調諧式無線電頻率電壓表，通常校準在 $dB_\mu V$ 以及電壓之指示。

Signal-to-noise ratio (S/N ratio) 　　**信號雜音比**

：一個信號波幅（一調制載波在調制前或檢波後）與同一頻

譜上之雜音之差別，是在一系統的同一點量測。

Slop 　　**傾斜，斜率**

：一個放大器在頻譜分佈上不同頻率其增益的變化情況，在

頻譜上是一條傾斜直線。

Splitter 　　**分配器**

：一網路或裝置它將輸入能量平分為兩個相同輸出。它有可

能再串接（疊接）分配器以提供更多輸出，若它的輸出不

是兩個的倍數，則它的輸入能量就不是平均分配至輸出。

Super-Band 　　**超高頻段**

：無線電頻譜約在 216MHz～ 400MHz 之間。

Supertrunk 　　**超級幹線**

：一個次系統電纜傳輸路線作為兩個分立中心局的電視信號

傳輸。

subscriber tap 　　**訂戶分接**

：一種裝置它將預先決定的輸入能量分配至一個或更多分接

輸出端作為傳輸能量至訂戶電纜。

Side lobe 　　**側瓣**

：一種用來描述天線接收的方向性有關的圖案，是主波瓣旁

邊的波瓣。側瓣愈大，表示天線接收雜音及干擾之可能性

愈大。

Termination　終端

：一種電子負載連接至電纜，裝置或網路以一種特殊方式終
止其單體，通常一個終端與它連接的單體有相同阻抗。

Tilt　傾斜

：在一系統內對各種不同頻率點其波幅的變化量，主要因且
同軸電纜在不同頻率有不同衰減所致。

Transmission levels　傳輸位準

：信號位準（輸入與輸出），以 $dB_\mu V$ 表示，指系統放大器
的操作位準，或 CATV 系統的工作位準。

Transmissioin loss　傳輸損失

：在一系統，電纜或裝置其輸入功率位準與其輸出功率位準
之比，以 dB 表示。

Triple beat distortion　三次拍差失眞

：當三個或更多載波通過一非線性電路所產生的寄生（假的
）信號，此寄生 (spurious) 信號是任何三載波的和與差所
產生，有時稱爲 "拍差 (beat)"。

Trunk　幹線

：在一個幹線／饋電線設計的 CATV 系統內的次系統，它提
供主要線路信號分配至 CATV 服務區域。

Trunk/feeder design　　**幹線 / 饋電線設計**

：一種設計 CATV 系統的技巧，它包括兩個或更多傳輸位
準應用於相同系統內不同之次系統。

TVRO (Television receive only)　　**自用衛星電視接收**

：一種設備它包括天線、前置放大器以及接收機僅作爲接收
太空中靜止（同步）衛星所發出的電視信號而已，不做發
射。

Two Way　　**雙向**

：一種傳輸系統能同時作兩方向的信號傳輸。

Transponder　　**轉發器、發射應答機、詢答機、轉頻器**

‧搭載於人造衛星上的收發兩用機，能接收詢問器發射的詢
問電波，並能自動發出適當的回答，它是 Transmitter(發
射機) 與 Responder(應答機) 的合成語。

Total Harmonic Distorition (THD)　　**總合諧波失眞**

：由於所有諧波所造成之失眞，相對於第 1，第 2，第 3，…
諧波失眞，是所有失眞的功率之和對基本波功率之比。

Time-Varying signals　　**時變信號**

：一個信號它的波幅隨時間而改變者。

Total span　　**總擴展**

：頻譜顯示之總寬度。

Tracking Generator　　**追蹤信號產生器**

：頻譜分析儀中，一種信號產生器它的輸出頻率同步於被分析頻率。

Unity gain　　**單一增益**

：放大器或主動電路其輸出信號位準與輸入信號位準相同，其增益為 1。在 CATV 是指放大器的增益與電纜衰減相同，兩者連在一齊，放大器看來好像增益為 1。

Uplink　　**往上交鏈**

：在地面上的電子裝置和天線發射信號給天空中的衛星即稱為 Uplink。

Vestigial Side Band (VSB)　　**殘留旁波帶**

：在振幅調變 (AM) 傳輸上，只傳送上旁波帶和下旁波帶之一部份，下旁波帶透過一個濾波器逐漸地切掉其旁波只殘留載波頻率附近的部分。目前的電視信號是以此種方式發射。

Wind loading　　**載風耐力**

：衛星天線承受風的壓力，設計良好之衛星天線應能承受時速 40 哩之風壓，而其收視影像毫不受影響而變質。

國家圖書館出版品預行編目資料

有線電視技術 / 林崧銘 編譯. - - 三版. - - 新北
　市：全華圖書, 2011.03
　　面；　公分
　ISBN 978-957-21-8011-2(平裝)
　1. 有線電視　2. 通訊工程
448.88　　　　　　　　　　　　100002956

有線電視技術

作者 / 林崧銘

執行編輯 / 林宇傑

發行人 / 陳本源

出版者 / 全華圖書股份有限公司

郵政帳號 / 0100836-1 號

印刷者 / 宏懋打字印刷股份有限公司

圖書編號 / 0269302

三版一刷 / 2011 年 9 月

定價 / 新台幣 450 元

ISBN / 978-957-21-8011-2

全華圖書 / www.chwa.com.tw

全華網路書店 Open Tech / www.opentech.com.tw

若您對書籍內容、排版印刷有任何問題，歡迎來信指導 book@chwa.com.tw

臺北總公司(北區營業處)
地址：23671 新北市土城區忠義路 21 號
電話：(02) 2262-5666
傳真：(02) 6637-3695、6637-3696

南區營業處
地址：80769 高雄市三民區應安街 12 號
電話：(07) 862-9123
傳真：(07) 862-5562

中區營業處
地址：40256 臺中市南區樹義一巷 26 號
電話：(04) 2261-8485
傳真：(04) 3600-9806

歡迎加入 全華會員

● 會員獨享
會員享購書折扣、紅利積點、生日禮金、不定期優惠活動…等。

● 如何加入會員
填妥讀者回函卡直接傳真（02）2262-0900 或寄回，將由專人協助登入會員資料，待收到 E-MAIL 通知後即可成為會員。

如何購買 全華書籍

1. 網路購書
全華網路書店「http://www.opentech.com.tw」，加入會員購書更便利，並享有紅利積點回饋等各式優惠。

2. 全華門市、全省書局
歡迎至全華門市（新北市土城區忠義路 21 號）或全省各大書局、連鎖書店選購。

3. 來電訂購
(1) 訂購專線：(02) 2262-5666 轉 321-324
(2) 傳真專線：(02) 6637-3696
(3) 郵局劃撥（帳號：01C0836-1 戶名：全華圖書股份有限公司）
※ 購書未滿一千元者，酌收運費 70 元。

OpenTech.com.tw 全華網路書店

全華網路書店 www.opentech.com.tw
E-mail: service@chwa.com.tw

※ 本會員制如有變更則以最新修訂制度為準，造成不便請見諒。